# L'espace et le temps aujourd'hui

*J. Alegria H. Barreau S. Baruk*
*P. Bouchareine D. Charles G. Ciccotti*
*H. Damisch M. Imbert A. Itéanu*
*J.-M. Lévy-Leblond F. Mignard*
*J.-C. Milner J. Moraïs S. Moscovici*
*R. Omnès J. Ninio J. Roger*
*J. Rosmorduc J. Terrien*
*interrogés par Émile Noël*

# L'espace et le temps aujourd'hui

texte établi avec la collaboration de
Gilles Minot

*Éditions du Seuil*

*En couverture :* « Des impulsions lumineuses d'une durée de 1 milliardième de seconde sont émises en direction de la Lune à l'aide d'un laser couplé à ce télescope. Environ 2,5 secondes plus tard, le télescope collecte un ou deux photons réfléchis sur un réflecteur disposé sur la Lune. La mesure du temps d'aller-retour permet de déterminer la longueur du trajet avec une précision meilleure que 10 centimètres. Le télescope ici représenté est installé au CERGA, à quelques kilomètres au nord de Grasse (Alpes-Maritimes). » Photo R. Futaully/CERGA.

ISBN 2-02-006463-4

# Introduction

« Je pars pour… Je vais à… Combien de temps mettez-vous pour… Oh, c'est à deux jours de marche… L'espace d'une minute et je suis à votre disposition… » Le langage quotidien n'a pas attendu les années-lumière pour apprécier l'espace avec du temps et réciproquement.

Pourtant, quand on apprend que la métrologie moderne envisage d'utiliser une seule et même référence pour la mesure de l'espace et du temps, on s'étonne.

Faut-il y voir le signe que ces substitutions s'imposent au point qu'on n'en ait même pas conscience ? Il semble en tout cas aller de soi, pour un adulte occidental contemporain, que l'espace et le temps sont organisés, structurés. Avec ses trois dimensions, l'espace s'impose à nous comme immanence au monde, comme structure dans laquelle les positions relatives des êtres et des choses, les comportements animaux, les productions humaines s'imposent, à leur tour, comme organisations. Ainsi, chaque être vivant aménage son propre espace, avec ses zones de sécurité et d'insécurité, de dépendance et d'indépendance, constitue un espace social, médiatisé, qui « s'organise » lui-même autour d'axes dominant/dominé, autorisé/interdit… L'animal humain, quant à lui, ne se constitue vraiment homme que dans la conscience spatiale de son propre schéma corporel.

Quant au temps, il nous traverse. Mais la perception ne s'en fait que dans la durée d'une organisation s'articulant sur le rapport simultané/successif. Est-ce l'homme qui organise le temps, est-ce le temps qui organise l'homme ? L'homme construit son horizon temporel à partir d'un « ici » mouvant qui classe le « passé » de ses récits et ses souvenirs, et « l'avenir » de ses projets. Et ce déroulement, du moins la conscience de ce déroulement, à la fois contrainte et structure, est constitutive de l'homme « normal ». On sait, en psychopathologie, comme toute désorganisation psychique désorganise aussi l'espace et le temps vécus.

C'est qu'en effet ces deux concepts sont vécus liés, souvent, sinon toujours. La dialectique synchronique/diachronique n'oppose pas seulement deux dimensions fondamentales de la temporalité, mais introduit une indissociable dualité espace/temps. Que serait donc la synchronicité sans l'espace ? Le structuralisme synchronise et spatialise l'étude des langues, puis l'étude des cultures... et même des histoires ; mais comment en éviter, parallèlement, l'étude diachronique ?

L'interaction espace/temps ne se pose pas qu'en physique. La psychologie clinique en a pris la mesure : avec la psychanalyse par l'historicité du sujet et son « espace mental », avec la psychosociologie morénienne par le « *hic et nunc* » dans « l'espace du groupe », jusqu'à cet espace-temps « transitionnel », proposé notamment par Winnicott, où viendraient négocier réel et imaginaire.

Cette rencontre bidimensionnelle dans le particulier de la dynamique d'un individu, d'un groupe d'individus, est objet d'études pour les sciences humaines. Cette même rencontre, d'un point de vue général, concerne la physique. Mais qu'est-ce qui a poussé l'homme vers cette interrogation ? Probablement une pulsion assez floue, obscure, d'ordre métaphysique.

Vivre, n'est-ce pas inscrire son trajet particulier dans ces territoires, sans limites ni frontières, de l'espace et du temps ? Comment situer ce tout petit « morceau » d'espace-temps individuel, dans des infinis cosmiques aux « finalités » énigmatiques ? L'homme, traversé lui-même par cet impact de la *flèche du temps* contre les trois dimensions d'espace, s'interroge sur les interférences de ces deux notions consubstantielles à sa propre vie. Le vécu de cette dualité, conscient-inconscient, est permanent de nos jours. Mais est-il universel ?

Je disais plus haut qu'il me semble aller de soi pour un adulte occidental contemporain que l'espace et le temps sont structurés et organisés. Mais cela n'est pas allé de soi *toujours :* l'étude de l'évolution de ces concepts l'atteste, et cela continue à ne pas aller de soi *partout :* l'étude de cultures différentes le montre. Ainsi *dans le temps* comme *dans l'espace,* on n'a pas vécu, on ne vit pas de façon identique. Ces concepts ne sont pas des universaux stricts. Et même, l'homme occidental contemporain ne vient pas au monde avec ces concepts constitués : il y a une ontogenèse de la perception de l'espace et du temps.

C'est donc la science occidentale qui a élaboré les concepts d'espace et de temps tels que nous les comprenons de nos jours. Pour avoir une bonne idée de ce que sont *l'espace et le temps* aujourd'hui, dans notre culture, il est nécessaire de suivre l'histoire de ces concepts comme l'évolution de leur perception dans le développement humain.

Cette série de vingt entretiens est composée de deux parties : la première traite, d'une part, de ces concepts dans la pensée physique, d'Aristote à nos jours (de 1 à 7) et, d'autre part, de la mesure de ces dimensions (de 8 à 10). La seconde partie traite de la perception et de la pratique de l'espace et du temps. D'abord la perception, en interrogeant la psychologie, les neurosciences, la pédagogie (de 11 à 15) ; ensuite, la pratique regardée au travers de la langue, des arts et du social (de 16 à 19). Enfin, le dernier entretien, intitulé « L'espace et le temps des autres », n'est ni mépris ni alibi quant à la différence. Il est là pour signifier, au contraire, la conscience que nous avons de la relativité de ces concepts, pour notifier la limite de notre démarche. Il est évident que la thématique de l'espace et du temps des autres cultures atteint une telle dimension et requiert un tel travail, qu'elle supposerait, à elle seule, une série au moins aussi importante que celle-ci.

Ces entretiens ont été enregistrés et diffusés par France-Culture. La transcription, qui en est faite ici, reste aussi près des entretiens originaux que le passage de l'oral à l'écrit le permet. Nous nous sommes attachés à en garder la vivacité et la spontanéité.

*Émile Noël.*

*Théorie et mesure*

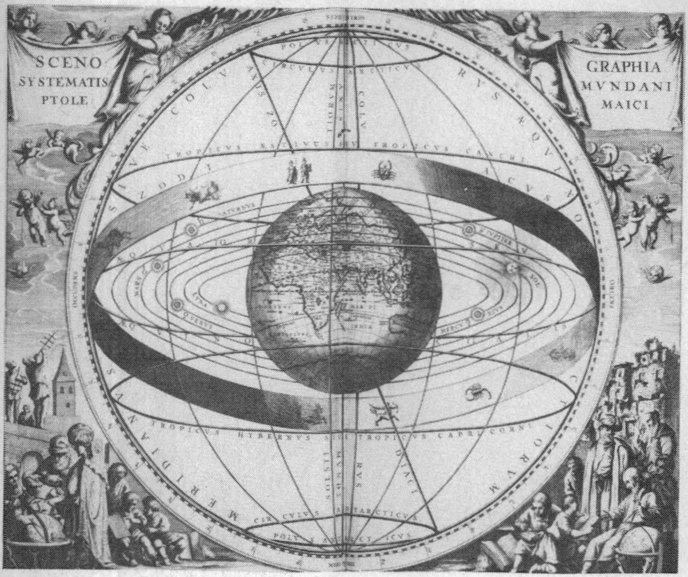


Le système de Ptolémée (Andrea Cellarius, *Harmonia Macrocosmica,* 1661).

# 1. Les théories anciennes

***Entretien avec Hervé Barreau, maître de recherche au CNRS.***

ÉMILE NOËL : L'espace et le temps sont de l'expérience courante. D'où viennent les idées que nous nous en faisons ? Il y a sans doute différentes façons de les vivre, selon les cultures. La pensée occidentale a sa conception. Elle est, de nos jours, le résultat de ce qu'on appelle « les progrès de la science ». Et, plus particulièrement, le résultat du développement de la physique, qu'on qualifie encore volontiers de « science exacte ». Celle-ci ne s'intéresse pas à la façon dont sont vécus les objets et les phénomènes. Elle entend les regarder de « l'extérieur ». Il est généralement convenu qu'une partie importante des concepts occidentaux prennent leurs racines dans la Grèce ancienne. Alors on peut penser que l'espace et le temps font partie des concepts qui ont été empruntés à la culture grecque. Par ailleurs, on sait qu'Aristote a formulé bon nombre de ces concepts. Est-ce le cas pour l'espace et le temps ? Est-ce qu'il avait lui-même emprunté à certains de ses prédécesseurs ?

HERVÉ BARREAU : Le cas d'Aristote est évidemment tout à fait médian dans la pensée grecque et, au XVII^e^ siècle, la critique de la physique aristotélicienne est très importante puisqu'elle détermine les positions de la science moderne, la science physique de l'espace et du temps. Mais il ne faut pas penser Aristote comme s'il avait été un penseur isolé. Il vient à la suite d'une ancienne tradition, au cours de laquelle plusieurs écoles se sont succédé, et même opposées, déjà avant lui.

La pensée préaristotélicienne a donc déjà formulé ces notions. Mais peut-on y déceler une progression cohérente ?

En gros, la philosophie grecque commence avec l'école de Milet en Ionie, au VIe siècle, puis se succèdent pendant deux siècles, du VIe au IVe siècle, toute une série d'écoles qui, souvent se répondent les unes les autres. Nous avons l'école de Milet, ensuite Pythagore vers l'an 500. Plus tard, dans la Grande Grèce — c'est-à-dire l'Italie du Sud — naît l'école des Éléates. Les Éléates suscitent bien des contestations, en particulier l'école des matérialistes fondée par Leucippe et Démocrite, à laquelle répond Platon lui-même. Vous voyez donc que les prédécesseurs d'Aristote sont nombreux. Ils parcourent toute une gamme de positions sur le sujet. Soit qu'ils considèrent l'espace et le temps comme finis ou comme infinis, comme continus ou, peut-être, comme discontinus. Tout n'est pas clair sur les positions de chacune de ces écoles, mais il est certain que beaucoup de positions différentes ont été élaborées et sérieusement discutées.

Est-ce que l'on peut voir, plus précisément, comment la pensée préaristotélicienne articule ces concepts d'espace et de temps ?

Eh bien, si je prends une école assez médiane, comme celle des Éléates, il apparaît clairement que pour Parménide, il n'y a ni espace ni temps, au sens où nous l'entendons maintenant.

C'est-à-dire que Parménide, adversaire de toute doctrine de la multiplicité, déclare que l'être est unique, que l'être est un, que l'être est ramassé en lui-même, et que toutes les distinctions que nous y apportons ne sont que des distinctions pratiques, tout à fait anthropocentriques. Il est très intéressant de voir que c'est par rapport à cette doctrine (que l'être est un et qu'il ne peut pas être divisé) que d'autres écoles vont se distinguer, en particulier Leucippe et Démocrite qui posent l'existence du vide, à l'intérieur duquel circulent les atomes. Platon, de son côté, envisage tout un système du monde, dans lequel il n'y a pas de vide à proprement parler, mais une matière peu distinguée de l'espace, et des corps qui ont des figures géométriques. Le réceptacle, cette forme de matière, est lui-même agité comme d'un mouvement de *vannage* qui sépare les corps les uns des autres. C'est le mythe du *Timée* qui est remarquable en ceci : pour Platon, le temps apparaît, non pas avec la matière première, qui est en mouvement, mais en raison du Démiurge (le Dieu artisan) qui vient mettre de l'ordre dans cette matière. Le temps est identifié, chez Platon, aux mouvements du ciel, aux mouvements réguliers des astres, c'est-à-dire régis par le nombre.

> Nous sommes là devant un tableau un peu impressionniste. Il y manque beaucoup de précisions. Peut-on espérer qu'avec Aristote, nous allons y voir plus clair ?

Aristote se caractérise, d'une part, par un esprit critique vis-à-vis de tous ses devanciers, et, d'autre part, par une volonté de constituer une vue systématique du monde qui soit en accord avec l'expérience commune, avec celle que tous les hommes éprouvent et peuvent vérifier pour leur propre compte. C'est, je crois, ces deux raisons qui font qu'Aristote a une place à part dans la culture grecque. Il présente, dans la *Physique*, une vue générale où il expose l'existence du mouvement, les différents ordres de mouvement, puis une doctrine de l'espace et du temps, de la continuité, des premiers moteurs. Tout cela forme une contexture théorique extraordinairement consistante dont la force est de s'appuyer sur l'expérience.

> Je présume qu'à l'époque d'Aristote, l'espace et le temps sont des concepts distincts. On les traite, par conséquent, séparément.

Effectivement, l'espace et le temps n'apparaissent pas du tout liés chez Aristote, bien que les doctrines qui les exposent soient voisines dans la *Physique*. L'espace est traité sous le nom de lieu. Aristote nie l'existence du vide proposée par l'école matérialiste. Pour lui, le vide est un concept qui ne répond à rien, tout à fait superflu pour expliquer le mouvement, et qui conduit à des conséquences contradictoires. Il remplace la notion de « vide » par celle de « lieu ». Il affirme que pour déterminer spatialement les corps, il faut envisager leur lieu, lieu qu'il définit comme l'enveloppe du corps. Jusqu'ici, tout va bien ; au fond, Descartes ne dira pas quelque chose de très différent. Mais la doctrine aristotélicienne devient un peu plus difficile à appréhender lorsqu'elle énonce que ce lieu, enveloppe d'un corps, doit être immobile. Alors, on s'aperçoit que cette doctrine de l'immobilité du lieu n'a de consistance que si on pose un cosmos, un monde déterminé, dont la Terre est le centre, et dont l'extrémité est formée par la sphère céleste, la sphère des étoiles. Cette sphère, selon Aristote, tourne autour de la Terre à une vitesse qui est la plus grande possible.

> Mais alors, il s'agit d'un espace spéculatif, c'est-à-dire d'une conception philosophique de l'espace ?

C'est une conception philosophique de l'espace et pourtant il faut noter que les directions ont un sens physique très clair. Il semble qu'Aristote ait voulu avant tout rendre compte de la pesanteur. Il était clair pour lui que lorsque les corps tombent, ils tombent dans la direction du centre de la Terre. Il a pensé que c'était parce qu'ils étaient attirés par le centre. Par conséquent, le centre de la Terre, qui est le centre du monde, est le bas absolu, ce qui attire les corps tels que la terre et l'eau. Par contre le haut, la direction du haut, qui attire les corps tels que l'air et le feu, est, pour ainsi dire, fléché vers l'extrémité de l'Univers, extrémité qui est formée par les sphères célestes, sphères de cristal transparent qui tournent d'un mouvement uniforme et continu.

La Terre est déjà ronde alors ?

Certainement, la Terre est ronde chez Aristote et, peu de temps après du reste, les Alexandrins trouveront une méthode pour mesurer le diamètre de la Terre. (Il s'agit d'Ératosthène de Cyrène, 275-195 avant Jésus-Christ), à partir d'ombres portées sur des cadrans solaires situés sur une même longitude.

Vous venez de parler de mesure. Est-ce qu'Aristote s'est posé le problème de la mesure de l'espace ? Ce devrait être le cas puisque son approche était voisine de l'expérience commune.

Justement pas. C'est là qu'est la faiblesse de la conception aristotélicienne de l'espace. Bien qu'elle soit intéressante en ce qu'elle rend compte des qualités, qui passaient alors pour fondamentales, du lourd et du léger, elle ne se prête guère à la mesure, et il semble qu'Aristote ne s'en préoccupe pas. En fait, il veut avant tout donner un lieu à chaque élément. Il y a quatre éléments dont la liste a été fournie par Empédocle et reprise par Platon. Chacun des éléments a, selon Aristote, un lieu propre, naturel, vers lequel il tend.

Et qu'en est-il du temps ?

Eh bien, pour le temps, c'est tout à fait différent. Alors que, pour Aristote, l'espace est fini, le temps, lui, est un nombre, et comme nombre du mouvement, il est infini, du moins infini en puissance. C'est-à-dire qu'on peut toujours ajouter une unité à celle qu'on a déjà atteinte, et Aristote pense que le mouvement des sphères est éternel. Cela tient à sa définition du mouvement. Sans entrer dans la démonstration aristotélicienne de l'éternité du mouvement, on peut dire que le temps apparaît alors comme une propriété du mouvement, propriété que nous abstrayons en mesurant des intervalles de temps dont les bornes se nomment l'avant et l'après.

Cette fois, il y a une mesure ?

En effet, c'est même ce qui distingue essentiellement le temps du mouvement. Le mouvement a la propriété d'être continu chez Aristote, et le temps est une mesure qui appartient à tous les mouvements à la fois. Aristote utilise déjà la notion de simultanéité. Il y a un seul temps pour tous les mouvements du monde ; et il n'y a évidemment pas de critique de la simulta-néité, qui n'apparaîtra en Occident qu'avec Einstein.

Vous parliez tout à l'heure du temps comme d'u nombre, par conséquent de nature infinie : on peu toujours ajouter à un nombre. C'est une façon d traduire la fuite du temps vers le futur. Mais y a-t-il u infini passé pour Aristote ? Ou bien, pose-t-il un commencement du temps ?

Il y a une infinitude aussi vers le passé. Comme je l'ai dit, le monde est éternel, on peut, par conséquent, régresser dans le passé autant qu'on veut. C'est un point par lequel Aristote se distingue de Platon. Platon posait un commencement au monde puisqu'il était créé par le Démiurge. Aristote est anticréationniste, il pense, certes, que tout le monde visible dépend de moteurs invisibles, mais que cette structure du monde est éternelle. On voit par là que, bien qu'Aristote ait étudié de très près la biologie, les différences des espèces, à aucun moment il n'a formulé l'idée d'une quelconque évolution, au contraire des penseurs présocratiques. Les espèces sont éternelles chez Aristote.

Bien. Le temps est donc infini, mais il peut être continu ou discontinu.

Pour Aristote, le temps est continu, il le déclare lui-même très nettement ; la seconde définition du temps qu'il donne précise non seulement que le temps est le nombre du mouvement, mais qu'il est continu, car, dit-il, il appartient à un continu qui est le mouvement. Là, on s'aperçoit qu'Aristote veut réfuter les arguments de Zénon. Zénon d'Élée, disciple de Parménide, est bien connu pour les paradoxes qu'il a formulés, en particulier celui d'Achille et de la tortue. Zénon voulait certainement démontrer l'impossibilité d'une pensée rationnelle du mouvement et, par conséquent, de l'espace et du temps. Contre Zénon, Aristote s'applique à montrer que l'espace et le temps ne sont pas simplement infinis en extension, en grandeur, mais aussi en division. Tout ce qui est continu est infiniment divisible, et pour Aristote, les paradoxes de Zénon sont écartés du fait qu'à l'infinie divisibilité de l'espace correspond l'infinie divisibilité du temps. Il y a là, déjà, une volonté de traiter de la même façon l'espace et le temps, et c'est là, me semble-t-il, qu'Aristote est le plus intéressant, le plus novateur car, mis en présence des arguments de Zénon qui n'ont jamais cessé de provoquer la pensée physico-mathématique, il explicite une doctrine qui, même aujourd'hui, est parfaitement cohérente, bien qu'elle ne dispose pas des arguments mathématiques qui seront développés à partir du XVIIe siècle, avec la notion de séries convergentes, puis avec les conceptions de l'infini en acte, etc. Mais chez Aristote déjà, il y a une volonté de réfuter les arguments de Zénon pour montrer que la pensée humaine peut fort bien expliquer le mouvement et, par conséquent, l'espace et le temps tels qu'ils sont impliqués dans le mouvement.

> Vous disiez qu'Aristote occupe une position médiane dans cette conception, disons prégaliléenne, de l'espace et du temps. Nous avons vu ce qui le précédait, mais comment a évolué la pensée grecque par la suite ? Est-ce qu'il y a eu continuité à partir d'Aristote ou, au contraire, est-ce que des embranchements ont donné naissance à des mouvements diversifiés ?

Ce qui est tout à fait frappant, c'est qu'à la mort d'Aristote, son œuvre n'est pas rééditée ; elle circule bien sûr dans les cercles savants mais la première édition complète ne date que de cinquante ans avant Jésus-Christ ; c'est l'œuvre d'Andronicos de Rhodes. En fait, on a l'impression que dès la mort d'Aristote, d'autres écoles prennent le devant. C'est Épicure qui revient à la position démocritéenne du vide dans lequel tombent les atomes. Les stoïciens aussi qui reviennent à une vieille conception, celle de l'éternel retour, qui avait déjà été énoncée par Héraclite et qui sera reprise au XIXe siècle par Nietzsche. Dans cette conception de l'éternel retour, les configurations d'événements reviennent perpétuellement aux mêmes étapes.

> Le remplacement d'un temps linéaire par un temps cyclique ?

Si vous voulez, oui. L'idée d'un temps cyclique n'est pas totalement absente chez Aristote, mais ce qui est frappant, c'est qu'il n'avait donné aucune précision quant à la grande année, ce cycle astronomique total auquel croyaient les pythagoriciens et également Platon. Les données astronomiques n'étant pas favorables à la précision de cette grande année, Aristote n'en parle pas. Il dit simplement que dans l'infinité du temps, beaucoup de choses chez les hommes sont réinventées. C'est la seule conception cyclique que l'on trouve chez Aristote, hors les cycles astronomiques dont la durée n'est pas précisée et ne pouvait guère l'être à cette époque.

> Les Grecs portaient un grand intérêt à la géométrie et à l'astronomie. Ils y étaient experts. Par conséquent, ce qui s'élaborait dans ces deux disciplines ne pouvait pas être sans incidence sur les conceptions formulées à propos de l'espace et du temps.

Il est important de noter que les Grecs se sont intéressés à la géométrie, non seulement à deux, mais à trois dimensions, celle des solides. Ils ont fait aussi de grands progrès en astronomie. Mais ce qui est tout à fait curieux c'est que, alors même qu'ils développaient des outils mathématiques pour faire éclater le cosmos d'Aristote, ils s'installaient dans ce cosmos et ne le mettaient guère en cause. Comme l'a montré Max Jammer, dans son livre sur les concepts d'espace, il n'y a rien, dans les auteurs grecs, même alexandrins, même de l'époque postaristotélicienne, d'analogue aux coordonnées cartésiennes, par exemple. Les mouvements du ciel sont repérés par les coordonnées à deux dimensions, la longitude et la latitude, et la géométrie reste quelque chose d'abstrait. Il y a une prééminence de la vision cosmologique sur la vision mathématique des choses dans la physique ancienne. Et c'est tout à fait remarquable dans l'astronomie en particulier où, petit à petit, on abandonne l'idée des sphères concentriques autour de la Terre, qui était celle d'Aristote, mais où l'on maintient le géocentrisme, l'idée que la Terre est au centre du monde. Pour expliquer les mouvements curieux des planètes, par exemple les mouvements de rétrogradation, qui sont visibles, on imagine des épicycles, c'est-à-dire des cercles qui se déplacent autour d'un grand cercle, et des excentriques dont la Terre n'est plus exactement le centre. Mais c'est toujours l'image du cercle qui commande l'explication du mouvement des astres. Et ceci est parfaitement vérifié chez les auteurs qui tentent de conceptualiser d'autres systèmes du monde. On a parlé, au IVe siècle, d'Aristarque de Samos qui est le précurseur de Copernic. Aristarque de Samos a évidemment des idées tout à fait révolutionnaires, mais ces idées révolutionnaires n'ont pas grande influence sur la physique, car elles se bornent, en fait, à modifier l'image du monde sans proposer une dynamique différente de celle d'Aristote. Au fond, la physique repose sur les mêmes bases et il faudra la révolution galiléenne en mécanique pour qu'un nouveau système du monde puisse s'imposer d'une façon définitive.

C'est peut-être un peu schématique mais, avec la géométrie, Euclide a approché la notion d'espace et Hipparque, avec l'astronomie, se posait des questions sur les problèmes du temps. Depuis cette époque jusqu'à Galilée, il s'est passé bien des choses en Occident. Dans ce laps de temps, voit-on de nouvelles idées se faire jour ?

De nouvelles conceptions apparaissent en effet. Et parmi elles, la première qui mérite d'être citée est celle issue de la tradition juive, très suivie dans les milieux alexandrins et qui se fait jour dans le néo-platonisme. On pense à Philon et à quelques auteurs postérieurs. Tous ces courants de pensée vont confluer dans l'œuvre attribuée à Hermès Trismégiste. Ce sont des courants ésotériques dans lesquels se dégage l'idée que l'espace est différent de la matière, car, à partir de la notion de l'omniprésence divine, si manifeste dans la Bible des juifs, prend corps l'idée que l'espace n'est pas la figure du cosmos mais plutôt une sorte d'attribut de Dieu. C'est cette omniprésence divine qui contient toutes les choses. La tradition kabbaliste postérieure dira même que tout était d'abord contenu en Dieu et que Dieu s'est retiré du monde (théorie du zimzum dans la nouvelle Kabbale). Ce qui est important c'est que les idées charriées par cette tradition sont familières déjà au Moyen Age, au XIVe siècle, avec Crescas, au XVe siècle, avec Nicolas de Cusa, à l'orée du XVIe siècle avec Patrizzi et, à la fin, avec Bruno. Au XVIIe siècle, Campanella et Gassendi seront eux aussi héritiers de cette tradition. Avec Gassendi évidemment, cette tradition s'amalgame avec celle du vide venant des matérialistes grecs. Mais on voit très bien que l'ensemble de cette tradition s'oppose à l'identification de l'espace et de la matière dont on sait que ce sera la position cartésienne. Or par cette tradition-là, on approche de Newton.

> S'agissant maintenant du temps, les astronomes grecs avaient mis au point des systèmes de mesure.

Sans doute, ils ont mis au point des cadrans solaires, des astrolabes, des clepsydres, qui mesurent le temps d'une façon beaucoup plus précise qu'on ne pouvait le faire au temps d'Aristote. Mais, chose curieuse, il n'y a rien de très nouveau du point de vue conceptuel de ce côté. C'est la pensée de saint Augustin qui, héritière elle-même de celle de Plotin, reprend, au IV^e siècle, l'analyse du temps et montre que cette notion est liée à l'expérience psychologique que nous en avons. En particulier, saint Augustin est le premier à avoir montré que le passé et l'avenir sont pensés en nous en même temps que le présent, qu'il y a un temps du passé, un temps du présent, un temps de l'avenir, qui sont coprésents dans la conscience. Et ainsi, on peut dire que la pensée augustinienne tend aussi à rapprocher l'idée de temps d'une espèce de conscience cosmique qui a quelque rapport avec ce que Newton appellera le *sensorium Dei.* Plus tard, Kant dira que le temps est une forme à priori de la sensibilité, comme l'espace. On en est loin au Moyen Age et à la Renaissance, mais on sent très bien qu'avec saint Augustin le temps prend aussi une espèce d'existence indépendante par rapport aux phénomènes matériels qui ne servent qu'à le mesurer.

> Nous sommes partis des positions de la philosophie présocratique pour arriver au seuil de la pensée galiléenne. En conclusion, comment se présentent les choses au moment de cette révolution ?

Au moment de la révolution galiléenne, la cosmologie d'Aristote est depuis longtemps dépassée. Par conséquent, tout ce qui était la base de sa physique est remis en question. On peut dire que la critique des conceptions générales d'Aristote est faite, mais il faudra des physiciens doués de génie pour attaquer les concepts mécaniques d'Aristote sur des phénomènes bien particuliers comme, par exemple, la chute des corps. C'est là que le combat sera mené. Mais on peut dire aussi qu'entre Aristote et Galilée des conceptions nouvelles se sont fait jour, qui vont durer : celle d'un espace qui est, pour ainsi dire, antérieur aux choses, celle d'un temps qui est un cadre subjectif des phénomènes, dans lequel les phénomènes se trouvent ordonnés. Ces idées-là dépassent de beaucoup les conceptions aristotéliciennes. Elles forment la base de la pensée européenne classique.

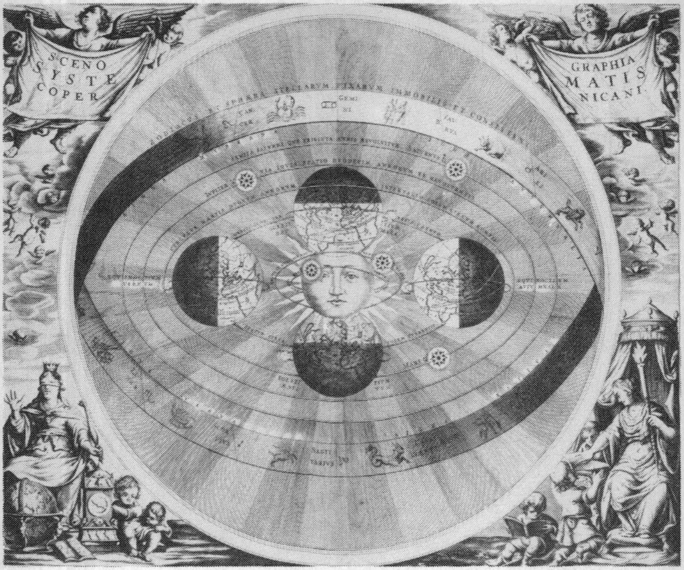


Le système de Copernic (Andrea Cellarius, *Harmonia Macrocosmica,* 1661).

# 2. La révolution scientifique

***Entretien avec Jean Rosmorduc, maître assistant de physique à l'université de Bretagne occidentale.***

ÉMILE NOËL : Au moment de la révolution galiléenne, la cosmologie d'Aristote est dépassée. Des conceptions nouvelles sont apparues au long des siècles, dont certaines perdurent : un espace qui préexiste aux choses, un temps qui ordonne les phénomènes. Où en sommes-nous exactement au XVIe siècle de toutes ces idées ? Et d'abord, ces deux concepts d'espace et de temps sont-ils considérés comme reliés ou complètement indépendants l'un de l'autre ?

JEAN ROSMORDUC : On ne peut pas dire qu'ils soient entièrement liés, on ne peut pas dire non plus qu'ils soient entièrement indépendants. Ils sont liés par la notion de mouvement, et par l'étude du mouvement, qui se situe dans l'espace et le temps. Mais quelque chose change au XVIe siècle. L'espace et le temps étaient auparavant d'une part des notions courantes, et d'autre part l'objet d'un débat philosophique. A la fin du XVIe siècle, ces notions deviennent en plus des concepts scientifiques susceptibles d'une formulation mathématique et d'une mesure.

Pour commencer, est-ce qu'on peut essayer de déterminer ce qui subsiste des conceptions aristotéliciennes, voire antérieures, et ce que le Moyen Age a élaboré ? Cela nous permettrait de mieux comprendre ce que la Renaissance apporte de réellement neuf.

Je crois que ce qui subsiste essentiellement, c'est l'aspect immuable de l'espace et du temps. On ne considère pas que l'espace et le temps peuvent être modifiés éventuellement en fonction des conditions physiques de leur définition. Ils ne changent pas. Ici, évidemment, je parle du temps physique, et non du temps psychologique qui est un tout autre concept. En ce qui concerne les nouveautés, je pense qu'elles dépendent tout d'abord du changement des conceptions cosmologiques. Depuis, disons, la fin du Néolithique et le début de l'agriculture, les définitions de l'espace et du temps ont été généralement liées aux considérations cosmologiques. La « grande horloge » a été l'univers lui-même. Et c'est aux mouvements du Soleil, aux mouvements apparents du Soleil, aux mouvements apparents de la Lune, que l'on s'est référé pour bâtir des calendriers, pour définir l'année, pour définir le jour. L'Univers, au cours de l'Antiquité, est clos, limité. On peut dire qu'à partir des Grecs — de Pythagore, pour être précis —, il est sphérique : la Terre, sphérique elle aussi, est immobile et en occupe le centre. L'ensemble de l'Univers tourne autour de cette Terre, de cette sphère immobile. Aristote essaye de démontrer l'immobilité de notre planète à partir d'arguments à caractère mécanique, c'est-à-dire relevant de la science qui s'intéresse aux mouvements des corps. De ce fait, quand il y a un changement de la cosmologie, obligatoirement, il y a aussi un changement de la mécanique qui doit, à un moment ou à un autre, intervenir. Ça, c'est le premier point. La révolution copernicienne, c'est-à-dire la publication par Copernic en 1543 d'un livre où il situe le Soleil, et non plus la Terre, au centre du monde, implique obligatoirement, à un moment ou à un autre, une transformation de la science du mouvement, et, par conséquent, des conceptions de l'espace et du temps. Je crois que c'est le changement le plus important. Il y en a un deuxième qui est d'ordre social : l'ordonnancement de la vie en société s'est transformé au cours de la deuxième moitié du Moyen Age ; l'urbanisation, le développement de l'artisanat, celui des marchés, etc., ont entraîné une modification de la vie. Si l'on veut, pour exprimer cela dans une formule, au temps cyclique du paysan traditionnel du Moyen Age, s'est, dans une certaine mesure, substituée une espèce de temps linéaire de l'ouvrier de la ville, du grand atelier, de la petite industrie, etc.

> Des activités qui ne sont plus directement tributaires des saisons.

C'est cela, qui ne sont plus directement tributaires des saisons, effectivement.

> Nous aurons sans doute l'occasion de revenir, au cours de cet entretien sur l'œuvre de Copernic. Nous savons que l'étape suivante c'est Galilée. Mais entre les propositions de Copernic et l'apport spécifique de Galilée, il se passe bon nombre de choses, comme si cette nouvelle conception de l'espace et du temps évoluait de façon souterraine, ou en tout cas, comme si les idées se préparaient, si j'ose dire, à la recevoir.

Oui, Copernic conserve un certain nombre de conceptions qui sont celles de la cosmologie et de la mécanique antérieures, donc, à quelque chose près de celles de la cosmologie et de la mécanique d'Aristote reprises par Ptolémée. Au cours des années qui suivent la disparition de Copernic survenue l'année même où il publie son livre (c'est-à-dire en 1543), progressivement un certain nombre d'erreurs qu'il a conservées disparaissent. Par exemple, l'idée de sphères cristallines portant les étoiles et les planètes est abandonnée par Tycho Brahé, celle d'un monde clos l'est par Giordano Bruno, dominicain italien copernicien de la fin du XVIe siècle qui sera brûlé à Rome en 1600. Le mouvement circulaire des planètes et des astres est nié par Kepler. C'est-à-dire qu'entre Copernic et Galilée, il y a une transformation, une accentuation de l'évolution de la cosmologie et la préparation, par un certain nombre de travaux de mécanique, en particulier chez des physiciens italiens (chez Benedetti par exemple, qui a été le maître de Galilée), de développements mathématiques et d'approches de concepts philosophiques qui annoncent effectivement la venue de Galilée.

> On peut donc dire que l'évolution des conceptions d'espace et de temps s'opère surtout dans la transformation du modèle cosmologique ?

C'est-à-dire qu'elle est nécessaire, entre autres, pour démontrer l'erreur dans les raisonnements d'Aristote. Je peux citer brièvement un des arguments essentiels du philosophe grec. Il dit en substance ceci : supposons qu'un individu immobile à la surface de la Terre lance un projectile verticalement. Si la Terre est en mouvement, quand le projectile retombe, pour peu qu'il soit jeté assez haut, il retombe, derrière ou devant, enfin à côté du lanceur. Or l'expérience courante nous prouve que l'on reçoit la pierre dans la main. Donc la Terre ne bouge pas. Pour démontrer que ce raisonnement est faux, il faut invoquer un certain nombre d'arguments à caractère mécanique. Ils sont esquissés chez Copernic, approfondis chez Giordano Bruno, et vraiment explicités chez Galilée. Ils expriment ce qu'on a appelé depuis la « relativité galiléenne ».

Grosso modo, Galilée démontre qu'il est impossible de déceler le mouvement d'un système mécanique par des expériences réalisées à bord de ce système lui-même. Et il donne l'exemple de l'individu perché en haut du mât d'un bateau, qui laisserait tomber une pierre. Le physicien dit : « Si l'on fait l'expérience, on constate que la pierre retombe au pied du mât, que le bateau soit en mouvement ou qu'il soit immobile (à condition évidemment qu'il n'y ait pas de vagues). Le point de chute de la pierre n'est donc pas une preuve du mouvement ou de l'immobilité du bateau. » La petite histoire dit que Galilée n'avait pas fait l'expérience. Cela n'est pas certain. Elle a en tout cas été réalisée par Gassendi qui a montré que Galilée avait raison.

Puisque nous parlons de Galilée, profitons-en pour préciser son apport spécifique en la matière.

En ce qui concerne l'espace et le temps, il n'y a pas chez Galilée de définitions explicites de ces concepts, contrairement à ce que l'on retrouvera chez Newton par la suite. Mais en fait elles sont plus ou moins contenues dans un certain nombre de développements de la mécanique galiléenne, de la même manière d'ailleurs qu'un certain nombre de « lois » (je reviendrai sur cette idée tout à l'heure) de la mécanique newtonienne sont contenues implicitement, même si elles ne sont pas formulées très nettement, dans Galilée. Chez lui, un « ordre naturel » existe, qui préside au mouvement, qui régit les phénomènes. Cet ordre se traduit par des « lois » mathématiques, et c'est au physicien qu'il appartient de découvrir les « lois » en question. Galilée étudie le mouvement, et d'abord le mouvement uniforme. C'est dans le cadre de cette étude du mouvement uniforme qu'il est amené à approcher les notions d'espace et de temps entre lesquelles il établit un rapport géométrique. Il écrit ainsi : « Par mouvement régulier ou uniforme, j'entends celui où les espaces parcourus par un mobile en des temps égaux quelconques sont égaux entre eux. » Nous revenons donc à la question que vous posiez tout à l'heure en ce qui concerne le XVIe siècle. Galilée ne définit pas l'espace et le temps, il n'établit pas de liens de causalité, si l'on veut, entre les deux, mais il définit quand même une relation géométrique très nette. On pourrait parler très longtemps de l'œuvre de Galilée. A propos du temps, une chose importante figure dans ses travaux, c'est l'observation du mouvement du pendule. Il constate que le mouvement du pendule a une période à peu près constante, quelle que soit l'amplitude de ce mouvement, et que cette période ne dépend que de la longueur dudit pendule. C'est ce que les physiciens appellent l'isochronisme des oscillations du pendule. Il étudie ensuite ce mouvement. C'est important parce qu'on s'en servira pour construire des horloges.

> Mais cette évolution des conceptions de l'espace et du temps, au travers de celle du mouvement, cette évolution que vous venez d'évoquer, concerne-t-elle seulement la société savante, ou est-ce que ces changements pénètrent d'autres couches de la population ?

La société savante au Moyen Age était celle des clercs, donc celle des gens d'Église ou proches de l'Église, et connaissant le latin. Une cause de la pénétration des idées de Galilée en dehors de ce milieu proprement dit est sa volonté d'écrire dans sa langue nationale, c'est-à-dire l'italien. Et à son époque, ses idées pénètrent dans un milieu qui est nettement plus large que le milieu savant proprement dit ; elles touchent, disons, le milieu cultivé. Donc la bourgeoisie sachant lire, sachant lire sa langue nationale et ayant quand même un certain nombre de connaissances en matière scientifique. Une autre des caractéristiques de Galilée, c'est le fait qu'il mathématise le langage de la physique, enfin il le géométrise pour être précis. La partie essentielle des mathématiques à l'époque, c'est quand même la géométrie. Il écrit d'ailleurs dans une lettre que : « ... Le grand livre de la nature est écrit en langage mathématique. » Bien évidemment, comprendre Galilée implique un minimum de connaissances en mathématiques. C'est le fait des gens instruits de l'époque. C'est un milieu restreint mais quand même beaucoup plus étendu qu'au Moyen Age.

Je suppose qu'une fois l'élan donné, après Galilée, de nouvelles étapes de formalisation vont se développer. Il faut s'attendre à de nouveaux progrès qui vont permettre à leur tour un saut qualitatif dans la théorisation.

Déjà, en même temps que Galilée, il ne faut pas oublier des œuvres aussi importantes que celles de Kepler en astronomie et de Descartes en mathématiques (comme, notamment, l'invention de la géométrie analytique). Après la mort de Galilée (en 1642, un an avant la naissance de Newton) se produisirent des transformations auxquelles il a lui-même présidé dans une certaine mesure et qui mènent à Newton. Ceci concerne les mathématiques, la mécanique, l'industrie ou plutôt l'artisanat des instruments de mesure auxquels Galilée a donné un essor. On lui doit, en effet, l'invention d'un thermoscope (un système assez élémentaire pour mesurer la température). Il essaye (c'est un échec d'ailleurs, mais cela vient de la technique qui ne convenait pas) de mesurer la vitesse de la lumière. Il tente aussi de définir un mesureur de temps. Il y a chez Galilée la volonté de mesurer, de quantifier l'événement, le phénomène physique.

C'est une volonté nouvelle, sans doute, une nécessité qui apparaît.

C'est ça, une nécessité qui apparaît progressivement et qui, jointe à l'utilisation du langage mathématique, donne son caractère à la physique nouvelle. Ensuite, un certain nombre de transformations s'accentuent. Les appareils d'observation et de mesure s'améliorent et se multiplient pendant tout le siècle. La vitesse de la lumière est effectivement mesurée à peu près correctement par Römer en 1676. Le vide, enfin le vide d'air, qui, au début du siècle, était l'objet seulement du débat philosophique, est réalisé effectivement par des gens comme Boyle, comme Otto de Guéricke à la fin du siècle, et puis (peut-être surtout en ce qui nous concerne) des appareils nouveaux de mesure du temps sont construits. L'industrie horlogère avait déjà fait des progrès au cours de la deuxième partie du Moyen Age. Ces progrès s'accentuent avec le développement de l'étude du pendule, faite par le physicien hollandais Christian Huygens, d'ailleurs dans le droit fil des travaux de Galilée. Huygens propose un schéma de construction d'une horloge à balancier qui est réalisée par un horloger de La Haye en 1657. Il suggère alors le remplacement du balancier par un ressort spiral, ce qui conduira à l'industrie des chronomètres. C'est important : Galilée lui-même ne disposait que d'une clepsydre un peu perfectionnée pour mesurer le temps. Et si Newton n'avait pas les moyens actuels, ni ceux de la fin du XVIII^e siècle, il avait des possibilités de mesure nettement plus grandes que celles de Galilée. Ce sont des transformations qui, en physique, sont importantes.

> Alors maintenant, Newton peut arriver. Du point de vue théorique comme du point de vue instrumental, tout est prêt pour un nouveau saut conceptuel.

Newton a publié en 1687 son ouvrage majeur dans ce domaine : *Principes mathématiques de la philosophie naturelle.* C'est une synthèse, à la fois de la mécanique terrestre et de la mécanique céleste de tout le XVII^e siècle, complétée par une série d'apports nouveaux à la fois en mathématique et en mécanique. Son livre débute par une définition de la matière (ce qui le rapproche de Galilée d'ailleurs, parce que dans le traité de Galilée, les *Discours concernant deux sciences nouvelles,* la première journée est consacrée aussi à une réflexion et à une discussion sur le problème de la matière). Ensuite, Newton définit le mouvement à partir du concept de « quantité de mouvement » emprunté à Descartes. Il en vient alors au temps et à l'espace, en distinguant dans chaque cas le concept absolu et les concepts relatifs. Il écrit ainsi : « 1. Le temps absolu vrai et mathématique, sans relation à rien d'extérieur, coule uniformément et s'appelle durée. Le temps relatif, etc. » Suit la définition de ce concept. « 2. L'espace absolu, sans relation aux choses externes, demeure toujours similaire et immobile. » Puis il définit un espace relatif. Il a besoin de la matière et du mouvement pour en arriver à la définition des concepts de temps et d'espace, mais une fois ces concepts définis, ils ont en fait une existence indépendante et de la matière et du mouvement. Ils sont absolus, c'est-à-dire qu'ils constituent une sorte de cadre dans lequel se situe la matière, dans lequel se déroulent les mouvements. Ce cadre pourrait très bien être vide, c'est-à-dire qu'il pourrait exister un espace et un temps qui soient sans matière, ni mouvement, un peu comme dans une salle, il peut y avoir des murs, il peut y avoir des meubles, mais les murs existent indépendamment de la présence des meubles. « Ce sont le temps et l'espace de Dieu », écrit Michel Paty. Je crois que la formule est exacte, de même que les lois de la physique de Newton (comme l'écrit Lévy-Leblond dans son dernier livre, *l'Esprit de sel*), sont effectivement les « lois de Dieu ». On arrive, à partir de développements physiques, à une conception qui est pour l'essentiel métaphysique.

Mais pourtant est-ce que Newton n'a pas besoin de l'éther pour expliquer un certain nombre de phénomènes ?

Si, il en a besoin effectivement. Ce serait trop long d'en parler en détail. Il introduit l'éther essentiellement dans son *Traité d'optique* mais il en a besoin aussi dans la mécanique. Il emprunte ce milieu pour une part à des auteurs antérieurs, pour expliquer les actions à distance de type force magnétique, force de gravitation, etc. L'éther de Newton est un milieu extrêmement complexe qu'on retrouvera au XIXe siècle.

Tout cela confirme l'idée que les concepts d'espace absolu et de temps absolu sont vraiment métaphysiques.

Ils sont métaphysiques, effectivement.

Mettons face à face les deux hommes qui bornent notre entretien : l'un, Galilée, considérait que le grand livre de la nature était écrit en langage mathématique, l'autre, Newton, envisage une formulation mathématique de la philosophie naturelle.

L'ouvrage de Newton est en effet la traduction mathématique et physique de la « philosophie naturelle » dont il existe diverses formulations littéraires au XVIIIe siècle. Dans la conclusion du traité de Newton, dans ce qu'il appelle le « Scholié général », figure tout un développement où il explique que l'existence de lois parfaites régissant les mouvements mécaniques à la surface de la Terre, régissant les mouvements des astres, des planètes, etc., est la preuve de l'existence d'un Être supérieur qui gouverne l'Univers obéissant à l'ensemble de ces lois. C'est pour cela que je disais tout à l'heure que les lois de la mécanique newtonienne sont les « lois de Dieu » (ou la « loi de Dieu », comme l'on voudra). On peut pratiquement dire : entre Galilée (les prédécesseurs de Galilée plus exactement) et Newton, l'on passe du Dieu mystique du Moyen Age au Dieu ingénieur et horloger que l'on trouve chez Newton sur le plan scientifique, et que l'on trouvera, par exemple, très explicitement chez Voltaire qui a été un disciple de Newton. Vous connaissez l'expression du philosophe : « ... Je ne conçois pas que cette horloge (l'Univers) existe et n'ait point d'horloger. » On peut dire schématiquement que le livre de Newton est l'expression mathématique de cette phrase de Voltaire.

# 3. Le problème philosophique

***Entretien avec Jacques Roger, professeur d'histoire des sciences à l'université Paris-I (Panthéon-Sorbonne).***

ÉMILE NOËL : Nous avons vu précédemment que le XVIII$^e$ siècle a formulé de diverses façons cette « philosophie naturelle » dont Newton a donné une version mathématique et physique. C'est surtout le XIX$^e$ siècle qui va retenir maintenant notre attention. Mais avant de voir comment ce siècle a pensé les concepts d'espace et de temps, il faut revenir à Newton pour situer le problème.

JACQUES ROGER : Oui, ce sont, en effet, les notions newtoniennes d'espace et de temps qui ont triomphé au cours du XVIII$^e$ siècle et qui vont régner, au moins théoriquement, pendant la plus grande partie du XIX$^e$ siècle. Ces notions, à l'époque où Newton les a présentées, n'étaient pas les seules, elles se heurtaient à des conceptions différentes comme celles de Leibniz ou de Huygens. Mais au cours du XVIII$^e$ siècle, et pour des raisons qui tiennent en partie au succès de la mécanique newtonienne, les notions d'espace absolu, d'espace euclidien à trois dimensions absolues, de temps linéaire et continu ont été pratiquement acceptées par tous les physiciens, tous les savants et finalement tous les philosophes du siècle.

Mais est-ce qu'il n'y avait pas quand même une certaine forme d'opposition ?

Si, elle tenait à ceci : au lieu de considérer qu'il y a un espace absolu, on pouvait considérer l'espace comme un système de relations entre des corps. L'espace newtonien est un espace absolu et vide, l'espace leibnizien, par exemple, est un espace entre des corps qui existent, et s'il n'y avait pas de corps, la notion d'espace perdrait son sens.

Il y a un philosophe qui, lui aussi, écrit au XVIIIe siècle mais qui tient une grande place dans la pensée philosophique du XIXe siècle : c'est Kant. Quelle est donc la position de Kant par rapport au différend Newton-Leibniz ?

Vous avez raison de rappeler que Kant est un philosophe du XVIIIe siècle parce qu'on est spontanément tenté de le placer au XIXe. Or il commence à écrire dans les années 1750. Dans ses premiers écrits sur ces problèmes, il est très proche des positions de Leibniz. Et puis, pour des raisons semble-t-il scientifiques et physiques, il accepte un peu plus tard, vers 1765-1770, les idées de Newton. Mais tout cela, c'est l'aspect précritique de Kant. C'est Kant avant la grande révolution de sa pensée. Quand il va écrire ses grandes œuvres critiques, essentiellement *la Critique de la raison pure,* à ce moment-là, sous l'influence en particulier des empiristes anglais, Locke, Berkeley, Hume, il va reprendre la question de l'espace et du temps. Et il va le faire d'une façon originale, en considérant que l'espace et le temps sont des intuitions transcendantes, de pures intuitions, et qu'elles constituent les catégories à priori de la sensibilité. C'est-à-dire qu'il est faux d'affirmer que notre notion de l'espace et du temps naît de l'expérience. Ce qu'il faut dire, c'est que nos notions d'espace et de temps sont les formes nécessaires, les conditions nécessaires de notre expérience du monde. À ce moment-là, il n'est plus possible pour aucune expérience de vérifier ou d'infirmer l'existence d'un temps ou d'un espace absolu, puisque le temps et l'espace sont les conditions mêmes de toute expérience quelle qu'elle soit. Tout cela est très peu conforme à l'esprit de Newton. C'est une déréification de l'espace et du temps. Mais en ce qui concerne la physique, cela donne, au contraire, à ces notions newtoniennes de l'espace et du temps une valeur absolue, encore une fois, au-delà de toute expérience. C'est donc une espèce d'hypernewtonisme qui est énoncé ainsi au début du XIXe siècle et qui va exercer son influence tout au long du siècle.

> Nous voici donc à l'orée du XIXe siècle. Sont alors présents l'espace euclidien, largement dominant, et un temps linéaire réversible, celui des automates. A cette époque, bien entendu, on considère ces deux concepts séparément. Il faudra attendre le début du XXe siècle pour qu'on relie ces deux idées en un concept unique. Alors, nous allons procéder comme au début du XIXe siècle, nous allons considérer ces deux concepts séparément. Mais par lequel pensez-vous qu'il est préférable de commencer ?

Je pense que pour l'orientation générale de notre conversation, il vaut peut-être mieux commencer par le temps. Nous verrons peut-être pour finir que ce sont les problèmes de l'espace qui ont créé les plus grandes difficultés aux physiciens à la fin du XIXe siècle. Nous pouvons donc commencer par le temps. Et il est vrai de dire que si le temps et l'espace sont distincts, séparés, ils sont pourtant de nature semblable. Ce sont deux entités qui ont une nature commune. Ce qui est très remarquable à propos du temps, pendant la plus grande partie du XIXe siècle, en physique, c'est que, précisément, il est ignoré. Je veux dire qu'il n'est jamais autre chose que le cadre vide des phénomènes. Et les phénomènes qu'étudie la physique sont toujours considérés comme des phénomènes réversibles. C'est-à-dire que les équations qui servent à décrire les processus physiques peuvent être lues dans un sens ou dans l'autre. C'est en tout cas comme cela que les choses se sont passées pendant toute la première moitié du siècle. Ce qui a évidemment commencé à jeter un trouble dans les esprits, c'est, vers le milieu du siècle, l'énoncé du second principe de la thermodynamique, selon lequel, comme vous le savez, s'il est vrai qu'il y a conservation de l'énergie, il n'est pas vrai que toutes les énergies soient également nobles. Vous pouvez transformer une énergie thermique en énergie mécanique, mais si vous réalisez le processus inverse, vous perdez une quantité d'énergie thermique, et celle-là n'est plus récupérable pour recréer du mouvement. Vous avez donc une dégradation de l'énergie, une perte générale de l'ordre au profit du désordre, et ainsi vous avez une flèche du temps irréversible. Au début, selon la loi de Carnot-Clausius, le second principe ne s'exerce que dans les systèmes clos, ce qui va permettre au physicien de ne pas être trop vite impressionné par ces questions. En effet, il n'est pas sûr que l'Univers, qui est infini, puisse être considéré comme un système clos. Tant que cette question ne sera pas réglée, on pourra, dans une certaine mesure, ignorer le second principe de la thermodynamique.

N'est-ce pas à cette période que l'Histoire elle-même commence à envisager l'irréversibilité, c'est-à-dire que s'introduisent des notions comme celles d'évolution, de progrès ?

Vous soulevez là un problème qui est très difficile, un de ces problèmes assez irritants pour les historiens, qui constatent des corrélations et qui ne sont pas toujours capables de les expliquer. L'idée de progrès est plus ancienne que l'idée de cette espèce de décadence que constitue finalement le second principe de la thermodynamique. Mais il est vrai que c'est par cette idée de progrès que, dès le XVIIIe siècle, et à plus forte raison au XIXe , naît l'idée d'une Histoire irréversible, histoire de la nature et histoire de l'humanité. L'une sert de modèle à l'autre et l'échange fonctionne dans les deux sens. Ce qui est évident, c'est que c'est dans cette période que sont formulées les lois de l'évolution du vivant, d'abord par Lamarck, avec cette précision qu'il s'agit d'une évolution nécessaire. C'est ce que dira très clairement Spencer. Il s'agit d'un progrès nécessaire, d'une loi de progrès, loi qui suit le développement, développement qui, lui-même, suit la ligne du temps. Le temps est absolument nécessaire, irréversible, et pousse nécessairement au progrès.

> Et n'oublions pas que 1859, c'est la parution de *l'Origine des espèces.*

Oui, et le livre a provoqué un scandale, comme vous le savez, un scandale qui consistait en ceci : Darwin affirmait, finalement sans le dire, l'origine animale de l'homme et le grand principe de l'évolution générale des espèces. Mais ce scandale a, un certain temps, dissimulé ce qu'il y avait de beaucoup plus audacieux et radical dans la pensée darwinienne, qui était finalement un refus de cette Histoire et de ce progrès nécessaires. On a trop souvent confondu Darwin et Spencer, surtout à l'époque, et on n'a pas vu que l'Histoire dont Darwin entreprend de démontrer les mécanismes, par le système des variations et de la sélection naturelle, c'est une Histoire qui n'obéit plus à une loi universelle. Ce n'est plus l'histoire d'un progrès nécessaire, c'est une histoire aléatoire où, à chaque instant, des phénomènes se produisent qui auraient pu ne pas se produire. Il est vrai qu'au bout du compte on est arrivé à l'homme, mais ce résultat n'était nullement certain si l'on accepte la théorie de Darwin. Mais c'est le XX^e siècle qui prendra conscience de cette révolution et qui saura reconnaître l'extraordinaire originalité de Darwin sur ce point.

> Tout de même, sans être historien, on peut remarquer que certaines idées forces traversent des disciplines distinctes, sensiblement aux mêmes époques, à quelques décennies d'écart, par exemple cette notion d'irréversibilité du temps. Est-ce qu'il ne se passe pas quelque chose de semblable avec la conception du temps absolu : une certaine opposition à ce concept ? Est-ce qu'il n'y a pas au XIX^e siècle une pensée qui va s'écarter de cette notion d'absolu en élaborant une conception, pour ainsi dire, « anti-mesure » du temps ?

Oui, je pense que vous faites allusion aux mouvements de la fin du siècle, et en particulier à Bergson ? Là on se trouve, en fait, encore une fois, devant ces gigantesques phénomènes intellectuels que nous sommes difficilement capables de mesurer et de décrire dans leur complexité interne. Parce qu'il est vrai que la fin du XIX^e siècle, comme d'autres le diront dans vos prochains entretiens, sera le moment du plus grand bouleversement, justement, des notions d'espace et de temps. Nous en dirons deux mots tout à l'heure. C'est aussi le moment d'une révolte contre une certaine conception scientifique mesurée, métrique du temps et de l'expérience humaine en général, et même des phénomènes de la nature. Bergson, en opposant au temps des horloges, au temps mesuré, la durée qui, chez l'être vivant ou dans la conscience, est absolument non mesurable et a une valeur tout à fait originale et une capacité de création, contribue effectivement, même s'il n'en a pas eu le projet, réellement volontaire et conscient, à ruiner l'idée classique du temps newtonien.

En fait, Bergson avec le concept de durée, par le biais d'une expression psychologisante, introduit la psycho-perception du temps. Il s'oppose ainsi aux conceptions désormais classiques. Puisque nous allons maintenant aborder l'espace, une première question vient : le XIXe siècle a-t-il produit le même type d'opposition concernant l'espace absolu euclidien ?

Il a sans doute eu l'occasion de le ressentir de façon différente, mais la contestation systématique de l'espace euclidien, de l'espace newtonien, c'est-à-dire d'un espace euclidien physique à trois dimensions, est venue d'une manière tout à fait rationnelle, et d'abord des mathématiciens. Là il s'agit de géométrie, il ne s'agit pas de physique ni d'espace réel, mais il s'agit de voir si on ne peut pas construire des géométries non euclidiennes qui auraient une logique au moins aussi sérieuse, solide, que la logique de la géométrie euclidienne. Ce sont des conceptions qu'on trouve déjà exprimées par Gauss dans les années 1820 et suivantes, puis par Lobatchevski dans les années 1830 ; et il est clair que Gauss et Lobatchevski ont eu tout de suite l'idée de se poser la question : « Est-ce que l'univers physique est euclidien ou non euclidien ? » Ils ont même essayé de faire des expériences, mais ces expériences n'ont pas réussi à démontrer un espace courbe, et ils en ont conclu, sans doute prématurément, que, géométriquement parlant, ces espaces non euclidiens étaient possibles mais que, physiquement parlant, l'espace réel était euclidien. Il y a quelqu'un qui n'en a pas été convaincu, c'est Riemann. Un peu plus tard, dans les années 1850, il a repris les possibilités d'une géométrie non euclidienne et en a vu assez nettement les conséquences physiques. Mais à quelques exceptions près, les idées de Riemann ont été très violemment rejetées par les physiciens de son temps et en particulier à cause de l'influence de Kant. Riemann était attaqué parce qu'il contredisait les idées kantiennes. La question va donc rester pendante, mais désormais, elle est là, posée, et jusque vers 1890 ou 1900, on sait que le problème existe. Et à ce moment-là, on saura s'en souvenir.

> À la même époque s'engage un débat crucial, peut-être même plus crucial encore, c'est cette extraordinaire querelle qui va se développer autour de la notion d'éther ?

Oui l'espace newtonien n'est pas seulement lié à la mécanique newtonienne, il est lié à la théorie newtonienne de la lumière. Vous savez que pour Descartes, l'Univers était plein et que la lumière se transmettait instantanément du Soleil jusqu'à la Terre. Au contraire, pour Newton, la lumière est une projection de corpuscules qui viennent du Soleil jusqu'à la Terre. Et quand, en 1675, Römer avait découvert que la lumière avait une vitesse finie, et non pas infinie, comme le croyait Descartes, Newton s'est appuyé sur cette expérience pour concevoir cette idée de la lumière, c'est-à-dire présenter une théorie qu'on appelle corpuscolariste. Cette théorie corpuscolariste a été généralement acceptée pendant le XVIIIe siècle [1]. Mais, au début du XIXe siècle, une théorie vibratoire ondulatoire de la lumière est revenue en force, avec des savants comme Thomas Young, Étienne Malus et surtout Augustin Fresnel. Il y a un certain nombre de phénomènes qui ont été découverts et étudiés à cette époque, et qu'on ne peut expliquer que par une

1. Bien qu'il considère essentiellement la lumière comme une émission de corpuscules, Newton n'a pas complètement exclu les vibrations de sa théorie. En outre, la considération d'autres phénomènes, comme la gravitation ou la contraction des muscles, l'a conduit à supposer l'existence d'un « milieu » ou « esprit éthéré ». Mais cet éther ne joue qu'un rôle secondaire et épisodique dans sa pensée, et n'est pas lié à sa conception de l'espace absolu.

théorie ondulatoire de la lumière. Mais s'il y a des ondes lumineuses, des vibrations, il faut bien qu'il y ait quelque chose qui vibre pour transmettre les vibrations. Et ce quelque chose, c'est l'éther. A partir de ce moment-là, il est entendu que l'espace est plein d'éther. Par la suite, lorsqu'on s'est posé la question des ondes électromagnétiques, depuis Œrsted et Faraday jusqu'à Maxwell, on a eu à nouveau des ondes, des vibrations qui se transmettaient à travers l'espace, et il fallait bien, encore une fois, que quelque chose vibre. Donc, non seulement la théorie de la lumière, mais la théorie des ondes électromagnétiques exigeaient la présence d'un éther. Et naturellement, pour simplifier, on a supposé que c'était le même éther qui transmettait à la fois la lumière et les ondes électromagnétiques.

> Bien entendu, l'époque va faire de nombreuses expériences à ce sujet. On expérimente sur les ondes, on expérimente sur la lumière. Le problème de l'existence ou de la non-existence de l'éther, c'est-à-dire de savoir si un support est ou non indispensable relève de la théorie. Mais a-t-on expérimenté sur la nature même de ce support ?

Il est de fait que les théories ondulatoires qui rendaient nécessaire l'hypothèse d'un éther étaient fondées sur des expériences extrêmement solides et qui rendaient ces interprétations ondulatoires nécessaires. Reste tout de même que la notion d'éther, de ce milieu qui transmet les vibrations, était extrêmement peu claire, parce que l'on demandait finalement à l'éther des propriétés rigoureusement contradictoires. On supposait, par exemple, qu'il était capable de transmettre les vibrations lumineuses, ce qui impliquait qu'il ait une densité infiniment plus grande que celle de l'acier, et en même temps on supposait que l'éther était transparent et que la Terre et les autres planètes se promenaient au travers sans rencontrer aucune résistance. Vous aviez donc là une sorte de contradiction interne mais il n'y avait pas de possibilité d'en sortir, d'autant plus qu'on a même fait des expériences pour essayer d'expliquer certaines phénomènes optiques. En particulier, il y a toute une série d'expériences de Fizeau, en 1851, pour vérifier les hypothèses de Fresnel sur une espèce d'accumulation de l'éther dans les milieux réfringents ; ce type de milieu devait avoir un éther d'une densité plus grande que l'éther ordinaire. Fresnel avait fait des calculs et les expériences de Fizeau ont semblé les confirmer. Enfin, on a voulu savoir quelle était la vitesse de la Terre par rapport à l'éther supposé immobile et constituant un point fixe par rapport auquel on pouvait mesurer cette vitesse. En effet, si l'on mesure la vitesse de la lumière transmise par l'éther, en allant vers la source lumineuse, avec la vitesse de la Terre autour du Soleil, ou si on la mesure dans une direction perpendiculaire à la tangente de l'orbite terrestre, on devrait obtenir des mesures différentes. C'est la grande expérience que l'on appelle classiquement l'expérience de Michelson-Morley, faite en 1887, et qui a montré, à la stupéfaction des physiciens, que la vitesse de la lumière était la même dans toutes les directions, c'est-à-dire qu'on ne pouvait absolument pas déterminer un mouvement de la Terre par rapport à l'éther.

> Je présume qu'une expérience donnant des résultats aussi surprenants a été refaite pour confirmation.

Je ne sais pas combien de fois des expériences importantes ont été refaites, mais je crois que celle-là risque de battre tous les records. C'est une expérience naturellement très compliquée. Michelson et Morley l'ont refaite plusieurs fois. Ils l'ont faite sous terre, ils l'ont faite sur une colline. Après cela, on a estimé qu'il fallait la faire plus haut, on l'a donc faite au mont Wilson, à une altitude de 1 800 mètres, en 1921 et en 1925. On l'a refaite un peu plus tard, en 1926-1928, dans un ballon libre à 2 500 mètres d'altitude. C'est Picard qui s'en est occupé. On l'a faite également avec des ondes courtes radio. Bref, on a utilisé tous les procédés possibles pour vérifier cette expérience de la façon la plus fine. Je crois que les dernières vérifications ont eu lieu en 1958. Or, plus l'appareillage technique et les conditions d'expérience étaient raffinés, complexes et précis, plus le résultat était négatif.

> Mais alors, à partir de ce moment-là, dites-moi, le concept d'éther devient embarrassant, qu'est-ce qu'on va en faire ?

Eh bien, il est tellement embarrassant que les physiciens n'arrivent à le conserver qu'en dépouillant l'éther de pratiquement toutes ses propriétés mécaniques. Ce qui sera exécuté, entre autres, par le physicien Lorentz. Mais comme l'éther n'a plus de propriétés mécaniques du tout, la question même de son existence se pose. Elle sera posée et résolue négativement par Einstein en 1905. C'est ainsi que se terminera la carrière de l'éther qui aura duré plus de deux siècles.

> Et c'est dans le même mémoire que se trouve confirmée la conception de l'espace proposée par Riemann.

En effet, dans ce même mémoire d'Einstein, qui est évidemment une étape capitale dans l'évolution de la pensée physique européenne, on retrouve le problème géométrique des espaces non euclidiens. Et finalement, c'est non seulement la ruine des notions newtoniennes de l'espace et du temps, mais c'est surtout, sinon la ruine, du moins le dépassement de la mécanique et de la physique newtoniennes.

Dans *M. Tompkins au pays des merveilles,* Gamow illustre les effets de la relativité einsteinienne dans un monde imaginaire où la vitesse limite (celle de la lumière) serait beaucoup plus petite que dans le nôtre, par ce dessin montrant la « contraction des longueurs ». Il a fallu plus d'un demi-siècle pour réaliser qu'une observation visuelle donnerait un résultat assez différent : des objets dotés de vitesses proches de celles de la lumière, si l'on prend en compte tous les effets de la relativité einsteinienne, sembleront avoir subi non une contraction, mais une simple rotation !

# 4. La structure de l'espace-temps (les relativités)

***Entretien avec Jean-Marc Lévy-Leblond, professeur à l'université de Nice (laboratoire de physique théorique).***

ÉMILE NOËL : Nous voici arrivés avec vous à la relativité, c'est-à-dire, tout au moins dans la conception commune, à une façon de mêler les deux concepts d'espace et de temps. Mais est-ce bien avec Einstein et sa relativité restreinte que ces deux concepts, espace et temps, se trouvent unifiés pour la première fois ?

JEAN-MARC LÉVY-LEBLOND : Si vous posez la question au physicien, il doit vous répondre : non, ce n'est pas la première fois. Pour le physicien, cela fait déjà un bon moment que l'espace et le temps sont mélangés ! Et avec ce qu'on appelle la « relativité restreinte » — nous reviendrons peut-être tout à l'heure sur les problèmes de terminologie —, ce qu'apporte Einstein, ce n'est pas la brusque révélation que l'espace et le temps ont à voir l'un avec l'autre ; c'est plutôt l'idée plus fine, plus subtile, que la façon dont l'espace et le temps ont à voir l'un avec l'autre, n'est pas ce qu'on croyait. Mais que l'espace et le temps aient partie liée, la physique le sait déjà depuis longtemps. On le sait grosso modo, depuis que la physique en tant que physique existe au sens moderne, c'est-à-dire depuis Galilée. Depuis Galilée, la physique sait à peu près comment le mouvement se traduit, comment il se décrit et comment il réagit sur l'apparence des choses. Déjà dans la conception de la physique classique, le temps vient, d'une certaine façon, se mélanger à l'espace. Le temps vient se mélanger à l'espace pour une raison bien simple : le mouvement. La distance entre deux événements, la distance spatiale entre ces deux événements dépend du point de vue que vous avez sur le monde, et dépend en particulier de votre état de mouvement. Je prends un exemple élémentaire. Imaginez que vous montiez dans un train et qu'à un certain moment, vous vous endormiez, puis que, plus tard, vous vous réveilliez. Pour vous, qui étiez dans le train, votre réveil comme votre endormissement se sont passés au même endroit ; la distance entre ces deux événements est donc nulle. En revanche, il est bien évident que, pour un cantonnier travaillant sur la voie de chemin de fer, ces deux événements n'ont *pas* eu lieu au même endroit. Vous vous êtes endormi, disons, au kilomètre 12 de la voie et vous vous êtes réveillé au kilomètre 55. Il s'est écoulé un laps de temps pendant lequel le train a parcouru une certaine distance. Donc le temps qui s'est écoulé entre ces deux événements a modifié leur distance pour certains observateurs. On voit bien que dans la conception la plus traditionnelle de la physique, la distance entre deux événements dépend du temps écoulé.

Bien sûr, dans l'expérience commune, chacun est capable de se rendre compte que pour parcourir une certaine distance, il faut un certain temps et que le temps est lié à la vitesse. Plus je vais vite d'un point à un autre, moins je mets de temps. Mais peut-on considérer cette imbrication de façon plus théorique, comment peut-on la conceptualiser ?

Nous arrivons là au cœur de ce qu'est une théorie de la relativité, et je dis bien « une », parce qu'il y en a plusieurs ! Dans l'expérience que nous décrivions tout à l'heure, c'est-à-dire l'endormissement dans un train, je faisais état de deux points de vue différents. L'un qui était le point de vue du voyageur dans le train, pour lequel les deux événements ont lieu au même endroit, à des instants différents. L'autre qui est le point de vue du cantonnier extérieur au train, pour lequel les deux événements n'ont pas lieu au même endroit. Le point fondamental, c'est que, dans la mesure (et dans la mesure seulement) où le train va à une vitesse constante, aucun de ces deux points de vue n'est privilégié par rapport à l'autre. Ces deux points de vue sont totalement équivalents. C'est là que nous aboutissons à la physique théorique et nous retrouvons au-delà de l'intuition commune. Supposons que ces deux individus, voyageur et cantonnier, entreprennent de décrire des phénomènes physiques, par exemple la chute des corps, et d'en déduire des lois physiques. Eh bien, ils n'observeront pas les mêmes phénomènes : un objet qui tombe verticalement dans le train aura pour le cantonnier une trajectoire courbée, puisque l'objet avance avec le train pendant qu'il tombe. Mais ils obtiendront la même loi physique : la pesanteur détermine l'accélération du corps pendant sa chute. C'est le point fondamental : la loi classique de Newton sur la chute des corps, sera *la même* pour les deux personnages. Autrement dit, il existe des situations dans lesquelles des points de vue différents sur le monde, le point de vue de celui qui est dans le train, le point de vue de celui qui est à l'extérieur, mènent à la même loi physique. Le physicien traduit cette équivalence en disant que les lois physiques sont « invariantes » par un certain nombre de transformations — par exemple les transformations qui font passer de la situation du voyageur dans le train en mouvement (uniforme), à la situation du cantonnier immobile sur la voie. Il faut bien distinguer ici les *valeurs* des grandeurs physiques — qui changent dans une telle transformation — et les *relations* entre ces grandeurs (les lois physiques, précisément), qui ne changent pas. Cette exigence d'invariance des lois par rapport à certaines transformations est une exigence extrêmement forte qui impose des contraintes sévères aux lois de la physique. La plupart des lois, c'est-à-dire des relations entre grandeurs physiques, que l'on peut imaginer à priori, ne sont pas invariantes. Faire l'hypothèse qu'il y a invariance sous certaines transformations est une hypothèse très forte, qui sélectionne les lois admissibles. J'ajoute immédiatement, et c'est peut-être ce qui devrait nous intéresser maintenant, que cette invariance est *restreinte* en ce sens qu'elle n'est pas vraie pour toute transformation.

> S'agit-il d'invariance ou d'équivalence ? Pourquoi appeler cela « relativité » ?

Eh bien, l'invariance des lois physiques lors d'un changement de point de vue est précisément ce qui traduit *l'équivalence* des points de vue !

Si on utilise le terme de « relativité », c'est à partir de cette constatation que l'équivalence de certains points de vue entraîne l'invariance des lois de la physique — mais non l'invariance des grandeurs physiques ! Au contraire, cette invariance des lois physiques entraîne une certaine relativité des valeurs des grandeurs physiques. Elles sont, elles, relatives au point de vue. Je reprends mon exemple, la distance entre les deux phénomènes « endormissement » et « réveil » du voyageur : cette distance est relative — relative à quoi ? au point de vue — puisqu'elle n'est pas la même pour l'un et l'autre des deux personnages. L'affirmation de l'équivalence de certains points de vue est le *principe de relativité*. Nous avons besoin maintenant d'une théorie qui explicite ce principe de relativité, c'est-à-dire qui établisse les relations entre ces valeurs, relatives, des différentes grandeurs lorsqu'on compare deux points de vue équivalents. Il nous faut une théorie qui nous dise : si le train a une vitesse de tant de kilomètres par heure, alors la distance qu'a mesurée l'un des deux observateurs est reliée à celle que mesure l'autre par tel type de transformation. *Une* théorie de la relativité consiste donc en une théorie qui explicite les relations entre les grandeurs relatives.

Je reviens sur un point important, c'est qu'il y a relativité, c'est-à-dire équivalence entre *certains* points de vue et sûrement pas entre tous. J'ai dit tout à l'heure qu'il était essentiel, dans l'exemple que nous traitions, que le train aille à une vitesse constante : c'est seulement si le train va à une vitesse constante qu'il y a équivalence entre les points de vue du cantonnier et du voyageur. La preuve en est d'ailleurs que si le voyageur a baissé les rideaux de son compartiment, et si le train va à une vitesse absolument constante, s'il n'y a pas de cahots sur les rails, ce voyageur ne sent pas, ne sait pas qu'il est en mouvement. C'est l'indication empirique que son point de vue est équivalent à celui du cantonnier immobile sur les rails. On retrouve la vieille formulation de Galilée, « le mouvement est comme rien » (sous-entendu le mouvement uniforme, à vitesse constante). Il n'y a aucun effet à l'intérieur d'un système clos, de l'état de mouvement uniforme de ce système par rapport à un autre. Par contre, si le système accélère, alors là des effets bien réels sont induits : si le train accélère ou freine, le voyageur recevra sa valise sur la tête, c'est bien connu. Donc cette équivalence des points de vue s'applique à une certaine classe de points de vue. C'est en ceci que cette théorie de la relativité est une théorie spécifique. *Tout* n'est pas équivalent dans le monde, et c'est justement la spécificité des équivalences qui fait tout le sel de la théorie.

Est-ce pour ça qu'on l'appelle restreinte, ou pour d'autres raisons ?

Alors réglons, si vous le voulez, cette question de terminologie. En fait, nous anticipons légèrement, mais il vaut mieux s'en débarrasser tout de suite. On l'appelle « restreinte » par opposition à la théorie proposée ultérieurement par Einstein, en 1918, qu'il a appelée, et qu'on appelle encore souvent « relativité générale ». En réalité, il s'agit là essentiellement d'une théorie de la gravitation dont certains aspect géométriques peuvent laisser penser qu'il s'agit d'une théorie dans laquelle justement *tous* les points de vue sont équivalents. A dire vrai, la situation est plus riche et plus profonde. Je pense qu'il en sera question dans un entretien spécialement consacré à ce problème. Mais disons que c'est une terminologie qui nous paraît aujourd'hui un peu dépassée. Les physiciens, à l'heure actuelle, ont tendance à ne plus parler de « relativité générale », mais plutôt de « théorie relativiste de la gravitation », et à ne plus parler de relativité « restreinte », mais à parler de relativité *einsteinienne,* distinguée de la relativité *galiléenne.*

Alors justement, profitons-en ; vous avez déjà dit qu'au fond cette conception de la relativité remonte à Galilée. En effet, il y a eu un certain nombre de discussions à l'époque de Galilée pour savoir si un caillou lancé du haut d'un mât d'un bateau en marche, bien sûr, allait tomber au pied du mât ou derrière. Mais tout de même, il doit y avoir une différence entre Galilée et Einstein ?

Bien évidemment. Il y a des différences. Mais le point sur lequel je crois qu'on ne mettra jamais trop l'accent, c'est que ces différences entre Einstein et Galilée — ces noms, bien entendu, pris comme symboliques — ces différences sont infiniment moins grandes que les différences entre, disons, Galilée et Aristote-Aristote étant pris ici comme représentant une théorisation basée sur le sens commun. Par rapport à l'intuition courante, ce qu'a dit Galilée est déjà inacceptable. Dire que le point de vue du voyageur dans le train et le point de vue du cantonnier sont équivalents, c'est *évidemment* faux par rapport à la pratique courante. Je veux dire qu'il faut faire un effort d'abstraction considérable, se mettre dans des conditions très spécifiques, et poser des questions bien particulières pour comprendre ce que cela veut dire. C'est toute la différence entre une théorie physique, avec ses conditions bien délimitées, ses abstractions extrêmement élaborées et le sens commun. Dans la pratique quotidienne, aucun d'entre nous — et les physiciens pas plus que les autres —, n'est galiléen ; dans la pratique quotidienne, nous sommes tous aristotéliciens. Nous savons que quand nous lançons un objet, il finit par s'arrêter, ce qui est contraire au principe d'inertie galiléen. Pourquoi ? Mais parce que le principe d'inertie galiléen est vrai *in abstracto* : *si* l'on fait abstraction de toute une série de facteurs, dont on ne peut *pas* faire abstraction dans la vie. C'est seulement quand on fait de la physique qu'on se place délibérément dans des conditions où l'on peut faire ces abstractions. Donc (j'insiste lourdement, je crois que c'est tout à fait important), il y a ici de grandes difficultés de conceptualisation, ce sont celles de la physique par rapport à l'expérience quotidienne. Une fois qu'on est passé dans le monde galiléen, alors les choses se présentent autrement. Ce monde galiléen repose sur une certaine théorie. Cette théorie, au cours du XIX^e siècle, va rencontrer des limites ; on va s'apercevoir que le monde n'est pas aussi simple qu'il y paraissait. C'est alors qu'Einstein va résoudre les difficultés rencontrées. Sa proposition sera de garder de la théorie antérieure, de la théorie classique, un énoncé général, ce qu'aujourd'hui on appelle le *principe* de relativité, à savoir qu'il existe sur le monde des points de vue équivalents — l'idée que le point de vue du train et le point de vue des rails sont des points de vue équivalents en ceci qu'ils amènent au même énoncé par les lois physiques. Par contre, ce que l'on change, ce sont des énoncés qui paraissaient évidents, trop évidents, dans la concrétisation du principe de la relativité en une théorie particulière, et plus précisément certaines formules de transformation qui lient les grandeurs relatives à un point de vue aux grandeurs relatives à un autre. Et je vais vous donner juste un exemple.

Dans la conception galiléenne traditionnelle, pour reprendre l'exemple du train, il est clair que si vous marchez dans les couloirs du train à 5 km/h dans le sens de la marche, que le train se déplace à 100 km/h par rapport aux rails, alors, vous voyagez à 105 km/h par rapport aux rails. C'est là qu'Einstein intervient et dit : « Ah non, ça n'est plus vrai !... Il est vrai que les deux systèmes sont équivalents, mais les relations entre les grandeurs physiques dans l'un et dans l'autre, par exemple entre les vitesses, sont plus compliquées que ce que vous croyez. » Il *faut* bien qu'elles soient plus compliquées, sinon un fait empirique découvert au cours du XIXe siècle, à savoir que la vitesse d'un rayon de lumière est la même pour l'un et pour l'autre, pour le train et pour les rails, deviendrait incompréhensible. Donc ce que nous allons faire, et c'est là ce qu'a été la révolution einsteinienne, c'est, non pas toucher au *principe* de la relativité, mais modifier la *théorie* de la relativité. Avant Einstein, les physiciens tendaient à penser que le principe de relativité n'était peut-être pas faux, mais qu'il n'était pas applicable, en ce sens qu'il y avait un point de vue privilégié, le point de vue du fameux éther. L'éther, s'il existait, donnerait un point de vue particulier et la question de l'équivalence ne se poserait plus. On pourrait dire : « Eh bien, si le train bouge par rapport à l'éther, alors ce n'est pas la même chose à l'intérieur et sur les rails. » Mais Einstein a montré qu'il est inutile de postuler l'existence d'un point de vue particulier et que l'on peut maintenir cette idée que tous les points de vue, tout au moins pour ce qui est des mouvements relatifs uniformes, sont équivalents. En revanche, on modifie les relations qui lient les grandeurs vues ou mesurées, dans l'un et l'autre de ces systèmes de références.

> Oui, mais alors en quoi cela affecte-t-il l'imbrication de l'espace et du temps ; c'est-à-dire, comment apparaît cette notion d'espace-temps ? Est-ce la vitesse de la lumière qui va être déterminante dans cette conceptualisation ?

La vitesse de la lumière matérialise la difficulté, mais elle ne la détermine pas. Ainsi, je suis en train, j'allume une lampe de poche, je mesure la vitesse du rayon lumineux qui fait 300 000 km/s dans le train. Et mon copain cantonnier qui est sur les rails mesure aussi la vitesse de ce rayon lumineux que j'ai allumé dans le train, et elle vaut encore 300 000 km/s et non pas 300 000 km/s plus 100 km/h. Alors il est bien clair que cela exige des modifications importantes de l'idée que nous nous faisons de l'espace et du temps. Pourquoi se met-on à parler d'espace-temps à ce moment-là ? J'ai dit tout à l'heure que, dans le cas galiléen, il y avait déjà, pour le dire de la façon la plus imagée possible, imbrication du temps dans l'espace, mais pas inversement. Toujours en revenant au même exemple, il était vrai que la distance entre l'endormissement du voyageur et son réveil n'était pas la même et dépendait du point de vue. Par contre, le laps de temps qui s'écoulait, l'intervalle du temps, lui, était le même. Que je le mesure à l'horloge des gares ou à ma montre-bracelet dans le train, je voyais toujours qu'il s'était écoulé, disons, un quart d'heure. Maintenant, et c'est là qu'Einstein apporte une nouveauté, les nouvelles transformations entre grandeurs dans les différents systèmes vont impliquer une modification non pas seulement de l'espace par le temps, mais aussi du temps par l'espace. En théorie einsteinienne de la relativité, l'intervalle de temps écoulé ne sera plus le même : autrement dit, le temps n'est pas absolu, il devient lui aussi relatif. Alors il y a effectivement là une révolution conceptuelle dans cette idée que deux phénomènes sont séparés par un laps de temps relatif. En d'autres termes, la simultanéité n'est plus absolue : deux phénomènes peuvent avoir lieu au même moment pour un observateur, mais pas forcément au même moment pour un autre.

Mais qu'est-ce qui permet de parler d'une « structure » de l'espace-temps ?

Ce qui permet de parler de structure de l'espace-temps, c'est tout l'acquis des dernières décennies, et la modification de ces conceptions depuis le moment où elles ont été introduites par Einstein après, il faut bien le dire quand même, une bonne vingtaine d'années de travaux de gens comme Lorentz, Fitzgerald, Larmor, Poincaré, pour préparer le terrain. Einstein est celui qui apporte la clé de tout un édifice. À l'époque, cette théorie était exigée pour régler des problèmes, je dirais, des problèmes de circonstance, qui sont des problèmes d'électromagnétisme, de théorie de la lumière. Si la lumière a ces propriétés bizarres que l'on observe, alors, bon gré mal gré, il faut que l'on modifie la théorie pour en rendre compte ; mais c'est une conception qui restait pour l'essentiel assez phénoménologique : on arrange les choses pour que ça marche ! Ce dont nous nous sommes aperçus dans les dernières décennies, c'est que cette théorie einsteinienne est bien plus profonde. Quel que soit le phénomène physique auquel vous avez affaire, qu'il s'agisse d'un phénomène lumineux ou pas, la description de l'espace-temps dans lequel ce phénomène prend place, doit être la même. C'est en ce sens-là que les physiciens modernes parlent de structure de l'espace-temps. Une métaphore, si vous voulez : nous avons appris, qu'au fond, l'espace-temps, c'est comme une scène de théâtre sur laquelle peuvent se jouer diverses pièces. Nous avons su, à un certain moment que, pour une pièce particulière, la pièce que joue la lumière, les anciens décors n'étaient plus adaptés et qu'il fallait les modifier pour permettre au personnage de jouer son rôle, tel qu'il s'était développé. Mais à l'époque, ce changement n'avait pour but que de permettre au personnage lumière de mieux jouer son rôle, sans se cogner, si j'ose dire, dans les décors. Ce que nous avons appris depuis, c'est que ces nouveaux décors n'ont rien à voir avec la pièce qui est en train de se jouer et que toutes les pièces que nous savons faire se jouer devant nos yeux aujourd'hui, qu'il s'agisse, par exemple, des forces nucléaires ou même des forces gravitationnelles, eh bien, ces pièces se déroulent toutes dans le même décor. Peut-être conviendrait-il d'ailleurs de ne pas parler de décors, mais plutôt d'espace scénique. C'est une scène, sur laquelle il n'y a pas de décors, comme pour une bonne partie du théâtre moderne. Ce que l'on voit, c'est la structure du théâtre lui-même.

> C'est-à-dire que la lumière n'y joue aucun rôle particulier ?

Absolument, c'est l'un des agents des phénomènes physiques parmi d'autres. Simplement, puisque c'est la lumière, accordons-lui ce rôle particulier : elle nous a permis de *voir* la structure dans laquelle elle jouait — mais ce n'est pas elle qui la détermine.

> Tout de même il y a un autre aspect de cette notion de relativité. C'est que les mesures que l'on fait peuvent être modifiées selon les conditions. On dit, par exemple, que le temps se dilate, et que les longueurs peuvent se raccourcir. Mais est-ce une réalité ?

Oui, c'est une réalité, et qui renvoie justement au caractère relatif dont nous parlions tout à l'heure. Si l'on mesure précisément l'intervalle de temps entre deux phénomènes, on ne trouvera pas le même nombre, pas la même grandeur, selon que l'on fait cette mesure, encore une fois, dans un train en mouvement ou sur les rails. Il y a effectivement relativité des grandeurs physiques et donc variabilité suivant le point de vue. Cela dit, cette variation ne se fait pas n'importe comment. On parle par exemple de « dilatation des temps » ; c'est-à-dire, l'intervalle de temps entre deux phénomènes est toujours plus grand (il s'est « dilaté ») que lorsqu'on le mesure dans des conditions où les deux événements ont lieu au même endroit : il y a dilatation par rapport à ce qui définit une mesure naturelle. En effet, pour mesurer l'intervalle de temps entre deux phénomènes, il est normal de le mesurer dans des conditions où ils ont lieu au même endroit. Par exemple, je reprends l'endormissement et le réveil du voyageur, le plus naturel est de mesurer la durée du sommeil dans le compartiment même où se réveille le voyageur. On obtient ainsi un certain intervalle de temps. L'idée de la dilatation des temps c'est que si l'on mesure cet intervalle d'un autre point de vue, du point de vue du cantonnier sur les rails (qui est en mouvement par rapport au dormeur), on trouve toujours une durée plus grande. De quoi est-il question ici ? A la fois d'un phénomène réel, objectif, disons, et en même temps d'une apparence. On ne saurait, je crois, mieux caractériser la situation qu'en décrivant cet effet comme un homologue exact dans l'espace-temps, d'un effet de perspective, ou de parallaxe, dans l'espace ordinaire. Si vous prenez un objet quelconque, par exemple une règle, et si au lieu de la regarder en la mettant directement devant vos yeux, perpendiculairement à votre ligne de vision, vous la disposez en oblique, elle a l'air raccourcie. Vous avez l'impression que les deux extrémités sont rapprochées l'une de l'autre. A la limite d'ailleurs, si vous la regardez directement dans son axe, sa longueur apparente est nulle. Mais vous savez très bien que c'est une illusion, ou plutôt un effet d'optique ! Et nous le savons si bien, qu'automatiquement notre esprit, et peut-être même déjà notre œil, corrige cet effet ; quand nous voyons un objet se présenter à nous sous des apparences obliques, nous savons par avance que sa longueur réelle est plus grande que sa longueur apparente, nous savons qu'il ne nous faut pas être victimes des apparences. Eh bien, ce que nous avons appris à faire dans les dernières décennies par rapport à l'espace et au temps, c'est la même chose. C'est le même genre de corrections que fait le physicien. Quand il mesure la durée de vie d'une particule instable, si cette particule est en mouvement, il trouve un certain intervalle de temps, une certaine durée de vie dont il *sait* que ce n'est pas la « vraie » durée de vie de la particule, telle que la particule elle-même, si j'ose dire, la vit. Et il corrige donc son estimation, de même que l'œil corrige quand il voit une longueur quelconque sous un certain angle. Donc dilatation des temps, contraction des longueurs, effet réel oui, et en même temps effet de perspective, effet dû à ce que nous regardons les choses « de travers » dans l'espace-temps. Si nous les regardons « d'aplomb », alors nous arrivons à mesurer des grandeurs qui, pour le coup, ne sont plus des grandeurs relatives, mais des grandeurs absolues.

> Mais, on peut se poser la question de savoir de quel point de vue se fait une telle mesure absolue.

C'est précisément la question ! Il existe, je reprends mon exemple, différents procédés de mesure des longueurs dans l'espace ordinaire. Pour mesurer une longueur, celle d'un stylo ou d'un immeuble, il existe une mesure absolue qui consiste à disposer l'étalon de longueur parallèlement à l'objet mesuré. Et toute autre mesure prise en oblique, vous savez bien qu'elle n'est pas la bonne ; mais vous savez aussi comment calculer cette bonne valeur à partir des mauvaises ! Dans l'espace-temps, c'est la même chose, et les physiciens savent maintenant définir des grandeurs qui ne sont plus des grandeurs relatives, mais des grandeurs intrinsèques. C'est d'ailleurs pour cette raison que la terminologie de « relativité » est d'une certaine façon fort mal venue, parce que le but de la théorie de la relativité, le grand physicien Sommerfeld le disait déjà vers les années 1920, c'est précisément de s'occuper de ce qui n'est *pas* relatif, c'est d'arriver à accéder à ce qui est absolu, à ce qui est invariant, à ce qui ne dépend pas du point de vue ; ce qui est relatif, ce ne sont finalement que les apparences, qui nous permettent d'accéder à ce qui est plus profond, plus essentiel, plus intrinsèque — les grandeurs invariantes, les absolus. C'est si vrai que les physiciens modernes mettent systématiquement l'accent sur ces grandeurs invariantes qui constituent véritablement le point focal de leurs investigations.

Mais qui ne sont généralement que déduites ?

... qui sont en général déduites des apparences. Et au fond, est-ce fondamentalement différent de ce que vous faites dans la vie ordinaire ? Vous voyez rarement les choses telles qu'elles sont, vous voyez des apparences, dont, par toute une suite de déductions, vous extrayez ce que vous croyez être la nature réelle.

# 5. La relativité générale

***Entretien avec Roland Omnès, professeur à l'université Paris-Sud (laboratoire de physique théorique et hautes énergies).***

ÉMILE NOËL : Il nous reste à franchir avec vous l'étape de la généralisation. Même si on la trouve maintenant couramment au programme des études supérieures de physique, à tort ou à raison, la théorie de la relativité générale a la réputation d'être difficile. Pour nous, la difficulté, ici, risque d'être accrue par le fait que nous attendons de vous une explication qui nous épargne les formalisations mathématiques.

ROLAND OMNÈS : Parler de la relativité générale n'est pas aisé puisque c'est le troisième niveau dans une construction. Le premier niveau, celui qui correspond à nos conceptions élémentaires, viscérales, c'est l'univers qui nous entoure, celui de la dynamique ordinaire, que nous appellerons ici dynamique newtonienne. Le second niveau qui présente déjà des différences substantielles, et qui a été évoqué dans d'autres émissions, est celui de la relativité restreinte. Parler de la relativité générale, c'est parler à un troisième niveau et généraliser.

Mais qu'est-ce qui a poussé les physiciens jusqu'à ce niveau de généralisation ? En d'autres termes, quelles sont les raisons qui les ont amenés à ne pas se contenter de la relativité restreinte ?

Il y a essentiellement deux raisons. D'une part, la gravitation n'est pas directement compatible avec la relativité restreinte, c'est-à-dire que la gravitation, telle que nous savons la formuler à la manière de Newton, n'entre pas de façon simple dans la relativité restreinte et que la synthèse de ces deux disciplines essentielles exige quelque chose de plus général que chacune d'entre elles. Cela est la première raison. La seconde est que lorsqu'on les approfondit, on constate que les principes mêmes de la relativité restreinte posent problème.

Quels sont ces problèmes ?

Ils se situent à la base même de la relativité restreinte qui, comme vous l'avez dit dans d'autres émissions, se fonde sur la notion de référentiel galiléen. Un référentiel galiléen, c'est un système de références dans lequel un corps qui n'est soumis à aucune force se déplace en ligne droite à vitesse constante, c'est-à-dire d'un mouvement rectiligne et uniforme. Or la question que l'on peut se poser est celle-ci : « Existe-t-il des référentiels galiléens ? » De toute évidence, la surface de la Terre, là où nous faisons des expériences, ne constitue pas un tel référentiel. L'expérience du pendule de Foucault, le déplacement des vents à la surface de la Terre nous le montrent bien. Déjà Newton avait pensé, que s'il fallait chercher un tel référentiel, on devait supposer qu'il était déterminé par les étoiles fixes. Or nous savons maintenant que les étoiles ne sont pas fixes. Elles se déplacent. Faut-il donc le situer par rapport à notre galaxie ? Nous savons que les galaxies se déplacent elles aussi les unes par rapport aux autres. Quelque chose donc nous échappe. Et la question demeure : « Y a-t-il des référentiels galiléens ? »

Est-ce que la référence des références ne serait pas alors l'idée d'un point fixe absolu ? Voilà qui pourrait-être un point de départ théorique : existence ou non d'un tel point.

Il y a effectivement une question de ce type, car tout ce que nous allons bâtir ne sera que relatif. Autrement dit, dans l'expression même de relativité restreinte ou générale, on a éliminé toute référence à un absolu quelconque. Je voudrais ajouter une seconde difficulté en ce qui concerne ces référentiels galiléens, c'est qu'avec eux on suppose précisément que ne s'exerce aucune force sur les objets qui se déplacent. Or nous savons qu'aucun référentiel, aucun système qui nous est accessible, ne peut être débarrassé de la gravitation. En d'autres termes, les forces gravitationnelles sont présentes partout, et il faut trouver comment formuler la relativité restreinte pour en tenir compte.

Jusqu'à une certaine époque, en effet, on pouvait soutenir encore l'idée d'un endroit où la gravitation ne s'exercerait pas. Mais cela s'est avéré insoutenable. Et on a été confronté aux difficultés que vous signalez. Mais par quelles voies a-t-on été amené à cette réflexion ?

Cette réflexion plonge loin dans la nuit des temps, bien qu'en fait le développement de la relativité générale n'ait suivi que de peu celui de la relativité restreinte. Les deux théories sont le fait du même homme : Albert Einstein. Ce qui est peut-être plus intéressant, c'est d'indiquer sur quelle base il s'est appuyé pour proposer une théorie parmi toutes celles que l'on pourrait imaginer. Un des points de départ d'Einstein a été de revenir sur un très vieux problème de la physique, celui de l'identité de la masse inertiale et de la masse gravitationnelle. Je crois qu'il faut dire en deux mots ce que sont chacune de ces masses. La masse inertiale caractérise la résistance à l'accélération d'un objet. Plus un camion aura une grande masse, plus faible sera son accélération, ses reprises si vous voulez, avec un moteur donné. Ceci, c'est donc la masse inertiale. La masse gravitationnelle exprime quelle va être la force s'exerçant sur un objet lorsqu'il est placé dans un champ de pesanteur, c'est-à-dire que tel objet sera plus lourd que tel autre, dirons-nous, parce que sa masse gravitationnelle est plus grande. Or il est important de bien concevoir que malgré toutes nos habitudes de pensée, acquises par l'expérience quotidienne, rien ne dit à priori que ces quantités doivent être égales. En fait, la masse inertiale est une propriété dynamique, la masse gravitationnelle a beaucoup plus les propriétés d'une charge comme la charge électrique. Or toutes les expériences qui ont été faites dans ce domaine ont montré que, pour tous les corps sans exception, les deux masses étaient strictement égales. Pour nous rapprocher de quelque chose de plus concret que ces grands principes, voyons tout de suite quelle en est l'application. On peut constater cette identité de la masse inertiale et de la masse gravitationnelle dans une expérience quotidienne en prenant un ascenseur. Lorsque l'on est dans un ascenseur accéléré, on a soudain la sensation d'être plus lourd. Lorsque l'ascenseur décélère, on se sent plus léger. En fait, cela va beaucoup plus loin : par une expérience de physique, de mécanique, il est impossible de distinguer à l'intérieur de l'ascenseur si celui-ci est accéléré ou bien si le champ de gravitation, la pesanteur, est plus grand. En d'autres termes, on voit donc que cette ligne de pensée nous amène à réfléchir plus profondément sur les référentiels non galiléens.

Bien, mais alors quels sont ces référentiels non galiléens ? Est-ce qu'il y en a d'autres que ceux auxquels vous venez de faire allusion ?

En fait, n'importe quel référentiel peut être dit non galiléen. Le bateau qui se déplace, l'ascenseur, la surface de la Terre sont des référentiels non galiléens.

> Le fait que tous les objets soient en mouvement implique qu'ils relèvent de ce type de référentiels ?

Au départ, nous nous sommes interrogés sur l'existence des référentiels galiléens. Tous les autres sont, par définition, non galiléens, ce sont eux qu'il s'agit de comprendre. Quelle est donc la différence essentielle qui apparaît à l'observation d'un mouvement selon qu'il est situé dans un référentiel galiléen ou non galiléen ? Dans un référentiel galiléen, un objet qui n'est soumis à aucune force va se déplacer d'un mouvement rectiligne et uniforme. A ce stade, il est commode de penser en termes d'espace-temps, c'est-à-dire de se représenter la succession des états de cet objet, dans un espace imaginaire à quatre dimensions, dont trois sont des dimensions d'espace, et la quatrième une dimension de temps. Le principe de Galilée nous dit que cet objet se déplace en ligne droite dans l'espace-temps. C'est une autre formulation géométrique du principe de Galilée. Or si l'on se trouve dans un référentiel non galiléen, on va constater que cet objet, décrit par l'observateur situé dans ce référentiel, parcourt dans l'espace-temps une trajectoire courbe. En d'autres termes, la réflexion sur les référentiels non galiléens nous induit immédiatement vers une nouvelle question, celle de la courbure de l'espace.

> Mais est-ce que nous sommes ici confrontés à une forme de la réalité ou à un concept ? En d'autres termes, est-ce que l'espace-temps existe en tant que tel, et est-ce que la courbure existe en tant que réalité physique ?

C'est précisément une des différences essentielles entre relativité restreinte et relativité générale. En relativité restreinte, l'espace-temps est une commodité mathématique. En relativité générale, c'est une réalité physique qui est posée puisqu'il a une courbure.

> Au point où nous en sommes, peut-on aborder une définition compréhensible de la relativité générale ?

Nous allons essayer. Dans la relativité générale, il y a donc un espace-temps, à quatre dimensions, qui est courbe. Ceci est le principe de base. Que devient le principe de Galilée dans ce cadre ? Le principe de Galilée s'applique à un espace qui n'est pas courbe, l'espace euclidien. Dans ce cas, un objet qui n'est soumis à aucune force se déplace en ligne droite dans l'espace-temps. Dans le cas de la relativité générale, l'espace-temps sera courbe et sa courbure sera déterminée par les masses qu'il contient. En d'autres termes, la gravitation est désormais entièrement décrite par la courbure de l'espace. Le principe de Galilée se généralise alors de la manière suivante. Dans l'espace-temps euclidien de la relativité restreinte, une droite est le plus court chemin d'un point à un autre. La trajectoire décrite dans l'espace-temps en relativité générale par un objet qui n'est soumis qu'à des forces de gravitation est le plus court chemin d'un point à un autre dans cet espace courbe. Je crois que nous pouvons pour l'essentiel nous en tenir là, pour essayer de donner les grandes lignes des concepts de base de la relativité générale.

> De ce que vous venez de dire, il découle que la courbure même de l'espace dépend de l'importance de la gravitation, donc de la quantité de matière qu'il peut y avoir dans l'espace. Mais s'il n'y a pas de matière du tout, est-ce qu'il y a encore de l'espace ?

Oui, il y a encore espace, il y a encore temps. En fait, on a partout un espace-temps de relativité restreinte très voisin de l'espace réel et la plupart des concepts ordinaires s'appliquent. Pourquoi s'appliquent-ils, par exemple, pour nous sur la Terre ? Grâce au fait que les forces de gravitation et les accélérations que nous connaissons sont relativement petites. Et ainsi, nous obtenons une réponse au problème que nous nous étions posé au début. Il existe des référentiels galiléens, dans lesquels nous avons pu formuler les lois de la dynamique, parce que sur la Terre, la pesanteur est faible.

Et qu'il s'agit là d'une approximation satisfaisante.

Et nous savons, de plus, de quelle théorie plus complète ceci est l'approximation. Donc nous avons une théorie cohérente.

Nous étions partis de conceptions distinctes de l'espace et du temps. La théorie de la relativité nous a amenés progressivement à la conception d'un espace-temps. Maintenant que nous comprenons mieux ce concept, est-ce que nous pouvons reconsidérer séparément l'espace et le temps pour voir ce qu'il pourrait y avoir de changé dans la compréhension de ces composantes ?

Oui, tout observateur peut toujours en ce qui le concerne séparer l'espace et le temps, heureusement ! Il est possible de caractériser ce qu'il va observer dans cet espace-temps courbe. Parlons d'abord de l'espace. L'observateur va constater des déviations par rapport à la géométrie non euclidienne. C'est-à-dire que l'espace tel qu'il le décrira lui-même sera courbe, tout comme l'espace-temps, et il pourrait constater, par exemple, que la somme des angles d'un triangle n'est pas strictement égale à 180 °. Là encore, quand nous faisons des expériences de ce type, nous ne le voyons pas parce que la pesanteur chez nous est trop faible. Mais il y a des effets que nous pouvons observer et dont le plus frappant est la déviation des rayons lumineux au voisinage d'une masse importante, d'une étoile. Et l'on a observé, depuis une expérience classique, qui a été faite par Eddington, que lorsque la lumière passe très près du Soleil, elle est déviée et décrit une trajectoire courbe. Ces expériences ont été refaites depuis avec une plus grande précision et ont été totalement confirmatives. En ce qui concerne le temps, les effets sont peut-être moins spectaculaires. Disons, en schématisant, qu'une horloge située dans une zone où le potentiel de gravitation est très grand, apparaîtra pour un observateur éloigné comme battant plus lentement que la même horloge placée près de lui. Là aussi, on peut faire l'observation, parce que les horloges les plus simples de l'Univers, ce sont les atomes, les atomes qui émettent un rayonnement ayant une fréquence bien déterminée. On a observé un rayonnement venant de certaines étoiles très petites et très denses, des naines blanches, où le potentiel de gravitation est très grand. Il nous est apparu, à nous qui observons la lumière de ces étoiles, que les atomes qui sont à leur surface ont une période plus grande et la longueur d'onde de la lumière qui provient de ces étoiles nous apparaît comme plus grande que la longueur d'onde émise par les mêmes atomes dans notre laboratoire. C'est en fait le décalage vers le rouge dû à la gravitation qu'on a pu observer sur le spectre de la lumière émise par les naines blanches.

Est-ce que cette constatation sous-tend des applications possibles ou entraîne des réflexions autres que la simple confirmation de la théorie ?

La relativité générale a été en fait peu utilisée pour connaître la situation qui existe sur des astres lointains. Les mesures qui ont été faites ont essentiellement permis de vérifier que c'était une théorie correcte. C'est donc dans l'autre sens que l'on est allé. Cependant, j'ajouterai tout de même une restriction :

dans le domaine de la cosmologie, il y a une relation étroite entre notre description des phénomènes et les effets de la relativité générale.

> Vous avez dit que les incidences temporelles étaient peu spectaculaires. Vous nous avez cependant cité le décalage vers le rouge et le battement apparemment plus lent du balancier d'une horloge éloignée. Y a-t-il d'autres manifestations ?

La manifestation la plus intéressante apparaît lorsque l'on cherche à appliquer les notions de la relativité générale, non pas à une zone relativement petite de l'espace-temps, mais à l'espace-temps dans son ensemble, à l'Univers entier en somme, entier du point de vue de la distance comme de l'histoire. Et lorsque cette description a été faite dans les années trente, on a constaté un effet très remarquable. Contrairement à nos idées primordiales, naturelles, dirais-je, qui voudrait que le temps soit concevable depuis l'éternité dans le passé jusqu'à l'éternité dans l'avenir, il apparaît que l'espace-temps dans son ensemble contenant de la matière doit avoir eu un commencement dans le temps, ou même dans certains cas, un commencement et une fin. Peut-être devrais-je même dire qu'on constate l'existence de deux catégories d'espace-temps. L'une où il y a un commencement dans le temps et un agrandissements perpétuel de l'espace qui caractérise l'expansion de l'Univers, et une autre dans laquelle il y a successivement des périodes d'expansion et des périodes de contraction, c'est-à-dire des successions de commencements et de fins.

> Donc, d'un côté, l'expansion à partir d'un commencement vers une fin indéterminée, de l'autre, des cycles : un éternel recommencement.

L'équivalent du retour éternel, oui ! Et, comme vous le savez, cette notion d'un commencement dans le temps est à la base de toutes les réflexions de la cosmologie contemporaine, puisque c'est sur elle que s'appuie la théorie du big-bang qui a reçu un certain nombre de confirmations expérimentales. Mais cela nous emmènerait au-delà du domaine de la réflexion sur la relativité générale, du temps et de l'espace.

Dans l'état actuel des connaissances, est-ce que l'une des deux conceptions tend à s'imposer ?

Eh bien, nous sommes dans l'expectative. On peut en dire quelques mots. Ce qui sépare de manière caractéristique ces deux types de conceptions, c'est une quantité mesurable : la densité moyenne de masse dans l'Univers. Si la densité moyenne de masse est supérieure à une certaine quantité, disons une densité critique, alors nous sommes dans un cycle de retour éternel, expansion-contraction. Si la densité moyenne est inférieure à cette valeur critique, c'est l'expansion perpétuelle. Toute la question réside donc dans la mesure de la densité de masse dans l'Univers. Cela paraît simple, mais ce que l'on mesure aisément, c'est la densité de masse *visible.* Et toute la question est : « Y a-t-il de la masse invisible ? » Il pourrait y en avoir et l'on s'est posé la question. On pourrait supposer, par exemple, qu'il y a des trous noirs un peu partout, qu'il y a de la matière qu'on ne voit pas. Des humoristes ont dit que l'Univers pourrait être rempli de briques sans qu'on s'en aperçoive. L'une des hypothèses, qui n'est pas du tout à exclure et qui est très intéressante, est qu'il pourrait y avoir des particules massives quasiment inobservables dans l'Univers, des neutrinos. Et s'il y en a beaucoup, comme certaines théories le laisseraient prévoir — mais je ne me prononce pas là-dessus — alors nous pourrions être dans un univers qui a des alternances d'expansions et de contractions. C'est vraiment une des questions de base de l'astrophysique actuelle, que d'arriver à cerner cette question de la densité de masse dans l'Univers. Les conséquences en sont fondamentales : allons-nous vers l'expansion sans bornes, allons-nous vers une période où l'espace se contractera ? Finirons-nous dans le froid éternel, finirons-nous dans une chaleur insupportable ?

# 6. L'espace, le temps et les quantons

***Entretien avec Jean-Marc Lévy-Leblond, professeur à l'université de Nice (laboratoire de physique théorique).***

ÉMILE NOËL : En abordant la théorie quantique, le non-spécialiste se demande si les concepts d'espace et de temps ont, ici, encore un sens. Car, enfin, à cette dimension, est-ce que l'espace existe seulement ?

JEAN-MARC LÉVY-LEBLOND : Non seulement l'espace existe, mais il existe, si je puis dire, « de la même façon » qu'avant la théorie quantique. En théorie quantique, ce n'est pas l'espace qui est quantifié. Pour revenir à une image que j'avais proposée dans notre entretien sur la théorie de la relativité, sur le théâtre de la physique contemporaine, les acteurs ont complètement changé ; les nouveaux acteurs quantiques n'ont rien à voir, dans leur façon de jouer, avec les acteurs classiques d'autrefois. Ils ne sont presque jamais en un lieu défini, mais ici *et* là, un peu partout à la fois, comme on le verra tout à l'heure. En revanche, bizarrement, la scène est restée intacte. Et l'espace, du point de vue structurel, est le même. Autrement dit, la théorie de la relativité (que ça soit d'ailleurs la théorie approchée galiléenne, ou la théorie einsteinienne, que nous croyons meilleure à l'heure actuelle) reste entièrement valable au sein de la théorie quantique. En d'autres termes, le contenu de la théorie de la relativité, c'est-à-dire l'explicitation des relations entre les valeurs des grandeurs physiques considérées de différents points de vue, reste le même. Ainsi, dans le domaine quantique, ce n'est pas au niveau de la conception globale de l'espace ou du temps qu'il y a modification. C'est peut-être inattendu, mais c'est comme ça. L'espace et le temps, en tant que structures globales, restent les mêmes.

Alors, quels sont les rapports de cet espace-temps et de la théorie quantique ?

Eh bien, ce qui change, disais-je, ce n'est point la scène, ce sont les acteurs. Là, il y a effectivement changement total, modification radicale ; sur cette scène inchangée, dans le même cadre spatio-temporel, les comportements sont maintenant tout à fait différents. C'est là que résident l'étrangeté manifeste et les difficultés conceptuelles de la théorie quantique. Quand on passe du domaine de la physique classique à celui de la physique quantique, ce ne sont pas, j'insiste, les propriétés générales, structurelles, de l'espace et du temps qui sont modifiées, mais les propriétés spécifiques, particulières, des objets physiques. Un objet de type classique, par exemple des petites billes, des grains de poussière, voire les planètes, ce sont des objets dont la principale propriété, du point de vue spatial, est d'être quelque part. Dire que l'on peut suivre la trajectoire de la planète ou de la bille, c'est dire qu'à tout moment on peut affirmer que l'objet ou la planète est à tel endroit, que l'on peut faire le relevé des différents points occupés en fonction du temps qui passe. Il va de soi, semble-t-il, qu'à tout objet on peut attribuer une position, un point dans l'espace. On peut dire : « Il est là et nulle part ailleurs. » Voilà ce qui, maintenant, en physique quantique, est totalement modifié. Un objet quantique, c'est un objet qui n'est pas localisé — sauf exceptions particulières, pour des états spécifiques. L'on ne peut pas, en général, dire d'un électron qu'il est quelque part. Il existe en tant qu'électron — *un* électron — mais il n'a pas une position unique et bien définie. On ne peut pas lui attribuer un lieu précis. Autrement dit, sur notre scène de la physique, cet électron est doué d'une sorte d'ubiquité.

> En mécanique classique, on localise un objet en mouvement, à l'aide de quatre paramètres : les trois données de l'espace et la donnée temporelle. Au temps « t », l'objet est à tel endroit de l'espace, a « t + 1 » il sera là, à « t – 1 » il était ici. En mécanique quantique, alors qu'on utilise ces quatre paramètres, on ne peut pas localiser avec certitude. On doit se contenter d'une probabilité.

Oui, on ne peut effectivement plus dire d'un objet, l'électron par exemple, qu'il est à tel endroit, on ne peut pas lui attribuer trois nombres qui seraient les trois coordonnées de sa position…

> … à un temps donné ?

A un temps donné. On peut seulement dire qu'en moyenne il est à tel endroit, mais avec un certain flou. C'est ce flou qui est intéressant, bien entendu, parce que c'est lui qui est spécifiquement quantique. Vous avez parlé d'« incertitude », c'est effectivement la terminologie qui a été introduite dans les débuts de la théorie quantique et qui est employée encore trop souvent. Nous avons affaire à un objet comme l'électron, dont nous pensions autrefois qu'il devait toujours être en un endroit bien déterminé. Mais si on essaye de préciser son état, on s'aperçoit qu'il n'est pas à tel endroit à coup sûr, mais dans telle zone, avec telle probabilité. Il est alors tentant de se dire qu'il est en gros à tel endroit avec une certaine « incertitude ».

Mais il faut s'entendre sur les mots. Le problème que soulève le mot « incertitude », c'est qu'il laisse entendre que nous ne sommes pas certains. Or, dire « nous ne sommes pas certains », c'est dire quand même, au moins implicitement, que l'électron est bien quelque part, mais que nous ne savons pas où, soit parce que nous ne sommes pas assez malins, soit qu'il y a une sorte de conspiration de la nature qui nous empêche de localiser cet électron. Mais de façon sous-jacente aux apparences mesurables, l'électron serait quand même quelque part, même si nous ne savons pas où.

L'incertitude est alors la mesure de notre ignorance ?

L'incertitude, dans cette acception-là, est la mesure de notre ignorance. Mais tout le problème, et c'est là qu'il y a des écoles philosophiques différentes, est de savoir si cette ignorance est absolue et définitive, due encore une fois à une sorte de « conspiration » naturelle, ou si, au contraire, elle est provisoire, auquel cas on arrivera un jour à mettre au point une nouvelle théorie, et de nouveaux instruments qui nous diront enfin où est *vraiment* l'électron.

N'y a-t-il pas une troisième attitude ? Si cette incertitude était réelle ?

C'est vers cette conception-là que l'on se dirige actuellement ; je crois que la plupart des physiciens tendent maintenant à penser les choses dans les termes suivants. Au fond, si nous ne savons pas où est l'électron, eh bien, c'est qu'il n'est nulle part, ou plus précisément, c'est qu'il n'est pas en un endroit précis. Et ce flou, qu'en termes modernes on appellerait plutôt une « dispersion » qu'une « incertitude », est objectif et réel. Il n'est pas possible d'attribuer à l'électron *une* position comme, et ma métaphore est assez précise, comme il n'est pas possible d'attribuer à la lumière du Soleil *une* couleur. La lumière qui nous vient du Soleil n'a pas une couleur pure bien définie, mais un ensemble de couleurs. Si on la fait passer dans un prisme, l'on voit que c'est un mélange de rouge, jaune, etc., jusqu'au bleu et au violet. Elle a un *spectre* de couleurs. Il en va de même en théorie quantique pour la plupart des grandeurs physiques. Nous pensons aujourd'hui que les objets quantiques sont caractérisés, non pas par des valeurs numériques bien déterminées de leurs grandeurs physiques, mais par des *spectres*. Un électron, pour le dire d'une façon un peu brutale, n'a pas *une* position mais a *plusieurs* positions à la fois. Certes, c'est difficile à concevoir parce que nous avons l'habitude d'un certain type d'objets, ceux que nous manipulons à l'échelle quotidienne — nos petites billes, les objets « en dur ». Eh bien, nous devons reconnaître que l'électron n'est pas fait de la même façon qu'une petite bille, il se comporte différemment et ses propriétés physiques ont une dispersion intrinsèque, essentielle.

> Mais y a-t-il des expériences qui autorisent à adopter cette conception plutôt que les deux précédentes, ou est-ce simplement une motivation théorique ?

C'est plutôt une affaire de conception théorique. Si quelqu'un me dit : « Moi, je reste persuadé que, sous la théorie quantique telle qu'elle à *l'air* de marcher à l'heure actuelle, se cache une autre théorie qui est de nature plus classique, où l'électron aura quelque chose comme une position, et je fais le pari que, d'ici cinquante ans, cette théorie sera au point », je ne peux alors que parier contre lui, je ne peux pas lui *prouver* qu'il a tort. Mais ce que je peux prouver en revanche, c'est qu'une théorie comme celle qu'il souhaite devra être diaboliquement astucieuse, parce qu'elle devra simuler la théorie quantique de façon extrêmement précise. Car, et c'est fondamental, la théorie quantique rend compte à l'heure actuelle d'un nombre absolument pharamineux de phénomènes, et a une cohérence interne extraordinairement forte. Et après tout, cela a été jusqu'à présent le mouvement général des idées dans la science, et pas seulement dans la science, que de ne pas revenir en arrière (encore une fois, ce n'est pas une preuve). Quand on tombe sur une difficulté conceptuelle, qui oblige à introduire des idées neuves et dérangeantes, il y a toujours tendance pendant un certain temps à considérer qu'il s'agit d'une étape temporaire, qu'on va pouvoir revenir aux bonnes vieilles idées. Mais, bon gré mal gré, on est poussé à une sorte de fuite en avant, et à modifier toute sa conception du monde. D'ailleurs, il est tout à fait clair que les physiciens des générations actuelles n'ont pas du tout le même genre de problèmes conceptuels que ceux d'il y a cinquante ou soixante ans, qui ont mis à jour la théorie quantique. Et bien sûr, ces pères fondateurs avaient été élevés dans une tradition différente. Aujourd'hui, paradoxalement, la situation est inversée, c'est-à-dire que la grande difficulté pour les théoriciens actuels de la physique quantique n'est pas tant de comprendre la physique quantique, que de comprendre la physique classique ! Je m'explique. Pour de Broglie, pour Schrödinger, pour Einstein, il était très difficile de comprendre comment se comportaient les électrons puisque les idées régnantes provenaient de l'expérience qu'on avait des billes, des planètes, des objets « ordinaires ». Pour le physicien quantique, qui a une expérience quotidienne au laboratoire du comportement ubiquiste des électrons, des neutrons, de tous ces objets quantiques, ce qui est difficile à comprendre, c'est pourquoi une petite bille qui, après tout, est faite avec des électrons, des protons, des neutrons, a un comportement si différent de celui de ses constituants. Pourquoi les apparences classiques tiennent-elles debout, alors qu'elles reposent sur une théorie quantique si différente ? Là, il y a vraiment un problème, qui n'est pas un problème seulement philosophique : c'est un problème physique, et qui n'est pas complètement réglé. Mais vous voyez que la direction de l'interrogation a changé du tout au tout. Ce n'est pas de la théorie classique à la théorie quantique qu'elle se dirige, c'est maintenant en sens inverse. La difficulté, c'est de comprendre pourquoi la théorie classique marche.

> D'ailleurs on est passé d'une conception de l'atome, d'une bille pleine comme une bille de billard à un système planétaire où la matière est « pleine de vide ». Et maintenant avec cette incertitude de position, on peut penser que l'atome est plein d'incertitude, si j'ose cette image, c'est-à-dire qu'il n'est pas vide du tout.

A ceci près que, personnellement, je récuse le terme d'« incertitude », parce qu'il est porteur de confusion. Le modèle planétaire est un schéma extrêmement grossier, d'ailleurs inefficace. Il n'a marché que dans un seul cas, miraculeusement bien marché d'ailleurs, c'est pour l'atome d'hydrogène. Bohr a pu commencer à le comprendre en termes quantiques, à l'aide d'un modèle planétaire classique, comme celui du système solaire, sur lequel il avait imposé des contraintes, d'ailleurs parfaitement contradictoires avec le modèle lui-même. C'est cette espèce de chimère bizarre qui a permis de passer de la théorie classique à la théorie quantique. Ce qui reste difficile à comprendre, c'est pourquoi cette chimère a pu vivre un laps de temps bref, mais quand même réel, parce qu'aucune autre de ces greffes n'a jamais pris. Car si l'on peut expliquer ainsi l'atome d'hydrogène, dès que l'on complique un petit peu, cela ne marche plus. Déjà l'atome d'hélium, qui est l'atome le plus simple après l'atome d'hydrogène, puisqu'il a deux électrons, ne répond en aucun cas à un modèle classique aussi simple. Et voilà donc un exemple de la fuite en avant que j'expliquais tout à l'heure. On sait maintenant que le modèle planétaire est intenable. On ne peut pas penser le noyau comme un petit soleil autour duquel il y aurait des électrons localisés qui suivraient des trajectoires. Il y a bien effectivement des électrons, qu'on peut compter, mais ces électrons ne sont en aucun cas des points précis. Ils sont « flous », et l'atome est plein de ce flou...

> Oui, c'est un flou probabilisable, une espèce de nébuleuse dont on peut connaître certains aspects. Est-ce que ça n'est pas une autre façon de renvoyer à la dualité corpuscule/onde ?

Nous aurions tendance à penser aujourd'hui que cette fameuse « dualité onde/corpuscule » a été peut-être aussi une façon transitoire de voir les choses. On s'est aperçu que les électrons, d'un certain côté, ressemblent à nos corpuscules classiques, aux petits cailloux, parce qu'on pouvait les compter par exemple, comme on peut compter des cailloux. D'un autre côté, ces mêmes électrons ressemblent furieusement à des ondes — justement par leur flou, par leur dispersion, par leur ubiquité. Un électron, c'est un peu partout, de la même façon que vous ne pouvez pas localiser un système de vagues sur la mer — la mer est pleine de vagues ! Ainsi, sous certains aspects, les électrons ressemblent à des particules, des corpuscules, sous d'autres, ils ressemblent à des ondes. On s'est donc résigné à raisonner en termes de dualité. Certes, cette idée a eu son moment d'utilité, mais elle est aussi schématique que l'idée de décrire un cylindre par ce qu'on pourrait appeler une « dualité rectangle/cercle ». Prenez un cylindre, une boîte de conserve par exemple ; si vous la regardez dans l'axe, vous voyez un cercle, mais si vous la regardez perpendiculairement vous voyez un rectangle. Alors vous allez décrire la boîte de conserve grâce à la dualité cercle/rectangle ? C'est un peu simpliste comme façon de voir ! En réalité, il s'agit d'autre chose ; la boîte n'est ni un cercle ni un rectangle, c'est un cylindre. Certes, ce cylindre a un aspect circulaire, un aspect rectangulaire ; mais quand vous le regardez sous un angle général, vous ne voyez pas un cercle, ni un rectangle, mais quelque chose de plus compliqué. Il en va de même pour les objets quantiques : un électron ou un proton, ça n'est ni une onde ni un corpuscule : c'est quelque chose de plus général, qui ressemble parfois à une onde, parfois à un corpuscule, et à quoi il convient de donner un nom spécifique : c'est un « quanton »…

> Oui, mais tout de même, ce fait d'être un peu dans plusieurs endroits à la fois, ça n'est pas sans implications, y compris philosophiques : n'est-ce pas ce qu'on appelle la « non-localité » ?

Très certainement, c'est la non-localité, dont l'implication philosophique profonde est un aspect encore plus radical, c'est la « non-séparabilité » du monde…

> … qui en découle ?

Qui en découle, absolument ! Un électron est un petit peu partout à la fois (n'exagérons tout de même pas : comme vous le disiez tout à l'heure, ce nuage, ce flou probabiliste, est maîtrisable ; il n'est pas indéfini, au contraire, il est parfaitement réglé par la théorie). Comme l'électron, donc, est dans plusieurs endroits à la fois, si j'ose ainsi m'exprimer, il devient difficile de séparer le monde en petits morceaux indépendants les uns des autres. Ainsi donc, la non-localité des objets quantiques entraîne une certaine non-séparabilité du monde, c'est-à-dire certaines corrélations entre des phénomènes physiques très distants dans l'espace, bien que contemporains, simultanés. C'est une idée qui est choquante au regard de la physique classique, et qui a donné lieu à beaucoup d'exégèses philosophiques, voire à des tentatives de fonder la parapsychologie et d'autres pseudo-sciences. Pour la plupart des physiciens, les choses sont heureusement un peu moins extraordinaires que ça. Il est vrai que le monde est non séparable, mais à une certaine échelle. Comme je le disais tout à l'heure, il n'en demeure pas moins que les petites billes que nous savons faire avec les électrons et les protons, elles, sont séparables. Certes, nous ne comprenons pas encore tout à fait cela. Nous ne savons pas encore très bien faire le rapport entre le monde quantique et le monde classique. Mais l'idée selon laquelle, du comportement bizarre des objets à l'échelle quantique, nous pourrions tirer des conclusions philosophiques générales, expliquer la transmission de la pensée à distance et autres fariboles, est purement spéculative et ne possède pas la moindre ombre, je ne dis même pas de preuve, mais de justification.

> Mais, est-ce que d'un point de vue théorique, le concept d'espace ne se trouve pas un peu mis à mal par cette capacité d'ubiquité à grande distance ? Est-ce que la notion de distance n'en est pas, elle-même, annihilée ?

Il ne semble pas, pour l'instant. On peut s'en étonner, peut-être même le regretter, puisque, après tout, il n'est pas très satisfaisant pour l'esprit d'avoir cette scène universelle vide et abstraite sur laquelle se déroulent indifféremment des phénomènes quelconques. Il semble pourtant que telle soit la situation à l'heure actuelle, et que l'on puisse très bien décrire ce qui se passe sur la scène du monde sans avoir pour autant à toucher au cadre général. Des idées déjà anciennes comme celles de Mach, le philosophe et physicien autrichien de la fin du siècle dernier, sont sans doute attirantes. Son idée était que les notions même d'espace et de temps devraient être élaborées à partir des propriétés des objets qui se déplacent et qui interagissent dans l'espace et dans le temps. Autrement dit, cessons de distinguer entre un contenant et un contenu. Je trouve personnellement cette idée philosophiquement beaucoup plus satisfaisante. Malheureusement jusqu'à présent, elle n'a pas semblé confirmée par l'évolution de la physique, et pour l'instant, il semble que l'on puisse distinguer, de façon parfaitement conventionnelle, un contenant à peu près inaltéré par rapport à l'époque de la physique classique, évolution einsteinienne comprise, et un contenu qui, lui, est bizarre, quantique.

> Et pourtant, on a dit que l'avènement de la théorie quantique pouvait porter atteinte à la théorie einsteinienne, c'est-à-dire que le concept de l'espace-temps éclatait plus ou moins.

Oui, c'est d'ailleurs très curieux, cette notion qu'on retrouve assez souvent, alors qu'elle est totalement contredite par le travail de la physique théorique au cours des dernières décennies. Il est vrai que les théories quantiques relativistes sont des théories très compliquées. Elles sont très compliquées pour la raison suivante. L'une des pierres angulaires de la relativité, la fameuse relation $E = Mc^2$, a des conséquences importantes : elle veut dire qu'en fournissant de l'énergie, vous pouvez produire de la masse, et cela a des conséquences au niveau du comportement des objets élémentaires, des quantons, puisque transformer de l'énergie en masse, c'est pouvoir fabriquer de nouveaux objets, à partir d'énergie disponible. Et donc, les collisions, les réactions entre particules élémentaires, deviennent extrêmement complexes. Cette complexité entraîne dans le cadre de la théorie des complications considérables qui rendent les calculs très difficiles à faire. Ainsi, les théories quantiques relativistes ont un degré de complexité mathématique formelle telle que nous savons en tirer assez peu de chose. Ces théories butent simplement sur le fait qu'on ne sait pas en tirer des conclusions claires. On ne sait pas faire les calculs jusqu'au bout. On tombe sur des calculs qui donnent des résultats infinis, et on n'arrive pas trop facilement à s'en débarrasser. Beaucoup pensent que ces difficultés sont essentiellement de nature technique. Mais, à un certain moment, elles ont induit, chez une fraction des physiciens, une tentation radicale, analogue à celle qui avait si bien réussi à nos prédécesseurs de deux ou trois générations. Devant les difficultés qui étaient celles de l'électromagnétisme classique à la fin du siècle dernier, c'est l'alternative révolutionnaire qui a marché. On a tout jeté par-dessus bord, on a construit la théorie quantique qui était tout à fait nouvelle. Alors, certains ont été tentés de faire la même chose, tout jeter et tout recommencer. Il semble curieusement qu'une attitude beaucoup plus conservatrice ait jusqu'à présent remporté plus de succès. Cette attitude consiste à distinguer les difficultés techniques et les difficultés conceptuelles. Au niveau conceptuel, on a de bonnes indications quant au maintien de la validité des cadres structurels de l'espace et du temps. Cela est si vrai d'ailleurs que la théorie de la relativité einsteinienne est la base sur laquelle on peut démontrer rigoureusement des résultats extrêmement généraux en théorie quantique, comme l'existence des anti-particules, pour ne prendre que cet exemple-là. L'existence des anti-particules est maintenant une sorte de théorème quantique, fondé essentiellement sur l'affirmation que le cadre spatio-temporel est bien einsteinien. Or, ce résultat fondamental a toujours été vérifié : pour toute particule nouvelle, on a trouvé son anti-particule. L'on voit sur cet exemple à quel point la théorie de la relativité einsteinienne, non seulement n'est jamais entrée en contradiction explicite avec la théorie quantique, mais au contraire l'a, en permanence, fécondée, et lui sert même souvent de guide, ou au moins de garde-fou. Elle l'oblige certes à aller dans une voie difficile, une voie ardue, où nous rencontrons d'énormes difficultés, mais rien jusqu'à présent, je le répète, ne nous permet de penser que c'est elle qu'il faut mettre en question, bien au contraire.

> Alors que penser du discours affirmant qu'il reste encore à unifier ces deux théories, comme s'il y avait quelque antagonisme entre elles ?

Je pense que c'est un discours faussement révolutionnaire, et qui tend à perpétuer des situations dépassées. En réalité, ce qui est en question, c'est non point tant l'unification de la théorie quantique avec la relativité dite « restreinte » dont je parlais jusqu'à présent, qu'avec la relativité dite « générale ». Or, cette unification est en train de se faire, peut-être sous une forme un peu inattendue. Alors que pendant très longtemps, les physiciens ont pensé — tout au moins Einstein lui-même et certains de ses successeurs — qu'on allait devoir modifier la théorie quantique pour qu'elle puisse s'harmoniser avec la relativité générale, il semble maintenant qu'il se passe un peu l'inverse. Nous avons changé, non pas la relativité générale, mais notre façon de la concevoir, et du coup, elle s'harmonise finalement fort bien avec les autres théories physiques dont nous disposons. La relativité générale aujourd'hui tend de plus en plus à être conçue comme une théorie des champs, et non plus comme une théorie géométrique : du coup, elle devient très analogue aux théories que les physiciens élaborent pour décrire, par exemple, les interactions nucléaires. Perpétuer ce discours sur les conflits entre ces deux théories me semble donc refléter un état de choses tout à fait dépassé, et ne pas tenir compte du fait qu'une théorie physique évolue, *même quand elle reste valable* ! Il serait tout à fait erroné de croire que la physique procède uniquement par à-coups, qu'on trouve une théorie, puis qu'elle reste bonne *ne varietur* jusqu'au moment où on la rejette. C'est beaucoup plus compliqué que ça ! Les théories vivent et se modifient ; vous avez beau ne pas changer les équations, vous changez considérablement la façon dont vous les concevez. Voilà ce qui s'est passé dans les dernières décennies. Les théories des années 1920, qu'il s'agisse de la théorie quantique ou de la relativité, sont restées parfaitement correctes et, en même temps, se sont largement modifiées. Les équations sont les mêmes, mais notre façon de les comprendre a beaucoup changé. Et là où, à certaines époques, on a pu penser qu'il y avait conflit, nous nous rendons maintenant compte que c'était simplement parce que nous avions de l'une et de l'autre de ces théories une vision qui était en retard sur leur nouveauté propre. Nous n'avions pas compris à quel point ces théories étaient nouvelles, différentes. Si nous acceptons délibérément et en confiance que ces théories nous obligent à penser en termes vraiment nouveaux, la plupart des conflits entre elles disparaissent, pour laisser place alors à de vraies questions — encore non résolues. Je n'affirme certes pas qu'il n'y a pas de problèmes ; mais les problèmes ne sont sans doute pas là où l'on croyait qu'ils étaient.

# 7. L'irréversibilité

***Entretien avec Giovanni Ciccotti, professeur de physique moléculaire à l'université de Rome (Institut de physique G. Marconi).***

ÉMILE NOËL : Pour traiter de l'irréversibilité, je suis un peu embarrassé avec mes deux concepts d'espace et de temps. Il me semble, à première vue, qu'un seul des deux est concerné. Pour le vécu commun, l'espace réversible est évident : je peux revenir à l'endroit que je viens de quitter. Je peux aller et venir. Je peux prendre un « aller et retour ». Mais sur le chemin du retour, les aiguilles de ma montre, elles, continuent dans la même direction. Le sens commun s'oppose à la notion de temps réversible. Qu'en est-il pour le physicien ?

GIOVANNI CICCOTTI : Oui. En fait, il y a une distinction importante à faire entre espace et temps. L'espace est tout aussi réversible pour le physicien que pour n'importe qui. La réversibilité de l'espace ne pose aucun problème. Bien sûr, l'étude des phénomènes dits irréversibles a permis de comprendre les *structures spatiales* de la matière à l'état condensé, mais cela n'a eu aucune influence sur la notion d'espace qui est présupposée ici. L'irréversibilité n'a donc pas apporté un enrichissement à notre notion d'espace.

Ce qui n'est pas le cas pour le temps.

C'est vrai. Mais il faut savoir pourtant que le physicien est d'abord tout à fait opposé à l'irréversibilité du temps. Pour lui, il est fondamentalement réversible. Toutes les lois fondamentales, que ce soit celles de la mécanique classique, celles de la mécanique quantique ou celles de l'électrodynamique, toutes les théories traitant des objets fondamentaux qui constituent notre monde sont des lois qui impliquent cette réversibilité, sans qu'on l'ait, à priori, cherché. Toutefois l'irréversibilité du quotidien n'est pas seulement évidente et assurée, elle trouve son fondement dans une classe de phénomènes physiques faciles à constater.

La question est intéressante : ce n'est pas seulement une contradiction entre le physicien — ou sa science — et la perception intuitive. A l'intérieur même de la physique, cette contradiction existe entre théories provenant de classes différentes de phénomènes. À partir d'un phénomène typiquement irréversible comme la conduction de la chaleur — la tendance spontanée de deux corps en contact à égaliser leur température —, le physicien est conduit à constater que son explication même comporte une tendance irréversible, une asymétrie temporelle [1]. Mais les lois dont il dispose pour expliquer ces phénomènes, elles, sont strictement réversibles.

Ce n'est donc pas seulement pour une clarification du cadre scientifique que le physicien doit s'engager mais aussi pour l'explication cohérente de différents phénomènes, desquels résulte l'irréversibilité du monde macroscopique. Une direction du temps découle de l'irréversibilité. Cette direction

1. Par la conduction thermique, on se réfère aux lois dérivées par J. Fourier au début du XIXe siècle. En particulier l'équation bien connue : $\frac{\delta u}{\delta t} = K \frac{\delta^2 u}{\delta \times 2}$ n'est pas invariante par substitution $t \rightarrow -t$.

n'est pas une donnée initiale pour le physicien quand il construit son explication du monde. C'est quelque chose qu'il doit établir.

> Est-ce que cela veut dire qu'on a d'abord été confronté aux phénomènes par des problèmes mécaniques, je veux dire techniques ou technologiques et que, pour les expliquer, on a été amené ensuite à réfléchir d'une façon plus fondamentale, théorique ? En d'autres termes, les phénomènes observés et même traités, utilisés ont-ils précédé la théorie en thermodynamique ?

Oui, absolument. Le premier effort de théorisation d'un phénomène irréversible date de Fourier, au début du XIXe siècle. C'est justement celui de la conduction de la chaleur. On n'a pas immédiatement vu dans ce phénomène la généralité de l'irréversibilité. Il a d'abord été exploité dans le but de réaliser des machines thermiques d'une efficacité maximale. Il s'agissait essentiellement de passer de la technique — les machines à vapeur existaient déjà — à la technologie, dans ce domaine. Et la question était de savoir jusqu'à quel point on pouvait optimiser le comportement d'une machine thermique. C'est ce qui explique le titre donné par Sadi Carnot à son œuvre, de 1820 si je ne me trompe, *Sur la puissance motrice du feu*. Le problème était bien de maîtriser la puissance motrice du feu.

Les tentatives faites pour comprendre la limitation qu'on avait découverte (on ne pouvait obtenir l'efficacité attendue : il y a une limitation définie propre aux phénomènes thermiques qui empêche la conversion totale de la chaleur en travail mécanique) ont abouti, après Carnot, à la formulation universelle des lois fondamentales de la thermodynamique. Elles sont faciles à résumer par la célèbre phrase de Causius :

« L'énergie totale de l'Univers est une constante... » (d'où il se déduit que je ne peux créer du travail de rien) et :

« ... L'entropie de l'Univers tend vers un maximum. »

Ce dernier point est plus difficile à expliquer. La formulation est claire mais il faut un peu connaître le domaine pour comprendre : en gros, on ne peut utiliser complètement la chaleur pour produire du travail mécanique ; il y a une sorte de dégradation naturelle de la chaleur qui implique une « perte » inhérente au système. Donc, mon problème technologique résolu, je reste confronté à une situation embarrassante. Mon modèle de départ, le modèle de particules et d'interactions qui constituent la matière condensée, le monde sensible, disons, est réversible. Or, je découvre qu'il y a une tendance naturelle à la dégradation de son énergie, qu'il y a dans son évolution une direction privilégiée comportant l'impossibilité d'utiliser toute son énergie qui est, quand même, restée constante. A ce point, la question se pose d'une confrontation des différentes parties de la physique : la physique fondamentale qui prétend à une explication réversible et la thermodynamique, qui a déjà des principes bien établis, qui explique énormément de phénomènes et qui exige une irréversibilité intrinsèque.

> En somme, entre physique fondamentale et théorie thermodynamique, il y a une contradiction, un paradoxe qui n'est pas seulement formel. Il a bien fallu réduire ce paradoxe. Alors, comment s'y est-on pris ?

En fait, c'est devenu clair à partir du moment où on s'est rendu compte que la thermodynamique n'était pas un ensemble de règles, de recettes, mais bel et bien, une discipline scientifique à part entière. Alors, la question s'est posée de savoir quelle était la discipline la plus fondamentale : la thermodynamique, irréversible, ou la mécanique, réversible. En fait, à l'époque, la théorie fondamentale réversible était la mécanique classique. Mais la question reste ouverte aujourd'hui encore étant donné que, si les théories fondamentales sont différentes, elles n'en sont pas moins toujours réversibles [1].

Il faut dire que les physiciens, à l'époque où la question s'est posée, vers la fin du XIXe siècle, se sont partagés en deux mouvements. Les uns ont essayé de substituer la thermodynamique aux théories réductives, voulant partir de la thermodynamique pour construire toute explication du monde, même si cela comportait l'impossibilité de construire un modèle du monde. Les autres, dont Boltzmann, considéré comme le héros de beaucoup de physiciens d'aujourd'hui, par contre ont dit : « Non, le principe de construction du monde doit être un principe réductif, même s'il faut trouver un mécanisme qui soit capable d'expliquer cette tendance, visible et théorisable, à l'irréversibilité, au passage de l'ordre au désordre dans le monde. » A partir de cette exigence, Boltzmann a considéré un comportement réversible et regardé si un système de ce type pouvait développer une tendance naturelle à l'irréversibilité, donc une flèche du temps, et sous quelles conditions. C'est avec cette idée en tête qu'il a commencé à chercher, et il a assez bien réussi à résoudre cette situation paradoxale.

> Est-ce qu'on peut avoir une bonne idée de l'explication de Boltzmann sans passer par la formalisation mathématique ?

Oui, parce que l'idée est une idée importante mais au fond assez facile à saisir. L'idée de Bolztmann est la suivante : si je

1. Il est vrai qu'en 1964, en théorie des particules élémentaires, on a trouvé, grâce à des expériences assez abstruses, quelque soutien à l'hypothèse d'interactions non symétriques dans la matière. Cependant, ces violations de la symétrie temporelle sont tellement exceptionnelles qu'on aurait du mal à leur attribuer l'asymétrie temporelle qui se manifeste à l'échelle du monde visible. Cf. E. Overseth, *Scientific American, 221,* 1969, p. 88.

mets ensemble beaucoup de constituants élémentaires (atomes, molécules...) qui bougent selon un modèle déterministe et réversible, il se peut que certaines configurations de cet ensemble soient plus fréquentes, dans le temps, que d'autres. Je ne peux pas dire que l'irréversibilité est une manifestation intrinsèque du système, mais je peux dire qu'elle est le signe de l'évolution la plus probable. On peut reconstruire le cheminement de la pensée de Bolztmann ainsi : il a pris une grandeur caractéristique de l'évolution d'un système (un gaz dilué). Il a essayé de décrire l'évolution purement mécanique de cette grandeur sans ajouter aucune hypothèse. Il a trouvé qu'il y avait des termes banals et un terme fondamental (qu'il a pu définir seulement en s'appuyant sur son intuition) qui faisaient varier la grandeur en générant l'évolution. La grandeur en question était simplement la distribution des vitesses du système et le problème à résoudre était : comment évoluera dans le temps la distribution des vitesses d'un système à partir d'une certaine condition initiale ? Il a trouvé, en faisant des hypothèses tout à fait normales sur le nombre de collisions des particules entre elles, cette propriété du système d'aller, par une évolution non réversible, de l'ordre initial éventuel au désordre final (état d'équilibre). Mieux — c'est le célèbre théorème de Boltzmann — il a trouvé une grandeur qui, comme l'entropie en thermodynamique, évoluait systématiquement vers un maximum. En fait, elle allait vers un minimum mais il suffisait de changer de signe. Or, le point délicat de ce modèle est qu'il a un comportement déterministe. Quelque chose n'était donc pas clair, puisque les équations de départ définissant des comportements initiaux prévisibles étaient, elles, réversibles par rapport au temps. Les autres physiciens, à l'époque, lui ont fait remarquer qu'il avait seulement réussi à rendre le paradoxe plus clair. En fait, même s'il n'avait pas obtenu le résultat cherché, il avait réalisé un progrès important. En réfléchissant ensuite sur son propre résultat, Boltzmann a réussi à isoler la simplification qu'il avait introduite et qui avait permis d'obtenir l'irréversibilité à partir d'un modèle strictement réversible. Le mécanisme d'évolution du système qu'il avait utilisé n'était pas vraiment microscopique, donc réversible. Cela expliquait seulement ce que l'ensemble des particules faisait *en moyenne*. Donc c'était à partir du nombre moyen de collisions qu'on obtenait l'évolution irréversible du système. Il s'agit là d'une hypothèse de nature statistique. Si l'on considère les événements individuels, il n'y a aucune raison de faire cette hypothèse. Mais si l'on considère la possibilité d'apparition des événements, alors on trouve ce type de comportement et on explique l'irréversibilité. Cela n'exclut pas que, sous conditions particulières, soit possible le comportement réversible, implicite dans la théorie. La question se pose maintenant de savoir dans quelles conditions on trouve un comportement réversible et dans quelles autres un comportement irréversible. L'idée de Boltzmann, qui s'avère fondamentalement juste, est qu'on trouve un comportement réversible si les constituants du système sont en nombre très limité et irréversibles dans le cas d'un très grand nombre de constituants élémentaires.

> Bien, nous sommes là en présence d'une approche statistique fournissant une réponse probabiliste. Mais la question demeure : comment une série d'événements déterminés peut-elle donner naissance à un phénomène aléatoire, ou seulement probabilisable ?

Il y a une image, techniquement réalisable de façon simple, qui permet de *voir* vraiment ce phénomène. On peut la réaliser au moyen d'un film. Prenons un billard avec deux ou trois boules — plutôt deux que trois, parce qu'avec trois, on a déjà des effets de « grand nombre » — et faisons bouger par chocs les particules à suivre...

Les boules de billard, en l'occurrence.

... Ici, oui. Il faut que la friction soit négligeable et le temps d'observation assez limité. Admettons ces deux conditions remplies. Je donne le coup de départ et je filme le mouvement des deux boules. Elles entreront peut-être en collision et elles rencontreront sûrement les bandes du billard. Je peux filmer pendant un certain temps ce qu'elles font. Or, je peux regarder ces même images dans l'ordre inverse.

Vous voulez dire que vous projetez le film dans l'autre sens ?

Exactement. Eh bien, je n'ai aucune impression qu'il se passe quelque chose de bizarre. Ce que je vois est tout à fait normal. C'est-à-dire que l'évolution des boules dans le sens inversé semble *exactement* aussi normale que l'évolution réelle que j'ai créée par mon choc.

Par contre si :

1. on rassemble plusieurs boules d'un même côté du billard,

2. on fait évoluer le système en donnant aux boules des vitesses assez grandes, par le choc d'une des boules, par exemple,

3. on filme cette évolution, et l'on obtient quelque chose de différent. En fait, je m'attends intuitivement à ce que, après un certain temps, les boules soient distribuées de manière presque uniforme sur le billard. Le film me confirme cette expectative, si je le regarde dans le bon sens mais, si j'en inverse le déroulement, alors je vois quelque chose qui me rend vraiment malade ! Je vois des boules, distribuées d'une manière assez uniforme, bouger d'une manière étrange, jusqu'à se rassembler toutes du même côté du billard. Ça, je ne l'attends pas ! Ainsi, à partir d'un « effet de masse », on peut rendre

intuitive la génération par des lois déterministes réversibles de situations irréversibles très fréquentes — d'où l'approche statistique — et de situations qu'on n'attend pas et qui étonnent, même si elles ne sont pas strictement impossibles. Ici, par exemple, j'attends d'autant moins cette situation qu'il y a plus de boules en jeu.

> On peut comprendre qu'un système composé d'un très grand nombre d'éléments évolue selon une orientation probabilisable. Je veux prévoir statistiquement son évolution, par effet de masse. Mais, à l'intérieur de ce phénomène statistiquement définissable, il se passe un grand nombre d'événements que je ne peux ni saisir ni prévoir. Alors, ne peut-on pas se demander si certains événements particuliers, aberrants par rapport à la moyenne, ne pourraient pas devenir dominants ? Autrement dit, ne peut-on pas imaginer que le système adopte un comportement qui n'est pas le plus probable ?

La réponse est que la réalisation d'un tel comportement demande une dépense d'énergie considérable. Bien sûr, je peux arriver à détecter des événements rares. Mais il me faut quelque chose comme un petit démon, pour reprendre l'image de Maxwell. Dans les discussions qui ont suivi la proposition, par Maxwell et Boltzmann, de cette explication de l'irréversibilité, c'est, en effet, Maxwell qui a essayé d'éclaircir le sens de cette affirmation : « Je m'attends aux choses très probables mais il y en a d'autres. » Imaginons un petit démon, assis sur une paroi qui sépare en deux une boîte remplie d'atomes distribués de façon presque uniforme. La nature du démon est telle qu'il peut, d'une part, faire passer à droite un atome qui, venant de la gauche, heurte la paroi, rendue poreuse dans ce sens et, d'autre part, arrêter tout atome heurtant de droite à gauche la paroi rendue étanche de ce côté. Cette habileté suffit au démon pour sélectionner ce type d'événements qui sont absolument indétectables avec nos moyens les plus précis. Il peut, ainsi, rassembler tranquillement l'ensemble des atomes d'un seul côté de la boîte. Mais sans démon, cela ne va pas marcher comme ça. Si l'on réfléchit un instant sur le type d'initiatives que doit prendre notre démon, on comprend qu'il n'y a pas une impossibilité de principe mais qu'il faut aller chercher des phénomènes assez bizarres. C'est seulement si la nature sélectionnait, pour une raison quelconque, juste les événements peu communs qu'on pourrait voir un phénomène irréversible se dérouler de manière anti-thermodynamique.

> Vous dites : si on enlève le démon de Maxwell, ça ne marche pas. Est-ce que vous voulez dire qu'en physique il n'existe aucune exception ou est-ce qu'il y a un exemple où il n'y a pas besoin du démon pour que ça marche quand même... pour ainsi dire, de façon naturelle ?

l y a un cas, très intéressant même. On ne l'a compris qu'après que Bolztmann et Einstein eurent utilisé ce type de conceptions statistiques. C'est le cas du mouvement brownien. Si je egarde au microscope une suspension liquide qui contient des articules, très petites mais non de taille atomique, disons d'un liamètre de l'ordre de quelques millièmes de millimètre, je lécouvre que ces particules sont sans cesse en mouvement. Elles ne s'arrêtent jamais et aucune force apparente ne les gite. L'explication qu'on a trouvée, la seule qui tienne, est ue ces particules ne font que retirer de l'énergie du bain hermique, c'est-à-dire de l'énergie dégradée, et la remettre n circulation sous forme d'énergie mécanique. Pour souligner importance de ce cas exceptionnel, on peut rappeler que c'est eulement à partir du moment où l'on a expliqué le mouvement brownien que tout le monde a compris que la thermodynamique n'est pas plus fondamentale que la mécanique, mais qu'on peut sans aucun doute se référer à la mécanique statistique pour expliquer les comportements de la matière.

Il y a d'autres systèmes qui font de l'ordre, ou, en tout cas, qui semblent en créer. C'est le cas des systèmes vivants. Est-ce que ce sont aussi des systèmes de récupération d'énergie ?

Oui et non. Ce type de systèmes existe. Mais ces systèmes présentent une caractéristique que je n'ai pas encore citée mais qui est essentielle pour satisfaire aux conditions d'une explication thermodynamique et/ou de mécanique statistique : il s'agit de systèmes non fermés.

Si l'on considère des systèmes ordonnés — par exemple, comme vous dites, les systèmes vivants — *avec* le milieu dans lequel ils existent, si on considère donc un système fermé, on constate que le système total se dégrade. Cette dégradation n'apparaît pas immédiatement ni totalement telle car elle passe par des stades où, par contre, il y a des phénomènes d'ordre. Jusqu'au début de ce siècle, et même en fait jusqu'aux années trente on ne pouvait pas en dire plus. Il a été d'un grand intérêt de découvrir que les lois des phénomènes irréversibles, qu'on a pu établir en généralisant les lois connues de la thermodynamique et de la mécanique statistique, permettent d'expliquer certains détails de ce passage du désordre à l'ordre, typique des sous-systèmes d'un système qui se dégrade de façon complexe. C'est en particulier l'école de Bruxelles qui a indiqué les voies intéressantes dans cette direction.

Il nous reste tout de même à voir si cette impossibilité d'aborder le comportement de ces systèmes, autrement que par des voies statistiques, est le reflet de notre ignorance ou s'il s'agit d'une impossibilité plus fondamentale.

Eh bien, pendant des années on a cru que l'explication relevait essentiellement de notre ignorance. Mais, et c'est un des résultats les plus intéressants et les plus récents de ce que les physiciens appellent la théorie ergodique, on commence à comprendre que l'explication du comportement statistique des systèmes mécaniques ne réside pas tellement dans les limites de notre perception mais dans le caractère fondamentalement instable de l'évolution mécanique des systèmes complexes. Cela veut dire que des conditions initiales très proches vont s'éloigner énormément dans un temps très court.

Pour terminer par une boutade, on pourrait dire que même Dieu devrait dépenser énormément d'efforts pour éviter de jouer aux dés. Même lui aurait plus besoin de la statistique que d'une connaissance très précise des conditions mécaniques pour contrôler l'évolution de systèmes mécaniques complexes.

Le mètre international (1889) en platine iridié (90 % Pt, 10 % Ir), ancien étalon primaire de longueur et le kilogramme international (1889) en platine iridié (90 % Pt, 10 % Ir), étalon primaire de l'unité de masse (cylindre de 39 mm de diamètre et de 39 mm de hauteur).

# 8. Histoire des instruments et des unités de mesure

***Entretien avec Jean Terrien, directeur honoraire du Bureau international des Poids et Mesures.***

ÉMILE NOËL : Sans doute, cette préoccupation de mesurer remonte, comme on dit, à la plus haute Antiquité. Ici, nous nous intéressons essentiellement au temps et à l'espace. Il est probable que pour les mesurer, nous allons devoir séparer ces deux concepts. A chacun ses instruments et ses unités de mesure, n'est-ce pas ?

JEAN TERRIEN : Oui, et pourtant d'un point de vue théorique, l'espace et le temps sont intimement liés. Depuis Einstein en 1905, il n'y a qu'une notion qui soit valable en physique aujourd'hui, celle de la théorie de la relativité, la théorie de l'espace-temps. Cependant, les effets relativistes qui paraissent paradoxaux au commun du public ne se manifestent que lorsqu'on envisage des vitesses extrêmement grandes, par exemple la vitesse de la lumière qui est de 300 000 kilomètres par seconde. Pour ceux qui sont habitués aux vitesses en kilomètres par heure, cela fait des milliards de kilomètres par heure. Donc dans les mesures courantes d'espace et de temps dont nous allons parler, le lien entre les mesures de temps et les mesures d'espace n'existe plus guère, et nous pourrions traiter séparément des mesures de temps et des mesures d'espace.

> Alors si vous voulez bien, nous allons commencer par la mesure du temps. D'abord d'un point de vue historique, en partant de ce que nous savons de l'humanité primitive, comment imaginer les premières mesures du temps ?

On peut supposer que les primitifs ont été impressionnés par la succession des jours et des nuits qui leur donnait une unité de temps d'ailleurs précise. C'était une mesure du temps qui ne nécessitait aucun appareil. En effet, la Terre tourne sur elle-même autour de son axe nord-sud comme une toupie. Elle décrit aussi une orbite elliptique autour du Soleil, ce qui donne la succession des saisons, donc une autre unité, une autre façon de mesurer le temps : l'année, que nous connaissons bien. Nous disposons donc depuis, on peut dire, l'humanité primitive jusqu'à nos jours, du *jour solaire* qui est la durée de l'alternance des jours et des nuits. Mais, depuis l'Antiquité, depuis qu'il y a eu des hommes qui observaient les étoiles, on s'est aperçu qu'on pouvait trouver une autre alternance qu'on appelle le *jour sidéral.* En effet, au lieu d'observer le passage du Soleil au même méridien, on peut observer la nuit les étoiles. Et ce jour sidéral est plus court de 4 minutes. Pourquoi ? Lorsque j'étais enfant, cela me paraissait bizarre. J'ai trouvé l'explication dans un livre de Jules Verne où il disait que si dans votre salle à manger, vous faites le tour de votre table, lorsque vous serez revenu au point de départ, vous aurez fait un tour sur vous-même. En effet, pendant ce tour, vous avez successivement eu devant vos yeux tous les points de la paroi de la pièce. Si l'on remplace la table par le Soleil, le promeneur par la Terre, eh bien, pendant une année, la Terre a fait un tour sur elle-même. Il y a donc un jour sidéral de plus que de jours solaires dans une année. Et enfin, depuis le début de ce siècle, on s'est aperçu que la Terre tournait bien comme une toupie mais allait en ralentissant, oh très peu, 2 millisecondes par siècle. Mais en réalité, si on repère la succession des années jusqu'à un passé datant d'il y a 400 millions d'années, par des observations géologiques, on peut s'apercevoir que le jour à ce moment-là, il y a 400 millions d'années, avait une durée non pas de 24 heures, mais de 22 heures.

La durée du jour n'est donc pas immuable et je présume que les astronomes s'en sont rendu compte. Il y a un autre aspect qui mérite attention : nous avons tendance à manier certains concepts comme des équivalences alors qu'on aurait intérêt à les distinguer les uns des autres ! Je pense à *intervalle de temps, durée, date...*

Oui, ce sont des aspects que l'on confond dans le langage, mais qui sont pratiquement et physiquement tout à fait différents. Par exemple, la durée de cuisson d'un œuf à la coque est la même qu'on le fasse cuire aujourd'hui ou à un autre moment. Tandis qu'une date sur une échelle de temps, c'est une donnée nécessaire pour dire par exemple si un événement s'est passé telle année avant ou après Jésus-Christ, pour fixer un rendez-vous ou fixer les horaires des trains ou des avions. Lorsqu'on pensait la durée du jour uniforme, qu'on ne connaissait pas le ralentissement très léger de la rotation de la Terre, c'étaient les astronomes qui pouvaient établir une échelle de temps en regardant le mouvement des astres. Pour donner l'unité de temps, qui maintenant est la seconde, il leur fallait des horloges. Ces horloges étaient mises à l'heure chaque jour, ou plus simplement, on notait la correction à appliquer d'après l'observation des astres, et ces horloges, par les battements de leur balancier, donnaient l'unité, la seconde. Les astronomes passaient donc de l'échelle de temps fournie par les astres à l'intervalle de temps d'une seconde fourni par le battement du balancier. Il est donc naturel qu'ils aient cherché à perfectionner leurs horloges. Cela s'est fait progressivement, en particulier grâce à la découverte de *l'invar* qui, ne se dilatant pas, évitait l'allongement du balancier en cas d'élévation de la température. Puis, assez récemment, vers 1950-1960, au lieu d'utiliser l'oscillation d'un balancier, on a fait des horloges dans lesquelles on utilise l'oscillation d'un cristal de quartz. Ce n'est pas la peine que je donne le détail des propriétés du quartz, beaucoup de gens ont maintenant au poignet des montres où l'oscillation est celle d'un cristal de quartz qui est entretenue par un moyen électronique. Et les battements, au lieu d'être les battements d'un balancier, sont des battements à fréquences extrêmement rapides, mais que l'on sait démultiplier et dont on sait, par conséquent, tirer les tops de seconde.

> Vous nous avez décrit très rapidement le passage de l'échelle de temps des astronomes à des instruments utilisés de nos jours. Je voudrais qu'on revienne en arrière : on n'a pas parlé du cadran solaire.

Le cadran solaire a été, en effet, un instrument fort utilisé et il l'est encore maintenant. Il faut revenir alors sur le jour solaire. J'ai dit que le Soleil revenait régulièrement au même méridien, mais j'ai dit aussi que la Terre tournait autour du Soleil et qu'il en résultait un jour sidéral de plus dans l'année. Comme la Terre décrit une orbite elliptique, sa vitesse de rotation autour du Soleil n'est pas la même au périhélie (lorsque la Terre est près du Soleil) où elle va plus vite, et à l'aphélie (lorsqu'elle est loin du Soleil) où elle va moins vite. Par conséquent, ce décalage de 4 minutes entre le jour sidéral et le jour solaire ne se produit pas d'une façon régulière. C'est pourquoi le cadran solaire peut donner des indications qui sont erronées de 5 ou 10 minutes selon les saisons. Et on voit quelquefois des cadrans solaires avec des courbes bizarres qui sont destinées à indiquer quelles sont les corrections à appliquer selon la saison. Enfin, les cadrans solaires sont des instruments très intéressants à voir, très jolis souvent, mais qui n'avaient aucune utilité pour les astronomes.

> Alors revenons aux astronomes. Ils établissent des échelles de temps. Ils en déduisent des unités de mesure.

Ils en déduisent la seconde et ses multiples : la minute et l'heure. C'étaient donc les astronomes qui donnaient l'heure au monde entier, pour la physique et pour le temps civil.

> Des échelles de temps établies par les astronomes, on a déduit la seconde qui est la plus petite unité de référence, encore très fréquentée de nos jours. Mais comment expliquer ce curieux découpage du jour en 24 heures, de l'heure en 60 minutes et de la minute en 60 secondes. Pourquoi ce système ?

Eh bien, je ne saurais pas vous répondre avec exactitude, parce que cela date de temps très anciens. Il y a très longtemps que l'on a divisé le jour en 12 heures, la nuit en 12 heures, que les heures ont été divisées en 60 minutes, les minutes en 60 secondes, de telle sorte qu'au moment de la Révolution française, lorsque a été introduit le système métrique dont une des qualités est d'être décimal, on n'a pas songé à toucher à la division du jour en heures, en minutes et en secondes. Je ne crois pas qu'il y ait eu de tentative sérieuse pour décimaliser la division du jour. Ou, en tout cas, s'il y en a eu, elles étaient vouées à l'échec : quand il existe un si merveilleux accord international, il faut bien se garder d'y toucher et de le détruire.

Le fait est que ce système, presque universellement reconnu, est resté tel, au contraire de ce qui s'est passé pour l'espace, comme on le verra tout à l'heure. Les mesures d'espace étaient beaucoup plus diversifiées et là, le système métrique a joué un rôle unificateur. Tout de même, il faut noter qu'au-dessous de la seconde, on a décimalisé.

Oui, on décimalise à la milliseconde, la microseconde, la nanoseconde, etc.

C'est-à-dire qu'on a respecté le système duodécimal et sexagésimal jusqu'à la seconde comprise, et qu'ensuite on a décimalisé. Il est vrai que ce n'est que récemment qu'on a été capable de mesurer le temps au-dessous de la seconde. Alors franchissons encore une étape dans l'ordre de la précision en abordant le temps atomique.

Oui, je disais que les astronomes avaient le privilège de distribuer le temps, l'intervalle de temps et la seconde, au monde, aussi bien au monde du peuple qu'aux physiciens, pour les mesures les plus précises. Mais en 1967, il y a eu une révolution profonde, en ce sens que ce ne sont plus les astronomes qui ont été chargés de distribuer le temps, mais les physiciens grâce à l'emploi d'une vibration atomique. Non plus une vibration d'un corps matériel, comme un balancier ou un cristal de quartz, mais une vibration interne à l'atome. Et depuis 1967, on appelle « seconde » la durée d'un certain nombre de périodes d'une radiation électromagnétique qui correspond à la transition entre deux niveaux quantiques de l'atome de césium : il s'agit du césium 133, un isotope qui n'est pas radioactif. Ce nombre est 9 milliards 192 millions 631 770 périodes par seconde.

> Pourquoi ce nombre, pourquoi cette transition, pourquoi le césium ?

Eh bien, pour des raisons qui sont fondées sur les théories physiques. Il fallait que la fréquence soit assez facilement mesurable avec les techniques radioélectriques existantes, et que l'atome choisi puisse vibrer sans être trop gêné par les champs électriques ou magnétiques qui existent toujours plus ou moins. On fait maintenant des horloges à césium qui ont une précision réellement extraordinaire. Je peux vous en donner une illustration : supposez deux de ces horloges, parmi les plus précises qui existent, qui soient parfaitement en concordance en ce moment. Pour que le décalage entre ces deux horloges atteigne une seconde, il faudra attendre cent mille ans. Ces horloges, d'une telle précision, sont rares, mais il existe des horloges qui sont seulement dix fois moins précises, c'est-à-dire qui deviennent fausses d'une seconde après dix mille ans, et on peut les acheter dans le commerce. L'atome de césium donne donc par ses vibrations, au moyen d'un appareil qui n'est pas très compliqué, des intervalles d'une fraction de seconde que l'on démultiplie et qui permettent d'établir des tops de seconde. On a donc ainsi l'intervalle unité de temps, intervalle d'une seconde.

Les astronomes n'ont donc plus à lire l'échelle de temps sur les astres. Pour pouvoir dater les événements, on en a construit une en accumulant des secondes et en les numérotant. On les numérote à la façon habituelle, c'est-à-dire au bout de 60 secondes, on dit que cela fait une minute, et on recommence. Et on continue de même pour les heures et pour les jours. Mais il restait un danger : si les astres ont un mouvement que rien ne vient perturber, une horloge construite par l'homme peut toujours tomber en panne. Il fallait un organisme international qui centralise les indications d'un grand nombre d'horloges réparties dans divers pays. Cet organisme a été créé, c'est le Bureau international de l'heure. Il existait d'ailleurs déjà pour coordonner les observations des astronomes, et tout naturellement, il coordonne maintenant les mesures d'intervalles de temps faites au moyen des horloges à césium. C'est donc ce Bureau international de l'heure qui donne le temps atomique, c'est-à-dire cette succession de secondes dont j'ai parlé, cette échelle de temps de la science.

L'autre temps que nous utilisons dans la vie de tous les jours, que je peux appeler le temps civil, celui qui règle nos horloges et l'horloge parlante, ce temps civil est à peu près le temps atomique international. Il est tout aussi précis. Cependant, on le manipule un petit peu : premièrement, vous l'avez peut-être vu sur les journaux, on introduit de temps en temps, jusqu'à présent une fois par an, une seconde intercalaire. C'est-à-dire que la dernière minute de l'année, au lieu d'avoir 60 secondes, en a 61. Pourquoi ? Parce que l'on aime bien, et les navigateurs qui font le point avec leur sextant en mer l'exigent, on aime bien que les astres et le Soleil passent au méridien à l'heure prévue. Or je vous ai dit que la Terre est dans un mouvement de rotation qui se ralentit. Par conséquent, le temps atomique, qui, lui, ne se ralentit pas, va se décaler progressivement par rapport au temps de rotation de la Terre. C'est pour cette raison que l'on introduit volontairement une seconde intercalaire, afin que le temps civil soit en accord avec le temps solaire et le temps de rotation de la Terre. Autrement dit, le temps civil, c'est le temps atomique plus un certain nombre de secondes. Ce nombre est connu, il est annoncé à l'avance. Je crois qu'il est de l'ordre de 20 secondes en ce moment. Et il y a d'autres décalages. Ceux que vous connaissez bien, ce sont les décalages des fuseaux horaires ou encore, le décalage de l'heure d'été et de l'heure d'hiver, qui sont décidés quelquefois de façon un peu fantaisiste par les gouvernements de tous les pays.

Nous voilà à peu près au courant en ce qui concerne les mesures du temps. Essayons maintenant de mesurer l'espace. D'abord un rappel historique comme nous l'avons fait pour le temps. Comment mesurait-on l'espace jadis ? Quelles unités étaient employées ?

Lorsque vous parlez des mesures d'espace, je pense que vous faites allusion aux mesures de longueur, de superficie, de volume, par exemple aux mesures de longueur de tissu ou de superficie de terrain. Les premières unités qui ont été employées et qui ont duré jusqu'à une époque relativement récente, jusqu'à la Révolution française, sont des mesures qui ont été faites en utilisant des étalons empruntés au corps humain : le pied, le pouce, par exemple. En fait, il y a eu au cours de l'Histoire des unités qui portaient le même nom, mais qui étaient multiples et diverses selon les pays, selon les régions, selon même les choses que l'on mesurait. S'il existe encore en anglais, par exemple le *foot* qui veut dire le pied, ou l'*inch* qui veut dire le pouce, et si ces unités sont encore employées dans les pays anglo-saxons, elles ont en fait une définition modernisée, elles sont définies par rapport au mètre étalon dont nous allons parler tout à l'heure. On utilisait en France une unité de superficie qu'on appelait le journal : c'était la superficie de terrain qu'un homme pouvait labourer en une journée. Les Romains, pour mesurer les distances sur les routes, utilisaient une sorte de chariot muni de roues dentées qui leur permettaient de connaître la distance entre deux villes le long des voies romaines. C'est tout à fait analogue à ce que nous avons sur nos voitures automobiles pour indiquer, non pas le nombre de tours de roue, mais la distance parcourue en kilomètres. En fait, les mesures de longueur sur le terrain n'ont fait vraiment de progrès qu'au XVIIIe siècle, lorsque la géodésie est devenue une science assez perfectionnée. On a commencé à dresser des cartes, et l'on s'est aperçu que le long d'une frontière, lorsqu'un géodésien mesurait une même longueur avec un étalon d'un pays, de son côté de la frontière, et qu'un autre faisait de même d'un autre côté, les résultats étaient légèrement différents. On employait à ce moment-là une toise qui était un étalon de longueur : celui-ci avait plusieurs définitions, mais les géodésiens s'étaient mis d'accord sur une certaine toise, qui était pourtant légèrement différente d'un pays à l'autre. C'est alors que l'Académie des sciences de Paris, celle de Saint-Pétersbourg, l'Association géodésique internationale à Berlin ont exprimé le vœu qu'on établisse un étalon international sur lequel les étalons des pays pourraient s'aligner. Ce besoin a été souligné encore lors de l'Exposition universelle de Londres en 1851 et en 1862 à Paris, etc., où l'on s'est aperçu que les objets et les denrées de divers pays étaient indiqués avec des mesures et des dimensions exprimées dans des unités extrêmement diverses, dans lesquelles personne ne pouvait se reconnaître. Ce fut à l'initiative de la France qu'une conférence internationale fut convoquée. Cette conférence a abouti, en 1875, à la décision de créer un Bureau international des Poids et Mesures, qui existe toujours et qui est, depuis plus d'un siècle, au pavillon de Breteuil. Ce Bureau international des Poids et Mesures a fabriqué un mètre étalon en platine iridié, ainsi qu'une trentaine de copies qui ont été distribuées en 1889. Ce mètre est devenu l'étalon unique pour toutes les mesures de longueur dans le monde.

Vous parlez de ce mètre étalon : mais sa fabrication et

son utilisation supposent l'adoption et la mise en pratique du système métrique.

En effet, le système métrique a pris naissance presque un siècle auparavant au moment de la Révolution française, lorsque l'Assemblée nationale a demandé à l'Académie des sciences d'imaginer un système de mesure qui pourrait être adopté dans le monde entier, en se fondant sur la longueur du méridien terrestre, et c'est de là qu'est né le système métrique, avec son unité principale : le mètre, et sa division décimale qui est l'un de ses grands mérites. Ce mètre, qui a été créé par l'Académie des sciences, a été matérialisé sous forme d'une règle d'un mètre, après des mesures qui ont été faites sur une fraction de méridien. On appelle ce mètre, qui date de la Révolution, le mètre des Archives parce qu'il est conservé aux Archives de France. C'est lui qui a servi de modèle pour ajuster la longueur du mètre étalon. En fait, on ne peut plus affirmer que le mètre d'aujourd'hui est strictement une fraction du méridien, c'est presque la dix-millionième partie du quart de ce méridien. Mais la différence est toute petite et n'a aucune importance. Le mètre est maintenant bien défini et il a été créé par la France, ce qui est reconnu dans le monde entier.

Oui, mais de nos jours, est-ce avec un autre procédé que nous définissons le mètre ?

Eh oui, ce mètre étalon qui est né en 1889 a duré jusqu'en 1960. Cette année-là, une nouvelle révolution s'est produite. Pour la première fois, au lieu d'être fondé sur un étalon matériel, le mètre est maintenant fondé sur une longueur atomique. C'est en 1960 qu'il a été convenu, par décision internationale, que le mètre serait un multiple de la longueur d'onde d'une certaine raie spectrale de l'atome de krypton. Il s'agit de l'isotope 86 du krypton, un isotope qui n'est aucunement radioactif et que l'on trouve dans l'atmosphère terrestre. Alors, de même qu'on a défini la seconde par un phénomène atomique, la fréquence d'une transition du césium, le mètre est lui aussi défini par une transition atomique, une longueur d'onde du krypton. C'était là un rêve caressé par les physiciens depuis de nombreuses années. Car tandis qu'un étalon matériel peut être détruit, ou altéré, les atomes existent en permanence. Ils sont même identiques dans l'Univers tout entier. On peut s'en apercevoir par les observations des spectres des étoiles. Cependant on a dû attendre cette époque toute récente, 1960, pour pouvoir passer à une définition atomique de la longueur, parce qu'il fallait que la physique ait fait assez de progrès pour que l'on puisse utiliser cette petite longueur d'onde dans la mesure des longueurs courantes et, ce qui est encore plus important, pour qu'on sache isoler un isotope où les raies soient simples.

> Est-ce que cette méthode commune utilisée pour leur mesure n'est pas une façon de relier l'espace et le temps ? Peut-on penser à une référence commune ?

Vous avez deviné ce qui va se passer très certainement dans deux ans, où l'on envisage sérieusement de changer à nouveau la définition du mètre. On peut mesurer des distances au moyen du radar : on envoie, par exemple, des impulsions lumineuses sur la Lune et l'on mesure la distance à une précision de 20 centimètres, connaissant la vitesse de la lumière, qui est d'environ 300 000 kilomètres par seconde, mais que l'on a mesurée avec beaucoup plus de décimales (cette vitesse est exactement de 299 792 458 mètres par seconde) ; si on a un étalon de temps par le césium, et si l'on connaît la vitesse de la lumière, la durée du trajet de la lumière donne la distance parcourue. Il est donc possible de définir le mètre par la durée qu'il faut à la lumière pour le parcourir. Ainsi, le temps et l'espace se rejoignent dans un étalon commun, l'étalon de fréquence à césium qui suffit pour définir le mètre et la seconde.

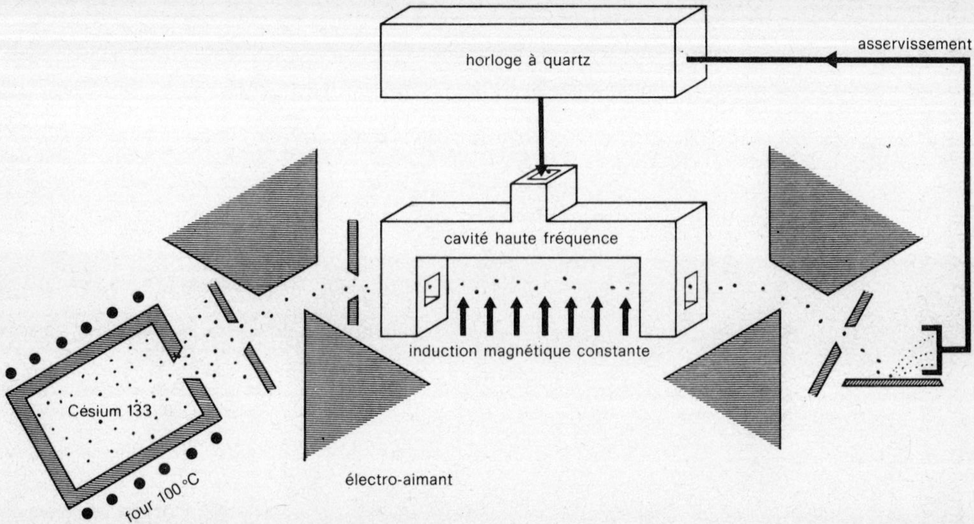


Des atomes de césium 133 issus d'un four sont triés dans l'entrefer d'aimants. Seuls ceux ayant un état d'énergie convenable traversent la cavité où règne un champ de haute fréquence, accordé sur la fréquence de transition du césium. Les atomes n'ayant pas subi de transition sont recueillis sur un détecteur dont le signal sert à asservir la fréquence d'excitation de la cavité par l'intermédiaire d'une horloge à quartz. En fin de compte, l'horloge à césium n'est rien d'autre qu'une horloge à quartz pilotée par la transition du césium.

# 9. La métrologie actuelle : la mesure du temps

***Entretien avec François Mignard, chargé de recherche au CNRS, CERGA, Grasse.***

ÉMILE NOËL : On a vu que le concept d'espace-temps n'était apparu en physique qu'au XXe siècle. L'histoire nous montre que, jusqu'à présent, les mesures de temps et d'espace ont fait appel à des références différentes. Est-ce que la métrologie moderne procède encore, dans ce domaine, comme la métrologie traditionnelle ?

FRANÇOIS MIGNARD : On peut dire qu'elle le fait encore mais qu'elle ne le fera plus pour bien longtemps. Comme M. Terrien l'a mentionné dans une émission précédente, il y a toujours deux étapes, une pour le temps, une pour l'espace. Dans les problèmes de mesure, ces deux éléments sont encore séparés. Mais la mesure distincte du temps et de l'espace vit ses derniers moments. Il va s'écouler encore peu d'années avant que ces deux notions ne soient mélangées et que la métrologie de l'espace, dans sa définition, soit liée à celle du temps. D'un point de vue pratique, il faudra toujours mesurer les longueurs et mesurer du temps, il y aura deux opérations, mais du point de vue théorique, elles seront réunies.

Donc on peut encore parler de deux grandeurs. Alors je

vous propose de traiter ici de la mesure du temps, la mesure de l'espace faisant l'objet d'une émission ultérieure. Tout de même, notre façon de mesurer le temps aujourd'hui est différente de la mesure traditionnelle. Pour revenir au temps des horloges, cette mesure était fondée, me semble-t-il, sur les alternances du jour et de la nuit, sur la durée du jour ?

Tout à fait. Cela résulte finalement d'une observation simple, les hommes se sont habitués très vite à ces cycles qui s'imposaient à eux. Le premier cycle le plus évident est le cycle diurne, c'est-à-dire la succession régulière du jour et de la nuit sur laquelle on réglait sa vie. La nuit, on dormait, on ne pouvait pas se déplacer, il n'y avait pas d'éclairage artificiel. Il n'y avait que la Lune, lorsqu'elle était là. Naturellement, il fallait s'y ajuster. Progressivement, on s'est servi de ce cycle pour déterminer un temps qui s'approchait d'un temps scientifique. Les astronomes anciens en avaient besoin, on en a eu besoin aussi dès que la vie est devenue sociale. Il fallait donner des rendez-vous, il fallait savoir si c'était le matin ou l'après-midi, et éventuellement mieux préciser les moments de ces rendez-vous. On a eu besoin de se marquer des instants dans la durée du jour. Et le temps scientifique a évolué ainsi, pratiquement jusqu'au XX^e^ siècle. Il faut cependant bien distinguer deux aspects dans cette notion. Une première chose était la détermination du temps, pour cela, il fallait observer le ciel. C'était la rotation de la Terre qui déterminait le temps. On a décidé qu'un jour c'était 24 heures. Le lever du Soleil, la montée du Soleil, son passage au méridien, son coucher, la nuit et le mouvement des étoiles, tout cela c'était le temps. Il fallait le déterminer, et le seul moyen d'y parvenir, c'était par les observations astronomiques. Des observations faites, soit avec des instruments merveilleux comme étaient les astrolabes anciens, soit avec des instruments méridiens, quand on en a possédé à partir du XVIIIe siècle, et qui précisaient l'instant du passage d'une étoile dans le méridien de l'observateur. Le deuxième problème, tout à fait différent, était celui de la conservation. La conservation du temps, cela veut dire pouvoir déterminer l'état du ciel pendant le jour ou la nuit, sans avoir à le regarder, soit parce qu'il fait mauvais (il y a des nuages, on ne voit pas le Soleil), soit parce que c'est la nuit et qu'on ne sait pas très bien s'orienter avec les étoiles. Il fallait conserver le temps, et pour cela pouvoir extrapoler la rotation de la Terre lorsqu'on ne pouvait pas mesurer la position des étoiles. Ceci a été réalisé grâce à des horloges, au sens large du terme. Ces horloges étaient, soit des procédés d'écoulement, des choses qui semblaient couler comme coulait le temps. On a eu la clepsydre, l'horloge probablement la plus développée dans l'Antiquité. Il s'agissait de mesurer le temps que mettait une certaine quantité d'eau à s'écouler et qui simulait un écoulement du temps uniforme. Il suffisait de graduer le récipient et de lire ainsi l'écoulement du temps. On a eu le gnomon qui, à partir de l'ombre que portait le Soleil sur un plan où l'on mettait quelques graduations, permettait de lire l'heure. On voyait que l'ombre variait en direction et en grandeur pendant la journée, et l'on repérait ainsi le temps. Il y a eu d'autres instruments qu'on pourrait mentionner, mais ceux que l'on connaît le mieux maintenant, sont, bien sûr, les horloges. Les horloges, dignes de ce nom, sont apparues avec Galilée et Huygens : il y avait eu quelques horloges avant, mais celles à balancier régulé sont apparues lorsque Huygens a réussi à concevoir la notion d'échappement. Alors, on avait un garde-temps. Car une horloge de ce type, ce n'est rien d'autre qu'un garde-temps. Elle ne sert pas à définir le temps, c'est le ciel qui le définit, mais à le garder pendant la journée, à le garder quand il fait mauvais, et à le lire directement. Périodiquement, les astronomes observaient le ciel et disaient : « Ah votre garde-temps, il ne le garde pas bien, il est un peu en avance, il est un peu en retard. » Sur un garde-temps, on ne faisait que lire ce qu'on pensait être l'état du ciel à ce moment-là. C'était tout ce à quoi servaient les horloges. Par la suite, les choses ont effectivement changé. Le système a été amélioré et on a abouti à ce qui se passe au XXe siècle.

> Bon, nous en arrivons à ce qui distingue les mesures traditionnelles des procédés actuels. Est-ce que la différence est venue d'une modification de la conception même de la mesure du temps, ou bien, tout logiquement, de la transformation de l'instrumentation qui, en cherchant à se faire de plus en plus précise, en est arrivée à un changement qualitatif ?

La conception du temps n'a pas tellement évolué, au moins depuis Newton. On cherche à réaliser un temps uniforme et on a tenté de le réaliser par des garde-temps de plus en plus précis. Et c'est là, grâce à l'amélioration de ces garde-temps, que la réalisation du temps et sa définition ont complètement changé. Ce sont les progrès instrumentaux qui ont amené les physiciens et, évidemment, les astronomes à changer l'idée qu'ils avaient du temps et de la manière de le construire. Ce qui s'est passé est bien simple. La définition initiale était liée à la rotation de la Terre, puis on a construit des garde-temps que l'on comparait les uns aux autres jour après jour. Imaginez un moment que, dans votre observatoire, vous en mettez dix et que vous mesurez la rotation de la Terre en observant les étoiles tous les jours. Vous vous apercevez, à partir d'un certain moment, quand les garde-temps sont très précis, qu'il s'écoule bien 86 400 secondes de ces garde-temps pendant une journée solaire moyenne et que, par exemple, ils sont tous systématiquement en avance ou tous systématiquement en retard, par rapport à l'horloge Terre, l'horloge céleste. A ce moment-là, vous vous dites : « Tiens, mes garde-temps ont l'air vraiment très bons, et j'ai l'impression que la Terre ne tourne pas très rond. » C'est vraiment ce qui s'est passé. A un moment donné, les garde-temps sont devenus à la fois plus précis en lecture, c'est-à-dire qu'on lisait beaucoup mieux que dans l'horloge céleste, et aussi plus réguliers. On s'est dit : « Si les garde-temps sont beaucoup plus réguliers que la Terre, pourquoi ne pas définir le temps avec ces garde-temps ? Au lieu de prendre mes grandes aiguilles que sont les télescopes sur la Terre en rotation, et mes chiffres que sont les étoiles dans le ciel, je vais prendre mon garde-temps et décider de m'en servir pour définir le temps. » C'est ce qui s'est passé dans les années soixante.

> Oui, mais il s'agit d'une transformation d'instrumentation beaucoup plus spectaculaire que ce que vous semblez dire.

Oh oui, il faut voir en pratique comment çela s'est fait. Il est exact que dans les premiers temps, on s'est aperçu que la Terre ne marchait pas très bien. C'était juste avant la dernière guerre, dans les années 1937-1938 à l'Observatoire de Paris. On s'est aperçu que la Terre accélérait et ralentissait selon les saisons. On s'est aperçu également en regardant les éclipses anciennes qu'elles n'avaient pas eu lieu à l'instant prédit par les calculs effectués en supposant la rotation uniforme. Et juste après la guerre, une autre instrumentation s'est développée : les étalons de fréquence. Et c'est là où l'on rejoint le présent. Comme instrumentation servant à définir le temps, on utilise maintenant, non plus une horloge, un balancier, ou un quartz, mais l'étalon de césium. On sait fabriquer des horloges à césium, et ces horloges ont une très grande régularité. On a décidé un beau jour, puisqu'on possédait des horloges de très haute qualité, d'en faire usage pour définir la seconde. A l'heure actuelle, la seconde, au lieu d'être telle qu'il y en ait

86 400 dans un jour solaire moyen, est telle qu'il faut 9 milliards et des poussières de périodes du césium 133 pour la définir. Le temps est ici défini d'une manière nouvelle. Il n'a plus rien à voir avec le ciel. Par ailleurs, puisque l'on possédait cet instrument de définition, on pouvait également construire des horloges avec ces atomes de césium. C'est-à-dire que, non seulement l'instrument servait à définir le temps, mais aussi à le conserver. C'est maintenant le même instrument qui joue le rôle de garde-temps et d'instrument de définition. L'étalon est le césium et, pour réaliser cet étalon, pour réaliser sa définition, on se sert d'un instrument qu'on appelle une horloge atomique.

> Mais dans ce passage du ciel au laboratoire, pourquoi a-t-on choisi le césium plus particulièrement et pourquoi 9 milliards et des poussières et pas carrément 10 milliards ?

Bien sûr, on aurait pu très bien choisir 10 milliards juste. Il se trouve qu'on avait mesuré la période de la transition de ce césium 133, on l'avait mesuré avec une certaine unité de temps. Cette unité de temps, c'était celle qui était fondée sur la rotation de la Terre. On avait vu alors qu'à la précision des mesures, il y avait 9 milliards et des poussières de périodes dans une seconde de temps classique. On s'est dit : « Bon, est-ce que l'on prend 10 milliards, est-ce que l'on prend 9 milliards et des poussières ? » On pouvait prendre 10 milliards, et dans ce cas, la seconde aurait été un petit peu plus longue. Il aurait fallu changer le nombre de secondes dans la journée, pour demeurer en phase avec les éléments célestes. Alors, comme toujours lorsqu'on fait des changements métrologiques, on essaie de ne pas brusquer les choses — on a décidé d'ignorer l'incertitude sur le nombre de périodes du césium 133 contenu dans une seconde temps moyen, le temps habituel — et d'enlever le plus ou moins qui figurerait dans cette mesure : d'où les 9 milliards 139 millions et des poussières. Ainsi il y a pratiquement toujours 86 400 nouvelles secondes dans une journée, et on reste à peu près en phase avec le jour, avec les éléments astronomiques, avec la rotation de la Terre, avec le lever et le coucher des astres. C'était plus confortable pour la vie courante.

Si je vous comprends, votre horloge atomique, maintenant, ne mesure plus le temps, elle le fabrique ?

Elle le fabrique, mais on peut aussi s'en servir pour le mesurer. Reprenons ce terme : « elle le fabrique ». Du temps où on utilisait la Terre, ce n'était pas trop compliqué. Il y a la Terre, elle est à la disposition de tout le monde, il suffit de la regarder tourner, de regarder le ciel passer devant le méridien. Il y avait des services internationaux auxquels on envoyait les résultats des mesures, et qui déterminaient l'échelle de temps. Ils disaient, par rapport aux horloges, comment était orientée la Terre dans l'espace. Pour le césium, il faut également fabriquer cette échelle de temps, c'est-à-dire compter les secondes atomiques et dire, par exemple : « Maintenant, on arrive à un million de secondes atomiques, maintenant dix millions », et diffuser cela de par le monde. Une solution pour atteindre ce but est de fabriquer une horloge atomique, de la mettre dans une cave, par exemple au Bureau internationnal de l'Heure à Paris, et cette horloge maîtresse va définir le temps pour le monde entier. Vous voyez le danger d'un tel système. Supposez qu'il y ait des pannes de courant, ou de tout autre genre, des éléments qu'on ne peut pas contrôler, et que cette horloge s'arrête : on ne peut plus diffuser le temps. Si l'on sait que la Terre ne va pas s'arrêter de tourner, pour l'horloge atomique, c'est moins sûr. Alors, on a décidé que le temps et l'échelle de temps ne seraient pas définis par une seule horloge atomique, mais par une centaine, réparties de par le monde. Et tous les jours, chaque observatoire, chaque centre qui possède une, deux, trois, voire cinq, dix horloges atomiques, comme il y en a à l'Observatoire de Washington, envoie sa lecture d'horloge à l'Observatoire de Paris, et là on compare toutes les lectures. On établit une certaine moyenne avec une pondération ; ce qui sort de la moyenne de ces cent horloges atomiques sert à définir l'échelle de temps atomique, c'est-à-dire la nouvelle échelle de temps qui, au lieu de se référer à la rotation continuelle de la Terre, se réfère au comptage perpétuel des transitions des atomes de césium dans ces horloges atomiques.

Au travers de ce que vous dites, j'entends qu'il y a tout de même de petits décalages.

Il y a de petits décalages d'une horloge à l'autre parce que les atomes de césium sont en différents endroits de la Terre. La physique ne dit pas qu'il doit y avoir un décalage parce qu'ils sont en différents endroits de la Terre, une fois les corrections d'altitude effectuées. Mais ce sont des instruments physiques, et ils ne fonctionnent pas tous de façon strictement identique. Il y a des petites variations qui sont certainement inférieures au millième de milliardième, en précision relative. C'est-à-dire que, sur une durée de l'ordre du million d'années, une horloge atomique donnée ne se décalera pas de plus d'une seconde par rapport à la définition. Ces instruments sont très stables et très exacts. Et en faisant ainsi la moyenne d'un nombre d'horloges, on améliore bien sûr cette stabilité.

Mais comment peut-on, avec une différence si ténue, comparer deux horloges qui se trouvent à 1 000 ou 2 000 kilomètres l'une de l'autre ?

C'est un très gros problème. C'est un problème qui n'est même pas tout à fait résolu : la synchronisation de haute précision.

Chaque horloge indépendamment est très bonne et réalise le temps atomique et la seconde atomique, comme je vous le disais, au niveau du millième de milliardième de seconde. Chacune constitue, dès lors, une très bonne base de temps. Mais chacune individuellement ne marche pas exactement tout à fait comme sa voisine. Et, en ce moment, on ne sait pas lire à distance deux horloges avec cette précision-là. On perd énormément dans la qualité de l'instrumentation à les lire à distance. Par exemple, à Paris, lire l'horloge de Washington, on y arrive, peut-être à la microseconde, mais pas tellement mieux. Donc l'échelle de temps qu'on diffuse à la fin, l'échelle de temps atomique que vous pourrez utiliser dans votre laboratoire sera précise à la microseconde. Vous ne pourrez pas dater des événements qui se passent dans le ciel ou dans un laboratoire mieux qu'à la microseconde en moyenne, disons un dixième de microseconde, cent nanosecondes. A noter, ce qui est assez amusant, qu'on ne peut pas le faire instantanément. Vous allez observer un phénomène aujourd'hui et vous aurez sa datation exacte dans deux mois. Il faudra attendre un certain temps pour savoir à quel moment il s'est passé, de façon précise, dans l'échelle de temps atomique. Le phénomène avait lieu de manière un peu semblable du temps où l'on utilisait la rotation de la Terre. Il s'agissait de millisecondes, au lieu de microsecondes, mais il fallait attendre un certain temps pour réellement pouvoir dater un événement dans l'échelle du temps liée à la rotation de la Terre et le comparer avec ce qui avait été observé ailleurs. Ce problème de synchronisation a des implications dans notre vie quotidienne, bien qu'elles ne soient pas très perceptibles, et je vous disais qu'il n'est pas encore parfaitement résolu. Il y a de gros demandeurs, ce sont, pour commencer, les services du contrôle aérien. Ils ont besoin de contrôler différentes balises qui émettent des signaux servant dans les avions à, disons, cent nanosecondes. Cent nanosecondes, on ne sait pas encore bien synchroniser à ce niveau-là. Mais il y a d'autres demandeurs qui aimeraient bien synchroniser au niveau de la nanoseconde. Ce sont les télécommunications. Je vais vous expliquer rapidement comment cela fonctionne. Lorsque vous téléphonez, vous transformez votre voix en un signal électromagnétique. Remarquez que l'on n'a pas besoin pour le téléphone d'une grande définition, ce n'est pas de la haute fidélité, le téléphone. On va considérer que dans la voix, on ne gardera que les fréquences jusqu'à mille hertz. Quand on envoie un signal de mille hertz par câble ou faisceau hertzien par relais satellite, il n'y a pas besoin d'envoyer un signal continu. On va se contenter d'envoyer un morceau de votre voix tous les deux millièmes de secondes, toutes les deux millisecondes. Vous envoyez un petit échantillon de votre voix, par exemple une nanoseconde de votre voix toutes les deux millisecondes. Donc il y a de la place vide entre deux petits morceaux consécutifs de votre voix. Autant utiliser cette place pour d'autres communications quasi simultanées. Dans l'exemple cité, on va en mettre cinq cents. On va mettre cinq cents communications simultanées. Mais quand cela parvient de l'autre côté de l'Atlantique, il faut pouvoir séparer et recoller les morceaux entre eux. Pour cela, il faut donc les dater très précisément. Mieux ils sont datés, plus on pourra en mettre en une seconde, plus on pourra avoir de communications simultanées.

> Là, s'il faut deux mois pour les dater, la communication téléphonique est sérieusement perturbée.

Oui, la synchronisation doit se faire avec une couverture mondiale et en temps réel, c'est-à-dire une synchronisation à quelques nanosecondes immédiatement disponibles partout. La première expérience embarquée avec le satellite Sirio 2 a malheureusement sombré lors du récent échec de la fusée Ariane. L'équipement sera reconstruit et devrait être satellisé dans les années à venir. Le satellite sera équipé de réflecteurs laser et, à partir de faisceaux laser issus de stations terrestres, il sera possible de synchroniser des horloges de part et d'autre de l'Atlantique à quelques nanosecondes près.

A propos de précision, est-ce qu'on a choisi le césium parce que c'est un des éléments les plus réguliers que l'on connaisse ?

La régularité doit s'apprécier en fonction de la durée pendant laquelle on désire la conserver. Si vous parlez de temps assez courts, inférieurs à la seconde, ou à quelques secondes, les vibrations du quartz sont beaucoup plus stables que celles du césium. Et à très court terme, le quartz est meilleur que le césium. A tel point que même une horloge atomique est, en fait, une horloge à quartz dont la vibration du quartz est pilotée par la transition du césium. Mais quand le temps s'écoule, la période de vibration du quartz dérive, il s'use un peu. Ce n'est pas stable à long terme. Sur des temps moyens, le laser à hydrogène est aussi très stable. Mais sur des temps très longs de un an, deux ans, voire plusieurs années, le césium est ce qu'il y a de mieux actuellement. On ne sait pas faire quelque chose qui soit plus stable à long terme. C'est pourquoi on utilise ce type d'horloge.

On a choisi la stabilité à long terme, quitte à corriger dans le court terme ?

Quitte à corriger dans le court terme. Seulement, on l'a choisie à long terme parce qu'on voulait faire une échelle de temps. La métrologie essaye toujours d'agir sur des périodes longues, de façon à ne pas produire des soubresauts toujours néfastes.

Mais comme la seconde actuelle est un petit peu plus courte, l'année astronomique n'a plus le même nombre de secondes que l'année calculée. Cela oblige à des réajustements.

Tout à fait, vous avez parfaitement raison et c'est assez logique. Vous êtes dans votre laboratoire avec votre horloge atomique : 9 milliards et des poussières de périodes fondamentales de césium feront une seconde. A priori, vous ne désirez pas modifier la vie des gens et, par définition, 86 400 secondes doivent faire une journée. En additionnant les jours, on obtient une année. Mais il n'y a aucune raison pour que ces 86 400 secondes fassent exactement les 24 heures nécessaires à la Terre pour que le Soleil revienne au méridien. Et c'est bien ce qui se passe parce qu'au bout des 86 400 secondes du césium, il faut encore 3 millisecondes en moyenne pour que le Soleil revienne au méridien. Trois millisecondes multipliées par les 365 jours d'une année donnent à peu près une seconde. Tous les ans, il va falloir rajouter une seconde de façon à maintenir la Terre en accord avec l'horloge à césium. On aurait pu s'en dispenser car une seconde par an, ce n'est pas grand-chose. Mais les marins ont demandé qu'on ne s'éloigne pas du temps astronomique. Ils ont l'habitude de faire le point et ils ont besoin du temps lié à la rotation de la Terre. Ils n'avaient pas très envie d'avoir des tables de corrections. Alors on s'est arrangé pour que le temps diffusé par l'horloge parlante, le temps que vous entendez à la radio, soit tel qu'il ne s'éloigne jamais de plus d'une seconde de celui lié à la rotation de la Terre. Comme cela, notre vie quotidienne n'est pas du tout perturbée.

Est-ce que ce n'est pas une façon de rapprocher le temps et l'espace ? Si la précision dans la mesure du temps s'accroît, on a intérêt à s'en servir pour mesurer les distances. Ne serait-ce qu'en utilisant la vitesse de la lumière.

Tout à fait, oui. En théorie, ce n'est pas compliqué, il suffit de savoir combien de temps met un certain signal pour aller d'un point à un autre. Si on connaît la vitesse de la lumière et le temps qu'il a mis pour le faire, on connaît la distance. En pratique, les problèmes sont un peu plus compliqués. Je vais vous donner un exemple concret qui est vécu quotidiennement en France parce qu'il y a ce type d'instrumentation. C'est le cas des tirs laser sur la Lune. Vous savez que les astronautes d'Apollo et les missions automatiques soviétiques ont déposé des réflecteurs laser sur la Lune. Maintenant, il y a des stations laser dont une en France située au CERGA près de Grasse, qui envoient des photons laser sur la Lune et attendent qu'ils reviennent. Pour qu'un photon fasse l'aller et retour, il faut à peu près trois secondes. La datation et la mesure de cette durée sont faites avec une très haute précision, à la nanoseconde, avec une précision dite d'un milliardième, un milliardième de la durée. On a donc un appareil qui est capable d'estimer cette durée à un milliardième du temps qu'il faut pour faire l'aller et retour. Si vous avez un temps lié à la rotation de la Terre, ce milliardième est impossible à apprécier. On ne sait pas définir la seconde liée à la rotation de la Terre avec cette précision-là. Vous avez donc éventuellement un appareil qui mesure cela très précisément, mais qu'en faire si vous ne savez pas le relier à la seconde du système d'unités international ? C'est donc important d'avoir une seconde qui est mieux définie. Ce qui est fait avec le césium. Cette nécessité d'avoir un césium et surtout une seconde bien définie est vécue tous les jours. Là où ça se corse, c'est que vous avez une précision du milliardième (vous avez effectivement un temps d'aller et retour avec cette précision-là), mais vous ne connaissez pas la vitesse de la lumière avec la même précision dans le système d'unités international. Le mètre lui-même n'est pas connu avec cette précision. Et vous ne pouvez pas convertir votre mesure de durée en mesure de distance sans perte de précision. Alors les astronomes soit prennent une vitesse de la lumière conventionnelle, soit expriment la distance en trajet-lumière, qui est une durée. De la sorte, ils sont d'accord entre eux mais ne peuvent pas relier leurs résultats au mètre.

> Mais est-ce que ce n'est pas justement l'avenir de la métrologie que de réussir à ramener la mesure de l'espace à l'étalon seconde ?

On va y venir, je crois, c'est ce que je mentionnais au début de cet entretien. La seconde est l'unité du système international qui est la mieux définie, la mieux réalisée et pour laquelle on a un accès le plus rapide. Toute personne qui, dans un laboratoire, a une horloge atomique, a constamment le temps international à la microseconde. Pour le mètre, on ne sait pas faire aussi bien. Il est actuellement défini par un certain nombre de fois, un million 650 000 fois et des poussières, la longueur d'onde de la radiation du krypton 88. Mais cette radiation, au lieu d'être infiniment fine et d'être un signal parfaitement pur en longueur d'onde, est un peu étalée. Cela limite la précision de comparaison des mètres, si vous voulez, des règles, avec cette radiation du krypton. Et on ne sait pas mieux faire qu'à quelques milliardièmes, entre un dix-millionième et un milliardième. Par contre, les mesures de temps sont beaucoup plus précises. D'un autre côté, on a des instruments qui sont capables maintenant de générer des raies lumineuses beaucoup plus fines que celle du krypton : les lasers hélium-néon. Ils permettraient donc potentiellement de définir le mètre beaucoup mieux. Malheureusement, le centre de ces raies varie en position. Pour pallier cette difficulté, on a construit de nouveaux instruments qu'on appelle des lasers asservis, qui permettent maintenant de mesurer les longueurs d'onde avec une précision mille fois supérieure à celle de la définition du mètre. Comme pour les mesures de la distance Terre-Lune, c'est l'unité de longueur qui n'est plus au niveau des performances des instruments de laboratoire et qui empêche de mettre à profit toutes leurs capacités. On pourrait être tenté de changer de définition, de prendre ces raies comme base de la définition du mètre, à la place de la raie jaune du krypton. Cela signifierait un nouveau changement dans quelques années pour suivre les développements technologiques. Pour éviter cette solution, il est pratiquement décidé (cela viendra en discussion l'année prochaine) de changer la définition du mètre : on a mis à profit ces raies très fines, celle de l'iode ou celle du méthane, conjointement avec un temps très précis pour mesurer leur fréquence dans l'unité de la seconde internationale. Fait extraordinaire, on est parvenu à le faire. On est parvenu à joindre à la fois des mesures de longueur et des mesures de fréquence. De ce fait, on a une mesure de la vitesse de la lumière avec maintenant neuf chiffres significatifs. On n'en a pas dix parce que le mètre au krypton n'est pas assez précis. Le changement portera sur la vitesse de la lumière qui sera définie conventionnellement comme étant égale à 299 792 458 mètres par seconde, sans incertitude. Ce sera une définition de la vitesse de la lumière qui deviendra une grandeur primaire du système d'unités. Si la seconde est définie par la transition au césium, et si la vitesse de la lumière est définie ainsi, on a donc implicitement choisi un nouveau mètre. Le mètre est la longueur parcourue dans le vide par la lumière en un temps de 1/299 792 458 seconde. Pour ce nouveau mètre, il n'est plus question du krypton, il n'y a plus qu'un seul étalon, c'est la seconde et une définition du mètre qui dépend de la seconde. Sa réalisation impliquera l'usage de lasers asservis, bien entendu.

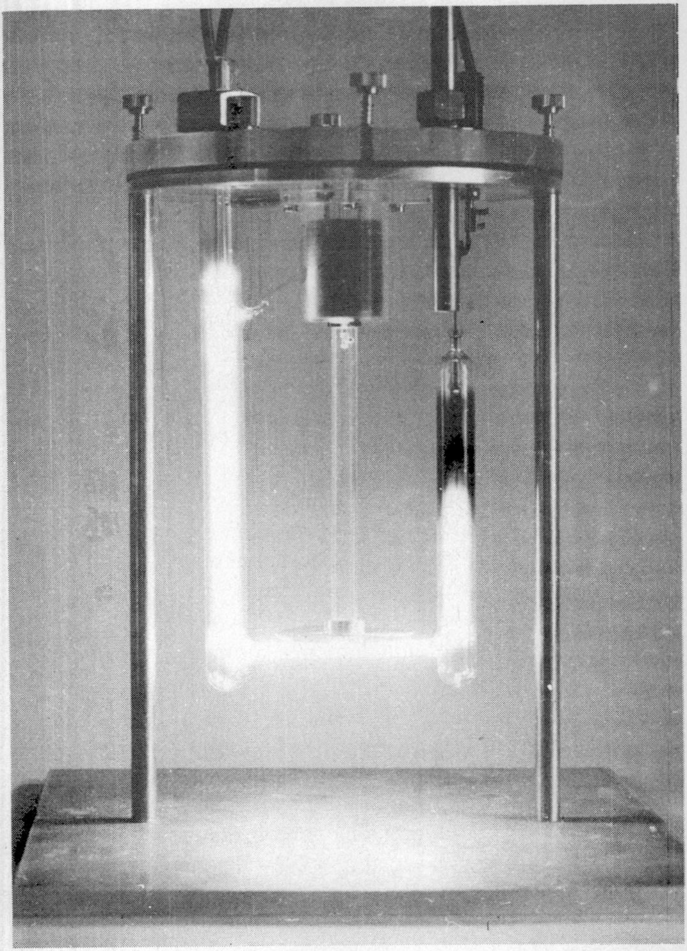

La lampe à krypton. Depuis 1960, le mètre est défini comme un multiple de la longueur d'onde de l'isotope 86 du krypton.

# 10. La métrologie actuelle : la mesure de l'espace

***Entretien avec Patrick Bouchareine, professeur au Conservatoire national des arts et métiers.***

ÉMILE NOËL : Avec vous, nous allons nous pencher un peu davantage sur les techniques de mesure de l'espace. Nous avons vu, dans les précédents entretiens portant déjà sur la métrologie, que, ces dernières années, l'intérêt se portait sur les vibrations atomiques. Qu'est-ce qui justifie l'intérêt de ces références atomiques ?

PATRICK BOUCHAREINE : Du point de vue de la métrologie fondamentale, une référence atomique est extrêmement intéressante. En effet, un atome est d'abord remarquable par la précision de ses oscillations internes, c'est-à-dire des références de fréquences qu'il peut donner pour faire des mesures de temps, ou des références de longueur d'onde qui nous serviront de références de longueur. L'atome est intéressant non seulement parce qu'il est exact, et en métrologie c'est certainement la première qualité, la plus importante, mais aussi parce que les atomes se trouvent partout identiques à eux-mêmes. Lorsque vous avez affaire à un étalon artificiel, comme la règle en platine, vous ne pouvez pas faire deux règles de même longueur. La référence sera unique et les autres, des copies plus ou moins bonnes. Il est très difficile donc, dans ces conditions, de répandre l'étalon, matérialisation de la définition de l'unité. Tandis que les atomes, chacun peut les prendre. A condition de savoir s'en servir (ce qui est peut-être une restriction importante), chacun peut, avec une définition basée sur un atome, faire dans son laboratoire une matérialisation de l'unité. C'est-à-dire qu'il a accès à l'étalon primaire. C'est le premier intérêt que présentent les atomes : leur universalité. Le deuxième intérêt est qu'un atome est vraiment inusable. Aucune expérience à l'heure actuelle n'a permis de montrer qu'un atome, quand il avait beaucoup servi, n'avait plus exactement les mêmes propriétés. Vous prenez une lampe, vous la faites marcher en continu, la lampe peut vieillir, pas les atomes. Ils sont reproductibles dans le temps et dans l'espace. Du point de vue de la métrologie, c'est un idéal.

> Vous parlez là de la mesure du temps et de l'espace, est-ce que ces références atomiques pourraient servir de façon plus générale à la métrologie ?

C'est certainement un souhait des métrologues. A chaque fois qu'il y a nécessité de définir une unité pour une grandeur de base, et qu'il s'avère possible de faire une mesure avec la meilleure précision possible, eh bien, on choisira cette référence. Pour l'instant, il n'y a que deux grandeurs qui sont concernées par une référence atomique. L'unité de temps avec l'horloge à césium, l'unité de longueur avec la longueur d'onde d'une lampe à krypton. Il n'est pas impossible qu'un jour on puisse aussi définir une unité atomique de masse. Par exemple, lorsqu'on saura mesurer avec une précision suffisante la constante d'Avogadro, il sera beaucoup plus agréable de dire du kilogramme, plutôt que : « C'est la masse du prototype en platine du pavillon de Breteuil à Sèvres », de dire : « Un kilogramme c'est un certain nombre d'atomes de carbone » (on pourrait choisir tout autre élément du tableau de Mendeleïev).

Voilà pour tous les avantages de cette référence atomique. Est-ce qu'il n'y a que des avantages ? Ce serait étonnant tout de même !

Non, les atomes ont aussi leurs inconvénients. Et le principal, qui conduit pour l'instant, dans les deux grandeurs qui nous intéressent (c'est-à-dire la longueur et le temps), aux limitations essentielles, c'est que ces atomes sont agités ; ils sont à température ambiante. On peut, bien sûr, les refroidir. On refroidit la lampe à krypton avec de l'azote liquide, mais enfin on ne peut pas atteindre le zéro absolu, c'est physiquement interdit, et par conséquent ces atomes sont agités. Comme chacun sait, que ce soit pour des ondes acoustiques ou des ondes lumineuses, quand une source est animée par rapport à l'observateur, il y a un décalage de la fréquence. Tout le monde a l'expérience d'une voiture qui klaxonne et qui vous croise : le son est plus aigu tant que la voiture vient vers vous ; quand elle vous quitte, le son devient plus grave. Quand on observe les radiations électromagnétiques émises par les atomes, il se passe le même phénomène. Pour la mesure des temps dans l'horloge à césium, on a éliminé cet effet parasite en travaillant sur un jet atomique, et en regardant ce jet de côté, ou plus exactement à angle droit.

Il s'agit bien de l'effet Doppler, n'est-ce pas ?... dont on parle beaucoup en astronomie ?

Je m'excuse de ne pas l'avoir cité, c'est bien évidemment l'effet Doppler. Je dirai même l'effet Doppler-Fizeau, parce que

Doppler est celui qui a observé l'effet, Fizeau étant celui qui a vraiment compris et interprété le phénomène. Donc, c'est l'effet Doppler-Fizeau qui, si vous regardez des atomes libres dans une enceinte, élargit le spectre de leurs radiations électromagnétiques, ou, si vous observez des atomes ayant une même direction, donne un décalage de fréquence. Dans l'horloge à césium, on observe perpendiculairement au jet atomique, si bien que l'on annule presque complètement l'effet du premier ordre ; et ce qu'on n'annule pas, on peut le compenser. Dans le cas de la lampe à krypton, on n'a pas voulu passer par l'intermédiaire d'un jet, parce que c'est beaucoup plus délicat à mettre en œuvre. C'est une instrumentation beaucoup plus lourde et on s'est contenté de refroidir les atomes. On les plonge dans de l'azote liquide que l'on refroidit encore jusqu'à la température du point triple, c'est-à-dire 63 kelvin. Dans ces conditions, l'effet Doppler est amoindri mais reste tout de même la limitation fondamentale à la précision. Dans sa définition actuelle, par la longueur d'onde de la radiation orangée, le mètre est défini avec une incertitude de quelques milliardièmes près, c'est-à-dire — ce n'est tout de même pas mal — quelques micromètres sur un kilomètre.

> Bon. Pour l'horloge à césium, les défauts de l'effet sont à peu près compensés, mais peut-on espérer trouver un meilleur moyen que la lampe à krypton pour définir l'étalon de longueur ?

Eh bien, en fait, cette définition basée sur l'atome de krypton date de 1960. 1960, c'est la naissance de la lampe à krypton en tant qu'étalon de longueur, et on peut dire aussi que c'est l'année de sa mort puisque c'est l'année où sont apparus les lasers continus. Ces lasers sont utiles en métrologie parce qu'ils ont une fréquence bien définie. Mais cette fréquence est tellement bien définie qu'elle est beaucoup plus fine spectralement que les radiations atomiques ou moléculaires : ce qui se faisait de mieux jusqu'à l'apparition des lasers. Dès l'invention des lasers, les métrologues se sont rendu compte qu'ils auraient à revenir sur cette définition de l'unité de longueur. Mais en 1960, les lasers n'étaient pas stabilisés en fréquence et, s'ils étaient très fins spectralement, leurs fréquences n'étaient pas bien reproductibles. Par conséquent, il n'était pas question à l'époque de penser à eux comme référence. En 1970, les physiciens du National Bureau of Standards à Boulder ont réussi à stabiliser en fréquence un laser hélium-néon dans le proche infrarouge à une longueur d'onde 3,39 micromètres. Ce laser stabilisé a permis de faire une mesure de longueur d'onde qui n'était limitée en précision que par l'étalon, c'est-à-dire la longueur d'onde de la raie orangée du krypton. En fait, la longueur d'onde de ce laser est beaucoup mieux définie que celle du krypton. C'est comme si, du temps où l'étalon de longueur était le prototype en platine, on avait fabriqué une règle beaucoup mieux faite que la règle en platine, et que finalement l'incertitude vienne de la règle en platine et pas de la règle qu'on avait fabriquée.

Alors, pourquoi ne pas se servir dès maintenant du laser pour définir l'étalon ?

C'est évidemment l'idée qui vient à l'esprit. Si la mesure de la longueur d'onde du laser est limitée par le krypton, renversons les rôles. Prenons ce laser comme référence de longueur d'onde, et la même expérience — qui est une expérience d'interférométrie — servira cette fois-ci à mesurer la longueur d'onde du krypton par rapport à la longueur d'onde du laser stabilisé. Mais si on avait fait un tel choix, il y a fort à parier qu'on aurait eu à changer de définition du mètre très souvent. Parce que ce laser, qui date donc de 1969, a été le pemier laser asservi.Depuis, on a réussi à en asservir beaucoup d'autres, et en particulier dans le visible et non plus dans l'infrarouge. Or, pour faire de l'interférométrie — ce qui est nécessaire pour matérialiser une longueur d'onde — il est beaucoup plus commode de travailler avec un laser visible. Par conséquent, les métrologues sont beaucoup plus intéressés par les lasers qui sont apparus depuis : laser hélium néon, mais également laser à argon et d'autres. Si bien que choisir un laser particulier comme étalon de longueur, c'est courir le risque d'avoir à changer encore assez souvent. Et finalement, prendre une longueur d'onde comme étalon revient à dire que cette longueur d'onde-là est connue sans incertitude, exactement. Or, connaître exactement une longueur d'onde particulière n'a pas un intérêt fondamental. Pourquoi tel laser plutôt que tel autre ? Bien sûr on choisira le laser le mieux stabilisé, mais une radiation en elle-même n'est pas fondamentalement intéressante. Alors c'est là qu'apparaît un nouvel élément. En 1970, sur ce même laser, d'autres physiciens ont réussi une très belle performance métrologique, en mesurant également sa fréquence. Vous aviez un laser dont on pouvait mesurer la fréquence, avec une incertitude relative d'ailleurs nettement plus faible que sa longueur d'onde, puisque l'étalon de temps est beaucoup mieux défini que l'étalon de longueur. Cette fréquence a été mesurée avec une incertitude de l'ordre de $10^{-10}$. Donc on avait, pour une même source, la fréquence et la longueur d'onde avec une incertitude qui était en fait définie par l'étalon d'alors, c'est-à-dire la lampe à krypton. Eh bien, lorsque vous avez fréquence et longueur d'onde, vous avez vitesse de propagation des ondes par une relation très simple : c, vitesse de la lumière, est égal au produit de la longueur d'onde par la fréquence. Si bien que cette mesure a abouti à une valeur de la vitesse de la lumière : 299 792 458 mètres par seconde, avec une incertitude de 1,5 mètre par seconde à peu près, qui ne vient que de l'étalon de longueur. Pour déterminer les chiffres significatifs qui suivent le 8, c'est-à-dire les chiffres après la virgule, il fallait un étalon mieux défini que le krypton. Déjà avec le krypton, le 8 est incertain, l'incertitude est de plus ou moins 1 mètre par seconde : avec cet étalon-là, c'est donc peut-être un 7. Tant qu'on ne choisit pas d'autre étalon, on ne sait pas les chiffres qu'il faut mettre derrière. Mais alors, beaucoup de gens se sont dit : « Plutôt que de choisir un nouvel étalon, mieux défini, qui permettra d'ajouter des chiffres derrière la virgule, pourquoi ne pas décider que ces chiffres sont des zéros ? » Ce qui revient à dire que la vitesse de la lumière est c, le nombre que je vous ai donné, exactement, sans incertitude, et que le mètre ne peut plus être choisi indépendamment : il n'est plus quelconque. Le mètre est défini par cette valeur numérique. Si l'on fixe c, le mètre devient la longueur parcourue par la lumière en 1/c seconde.

> Ainsi la définition de l'étalon de longueur se fait à partir de la vitesse de la lumière, le mètre étant la distance que franchit la lumière en un temps donné. Ceci amène deux questions tout de même. D'abord, cette déduction n'est possible que parce qu'on fait confiance à la mesure du temps, c'est-à-dire à l'étalon temps, or il est lui-même conventionnel. Ensuite, deuxième question, plus pratique, comment, à partir de cette référence, va-t-on obtenir concrètement cet étalon ?

En ce qui concerne la première question, il est bien évident que les métrologues ont accepté que le mètre soit rattaché à la seconde par la vitesse de la lumière, uniquement parce que la précision d'une horloge à césium est de plusieurs ordres de grandeur supérieure à la précision, actuellement disponible, pour la mesure des longueurs d'onde. Par conséquent, le fait qu'il y ait une incertitude au niveau de l'horloge à césium n'aura aucune conséquence, encore pour très longtemps, sur les mesures de longueurs. Quant aux applications pratiques, on peut dire que cela ne changera pas grand-chose. Précisons tout de suite qu'au moment où nous parlons, c'est toujours le krypton qui est la référence et qui définit le mètre. Cette définition, fondée sur la vitesse de la lumière, ne devrait entrer en vigueur qu'à la prochaine conférence générale si tout le monde se met d'accord d'ici là, c'est-à-dire à la fin de 1983. Mais dans la pratique, il faut reconnaître que cela ne changera pas grand-chose aux techniques qui sont mises en œuvre. Pour les très grandes distances par exemple, tout le monde sait qu'on utilise déjà cette forme de définition du mètre. Prenons la mesure de la distance Terre-Lune : puisqu'on sait mesurer cette distance en envoyant une impulsion laser avec un téléscope sur un réflecteur qui a été déposé sur la Lune. Puis on mesure le temps aller et retour de cette impulsion laser. Par conséquent, c'est une mesure de longueur qui est fondée sur le principe de cette nouvelle définition. En ce qui concerne les mesures à l'échelle du laboratoire, on continuera à faire de l'interférométrie pour mesurer la longueur d'onde des radiations. On ne prendra plus la lampe à krypton. En fait, je peux vous dire que, dès maintenant, on ne la prend plus parce qu'il est plus commode de travailler avec un laser, dont le spectre est beaucoup plus propre, beaucoup plus fin, et dont la longueur d'onde peut se voir sur des différences de marche pratiquement illimitées. Avec la lampe à krypton, vous ne pouvez faire défiler qu'un million de franges. Au-delà, le fait que le spectre ne soit pas parfaitement pur, vous donne un brouillage des franges, qui rend rapidement toute mesure impossible. Donc, dès maintenant, pratiquement, les gens se servent de lasers en mesurant leurs longueurs d'onde par rapport au krypton. Par conséquent, cette nouvelle définition au niveau des mesures de laboratoire, des mesures réelles, n'apportera pas de grandes révolutions. Elle permettra simplement, quand on fait une mesure avec un laser bien stabilisé, de ne plus souffrir de l'incertitude due à l'heure actuelle à la longueur d'onde du krypton, et de profiter de la précision que l'on aura dans la mesure de la fréquence. Parce que, si l'on sait mesurer la fréquence de ce laser avec une précision de, mettons 1 dix-milliardième, en appliquant la formule $\lambda = c/\nu$, comme on connaît la vitesse $c$ sans erreur, on aura la longueur d'onde théorique avec cette précision.

> Cela suppose malgré tout que l'on considère que la constante $c$ est une constante stricte, c'est-à-dire absolue ?

Dans l'état actuel, bien sûr, le mètre est défini par une longueur d'onde du krypton, le temps par l'oscillation d'une horloge à césium. La théorie de la relativité, par exemple, nous dit que si l'un et l'autre atome se trouvent dans un champ de gravitation, il y a une perturbation de leur période. Par conséquent, la vitesse de la lumière — cela a été vérifié expérimentalement — n'est pas une constante. A proximité d'une masse, il y a une perturbation sur la propagation des ondes électromanétiques. Si cette grandeur n'est pas une constante, pourquoi lui donner une valeur constante par définition ? Mais ce n'est pas une erreur qu'on fait là. La vitesse de la lumière sera, à ce moment-là, conventionnellement une constante. Cela ne veut pas dire que la théorie de la relativité deviendra fausse, cela veut tout simplement dire que maintenant, au voisinage d'une masse, il est certain que la longueur matérialisée sous forme d'une longueur parcourue par la lumière en un temps donné, ne sera pas constante. Dans la mesure des temps, c'est un phénomène qui est déjà observé parce que la précision de l'horloge au césium le permet. Quand vous avez une horloge à césium qui fonctionne à une certaine altitude, le champ de gravitation est plus faible qu'au niveau de la mer et il y a une correction qu'il faut appliquer. Pour les longueurs, il faudra faire la même chose. Je vous dis tout de suite que ce ne sera pas nécessaire avant longtemps. Pour l'instant la précision des mesures de longueur est loin d'atteindre ce que l'on doit déceler et ce qui est annoncé par la théorie de la relativité. Mais ce que je voudrais dire, c'est que le fait de fixer la vitesse de la lumière comme une constante n'est absolument pas une faute scientifique comme certaines personnes le pensent. C'est tout simplement une question de convention. Déjà dans le cadre actuel de la théorie de la relativité, on sait très bien que la présence d'une masse importante dans l'espace déforme l'espace-temps et perturbe les mesures de longueur et de temps faites à proximité.

> Il reste tout de même une dernière question. Jusqu'à présent, on a des références primaires qui sont bien définies et accessibles. Que sera l'étalon primaire de longueur maintenant ?

Voilà certainement une question préoccupante. La notion d'étalon primaire est finalement une notion qui n'est peut-être pas toujours très claire dans tous les esprits, et, en tout cas, qui est déformée par ce qu'ont été les étalons primaires pendant un certain temps. Je pense en particulier au kilogramme et au mètre qui ont, pendant de longues années — et c'est toujours vrai pour le kilogramme — été définis à partir de prototypes en platine. Du temps où le mètre était une règle en platine, l'étalon primaire, c'était clair, c'était la règle en platine. C'était un objet unique, très précieux, non pas seulement parce qu'il était en platine, mais parce que si on ne l'avait plus, on n'avait plus de référence. Par conséquent, on le conservait dans un coffre avec trois clés détenues par trois personnes différentes. Enfin pour avoir accès à un tel étalon c'était une cérémonie tout à fait compliquée, et cette espèce de culte de l'étalon primaire, je crois, a déteint sur la notion même d'étalon primaire. Les gens pensent que l'étalon primaire est un objet unique très précieux, que l'on ne peut approcher qu'à distance très respectable. Eh bien non, la définition de l'étalon primaire, c'est tout simplement une matérialisation de la définition de l'unité. C'est ce qui permet, une fois qu'on a dit l'unité c'est telle chose concrète ou abstraite, de la matérialiser. Lorsque la chose est concrète, lorsque c'est un prototype la notion de matérialisation est évidente. Le prototype est là, il faut avoir accès à lui pour se rattacher à l'étalon primaire. Lorsque la définition d'une unité, comme ce sera le cas avec cette valeur de la vitesse de la lumière…

> La distance franchie par la lumière en un temps donné…

C'est une notion abstraite, et là on peut se poser la question : « Que devient l'étalon primaire ? » Alors il y a des gens qui disent : « Mais c'est magnifique, nous avons maintenant le même étalon primaire pour les longueurs et pour les temps, c'est l'horloge à césium ! » Moi, je dis non.

L'horloge à césium c'est l'étalon primaire pour la mesure des temps et c'est un outil, c'est un objet qui, d'ailleurs, on le voit déjà, n'est plus unique, comme le prototype en platine iridié. Pour avoir une horloge à césium, il faut simplement avoir du césium et tout le monde peut en avoir. Et puis, il faut savoir construire une horloge à césium. C'est peut-être technologiquement difficile, mais en fait n'importe qui, s'il a les moyens techniques suffisants, peut construire l'étalon primaire. Voilà pour l'étalon primaire de mesure des temps. A ma connaissance, personne jusqu'à maintenant n'a pu faire une mesure de longueur correcte avec l'horloge à césium. La raison en est que la longueur d'onde de la radiation du césium, qui est de l'ordre de 3 centimètres, est beaucoup trop grande pour permettre des mesures commodes. Si on voulait faire, avec cette longueur d'onde, des mesures à quelques milliardièmes près, comme on le fait à l'heure actuelle pour le krypton, il faudrait disposer de longueurs d'interféromètre invraisemblables. Par conséquent, il n'a pas été possible, sur de telles longueurs d'ondes, de faire des mesures avec des précisions disponibles à l'heure actuelle. L'horloge à césium n'est donc pas un étalon de longueur. L'étalon primaire de longueur, en fait, c'est d'abord la lumière, soit sous forme d'une impulsion lumineuse qui se propagera dans le vide, soit sous forme d'une radiation monochromatique, mais dont il faudra mesurer la fréquence d'onde. Donc, en fait, l'étalon primaire, c'est de la lumière, du vide parce que la vitesse se définit dans le vide. Une instrumentation, qui va rester extrêmement lourde, permettant de mesurer le temps de parcours de la lumière pendant un temps donné, ou, ce qui revient au même, la longueur d'onde d'une radiation de fréquence déterminée. Mais cette nouvelle forme, un peu compliquée, de l'étalon primaire, on la trouve déjà avec la lampe à krypton. On pourrait penser que l'étalon primaire à l'heure actuelle, c'est la lampe à krypton. Non. La lampe à krypton ne vous permet pas de matérialiser l'unité de longueur. Une lampe à krypton, à elle toute seule, vous donne la radiation. Mais il vous faut un interféromètre, un ensemble complexe de mesures de la phase, enfin toute une instrumentation qui est, elle aussi, très lourde, et qui vous permet, seule, de voir la longueur d'onde et, par conséquent, de matérialiser le mètre. La nouvelle définition, de ce point de vue-là, n'apportera aucun inconvénient par rapport à la définition actuelle.

En d'autres termes, il suffit simplement que tout le monde se mette d'accord ?

C'est cela l'important. Les questions de mesure, il faut bien le répéter, sont essentiellement des questions de convention, comme au niveau des mesures électriques dans la rationalisation des systèmes d'unités. Il n'y a pas les gens qui ont raison et les gens qui ont tort. Mais il faut que tout le monde se mette d'accord. C'est l'un des principaux mérites du système international d'unités d'avoir rassemblé autour d'un certain nombre de conventions, qui sont les définitions d'unités, un nombre de pays qui ne fait que croître sur la planète.

# *Perception et pratique*

# 11. La perception de l'espace et du temps

***Entretien avec José Moraïs, maître de conférences au laboratoire de psychologie expérimentale de l'université libre de Bruxelles.***

• •

ÉMILE NOËL : Nous avons vu comment les concepts d'espace et de temps ont évolué dans la pensée physique. Au fil des entretiens, nous avons rencontré des allusions au « sens commun », à la façon dont l'espace et le temps sont, comme on dit, « vécus ». La pensée physique, elle aussi, avant de s'abstraire, s'est appuyée sur l'observation immédiate. Mais cela ne nous a pas renseignés sur la façon dont s'organisent ces perceptions ni sur les pratiques qui peuvent en découler, c'est-à-dire les processus à l'œuvre dans notre système nerveux central et les procédures empiriques qui s'affinent jusqu'au plus haut niveau de la création artistique. Cette fois, nous devons nous tourner vers les sciences humaines qui ont à dire sur ces sujets. La perception est l'affaire, entre autres, de la psychologie et de la psychophysiologie, les pratiques de l'esthétique, de la linguistique... notamment. Nous allons commencer par questionner le psychologue. Première question : est-ce que la préoccupation de l'espace et du temps, plus exactement la préoccupation d'étudier la perception de l'espace et du temps, est un secteur important de la psychologie expérimentale ?

JOSÉ MORAÏS : Tout d'abord, il faut peut-être dire que ces expressions de perception de l'espace et de perception du temps ne sont pas entièrement exactes parce que nous ne percevons pas le temps, nous percevons des événements qui ont une certaine durée, qui se succèdent dans un certain ordre. Et nous ne percevons pas l'espace, nous percevons des objets qui ont une certaine étendue et qui sont dans certains rapports de position, d'orientation entre eux et par rapport à nous. L'espace et le temps sont des modalités générales de toutes nos perceptions : même notre activité de percevoir est une activité qui s'effectue dans l'espace et dans le temps. Mais cela étant dit, je crois que, pour des raisons de commodité, et un peu par tradition, on peut continuer à parler de perception de l'espace et de perception du temps.

La véritable approche est finalement plus globale. On est amené à l'insérer dans l'étude de toute une série de processus de réception ou de perception. Est-ce que, malgré tout, le temps et l'espace subsistent comme catégories particulières ou pas ?

Là, je crois qu'il faut aussi nuancer un peu. Traditionnellement la perception de l'espace et la perception du temps tendaient à constituer, dans la psychologie expérimentale, des chapitres plus ou moins identifiables par leur objet. Je ne pense pas que ce soit toujours le cas parce que la psychologie est vue de moins en moins comme une science de la réalité extérieure, et de plus en plus comme la science de la vie mentale. Et l'on a donc de moins en moins tendance à identifier les chapitres ou les objets de la psychologie en termes de tel ou tel aspect de la réalité extérieure, et de plus en plus en termes de la nature des processus mentaux qui permettent de traiter les informations, sans préjuger du fait que ces informations soient des informations spatiales ou des informations temporelles. Je pense que ce changement constitue un progrès, que nous commençons peut-être maintenant à connaître à peine des choses importantes sur les diverses façons dont le système mental traite et représente les informations spatiales et temporelles.

Si je vous entends, à l'heure actuelle, on n'envisage plus d'aborder de façon spécifique l'espace et le temps. On s'intéresse plus particulièrement aux processus mentaux. Alors de deux choses l'une, ou l'on retourne à l'introspection ou l'on utilise une technique permettant de pénétrer dans la « boîte noire ».

Ce n'est pas un retour à l'introspection et il n'est pas nouveau de considérer la psychologie comme la science de la vie mentale. C'était déjà la conception, par exemple, de William James, le fondateur de la psychologie expérimentale américaine. Mais il y a eu toute une période de « domination » du behaviorisme, durant laquelle on a rejeté l'existence des processus mentaux. Actuellement, nous pensons pouvoir commencer à disposer des moyens expérimentaux pour traiter ce que vous appelez la « boîte noire ». Maintenant, en ce qui concerne ces aspects de l'espace et du temps, j'aimerais revenir sur la façon dont traditionnellement, disons à peu près depuis le début du siècle jusqu'aux années cinquante et même soixante, on a traité ces problèmes, plus exactement le type de problèmes qu'on s'est posés.

Est-ce qu'on les a abordés ensemble ou séparément ?

Il y a des traditions de travail assez bien séparées, et aussi des méthodes quelque peu différentes. J'aimerais énumérer quelques-uns de ces problèmes-là, puis donner quelques illustrations des travaux plus récents qui sont faits dans le cadre de la psychologie cognitive et qui concernent l'exploration des processus mentaux.

Abordons le temps par exemple.

En ce qui concerne la perception du temps, l'un des problèmes traditionnels était celui du présent conscient, du présent psychologique qui avait déjà été formulé par William James en 1890. C'est quoi le présent conscient ? C'est l'intervalle de temps pendant lequel nous expérimentons le flux des événements comme étant disponibles simultanément pour notre analyse perceptive ou cognitive. Et ce problème du présent conscient a été traité jusqu'à une période récente à un niveau essentiellement phénoménologique, donc essentiellement décrit. Mais ce n'est pas la seule façon dont on a traité le problème du temps dans le passé, il y a eu aussi toute une psychophysique de la perception de la durée, de la perception de la succession. On a essentiellement examiné un certain nombre de variables, par exemple celles qui pourraient influencer l'estimation, la reproduction de durées. On a trouvé, par exemple, qu'une stimulation auditive semble plus longue qu'une stimulation visuelle. On a trouvé qu'une stimulation plus intense est perçue comme étant plus longue. Aussi que les intervalles courts ont tendance à être surestimés et les intervalles plus longs sous-estimés. En ce qui concerne la succession d'événements, on a aussi fait tout un travail dans le cadre, style, psychophysique, qui consistait à déterminer des seuils : des seuils de fusion d'événements, de simultanéité d'événements et d'intervalles suffisants pour détecter l'ordre de deux stimulations. Ce travail a été fait de façon extrêmement exhaustive et rigoureuse, chaque fois dans la même modalité et dans des modalités différentes.

A propos de l'espace, est-ce qu'on a fait un travail aussi rigoureux et aussi exhaustif ?

Je le crois certainement très exhaustif. Il y a eu, en ce qui concerne la perception de l'espace, essentiellement deux grands objets d'étude qui étaient la perception de la distance et la perception de la taille. Peut-être que la perception de la distance a été l'aspect qui a le plus occupé les chercheurs. Là, le problème principal a consisté à identifier les indices qui sont utilisés pour obtenir l'information sur la distance. On a essayé de répertorier tous les indices qui pouvaient apporter quelque information. Il y a les indices monoculaires statiques, les indices monoculaires dynamiques et les indices binoculaires. Je vais très rapidement vous en énumérer quelques-uns. Parmi les indices monoculaires statiques, on a relevé notamment la familiarité de la taille ; le fait qu'il y ait, dans le champ, des objets dont la taille est connue, permet d'estimer la distance à laquelle ils se trouvent et permet aussi d'aider à situer les objets inconnus placés plus près ou plus loin. Il y a les ombres : la répartition des ombres sur une surface peut fournir des informations sur la forme de cette surface. Il y a l'interposition : puisqu'il y a des objets qui en masquent partiellement d'autres, cela veut dire que ceux qui sont plus proches, en général, masquent ceux qui sont plus loin. Il y a la perspective géométrique, qui a été fort étudiée et, en rapport avec cette perspective géométrique, j'aimerais citer un psychologue américain, James Gibson, qui, dans les années cinquante, a attiré l'attention sur un fait qu'on a souvent tendance à ignorer dans les laboratoires : le fait que nous vivons finalement dans un monde de surfaces (il y avait là une perspective un peu plus écologique), et que la distance affecte l'image de la texture des surfaces sur la rétine. Pour toute surface qui n'est pas perpendiculaire au regard, l'image présente un gradient de texture. Il y a une évolution systématique de la texture qui permet de spécifier l'inclinaison, la forme de la surface. Et ces gradients de texture vont déterminer un cadre de référence qui sera constitué par le sol, les parois. La distance perçue des objets va dépendre de l'endroit où ils entrent en contact avec ces surfaces : cela, dans le cadre des indices monoculaires statiques. Il y a aussi les indices monoculaires dynamiques. Je vous cite la parallaxe du mouvement, c'est-à-dire le fait que les objets se déplacent dans le champ visuel à une vitesse angulaire qui va dépendre de la distance. Il y a enfin des indices binoculaires qui découlent du fait que les deux yeux captent deux images qui sont légèrement différentes, c'est le fait de la disparité. Ce travail de discrimination, ou plutôt de détermination des indices de la distance était accompagné par une étude des lois de combinaison d'indices. On a notamment essayé de faire des expériences dans lesquelles on mettait en conflit certains indices afin de voir s'il y en avait qui étaient dominants par rapport à d'autres. Ce genre de travail concerne la perception de la distance. En ce qui concerne maintenant la perception de la taille, il y a un problème central qui vient du fait que la taille de l'image rétinienne d'un objet varie avec la distance à laquelle il se trouve. Plus il est loin, plus cette taille rétinienne est petite. Et malgré cette variation, nous sommes capables d'estimer la taille objective. Donc il y a là un phénomène de constance de taille, qui se manifeste notamment dans certaines illusions spatiales, comme l'illusion de la Lune qui est bien connue (la Lune semble plus grande quand elle est vue près de l'horizon que quand elle est vue près du zénith). Ce sont là, disons, les gros problèmes, en vous citant simplement un ou deux exemples par-ci par-là, à propos de la perception de la distance et de la taille.

Mais vous ne m'avez cité que des exemples relatifs à la perception visuelle.

Oui. En ce qui concerne les processus de localisation, il y a aussi des travaux qui ont été faits sur la localisation des sources sonores. Ce sont des travaux qui ont abouti à des résultats très clairs conduisant notamment à connaître l'importance des différences de temps et d'intensité entre les stimulations aux deux oreilles. On peut recréer par là, comme vous savez, l'impression stéréophonique. Il y a aussi la parallaxe auditive qui correspond à la parallaxe du mouvement au niveau visuel dont je parlais tout à l'heure ; c'est le fait que nous pouvons bouger la tête et donc nous orienter de manière différente par rapport aux sources sonores. Je crois que là un travail assez important a été fait. Il y a enfin, pour aller à un niveau plus profond, plus central, le problème de la coordination des données spatiales dû au fait que nous pouvons avoir des informations spatiales à travers des modalités sensorielles différentes, et cela par rapport aux mêmes objets, aux mêmes événements. Le problème, là, est de savoir comment ces informations provenant de différentes modalités sensorielles vont être intégrées dans la représentation globale, cohérente, de l'espace ambiant.

Ce que vous venez de nous exposer correspond à l'approche traditionnelle, vous l'avez dit vous-même, ce qui sous-entend qu'il y a de nos jours une approche différente ?

Oui, c'est exact, mais cela ne veut pas dire qu'on a abandonné totalement le type de problèmes dont je vous parlais. Simplement, on commence, dans la recherche actuelle, à faire de plus en plus de place à l'activité interne du sujet et au type de processus mentaux qu'il utilise. Au type de processus mentaux qu'il utilise, pas seulement pour traiter des propriétés ou des informations temporelles ou spatiales physiquement simples (c'est-à-dire simples dans la définition du physicien), mais aussi pour traiter des modèles ou des structures relativement complexes. A ce propos, il serait intéressant de donner quelques illustrations d'abord en ce qui concerne le traitement des structures temporelles puis, dans un second temps, en ce qui concerne le traitement de structures spatiales. Prenons le traitement de structures temporelles. Il y a, par exemple, le travail de Garner et de ses collaborateurs, dans les années soixante. Ils ont essentiellement étudié l'organisation, par le sujet, par l'auditeur, de structures rythmiques, en prenant des séquences binaires. Vous avez seulement deux sons différents, mais ils sont présentés toujours au même intervalle et dans une séquence pratiquement ininterrompue. Cela constitue plus ou moins des formes de sept ou huit sons qui se répètent, et la tâche du sujet est de déterminer quelle est la forme qui se répète. Apparemment, il y a des principes d'organisation qu'on peut dégager dans ce genre de traitement de l'information. Un premier principe d'organisation consiste à choisir un des deux types de sons, d'événements sonores comme constituant le fond, et l'autre comme constituant la figure. Alors, après avoir établi une relation figure/fond, la perception de la forme stable, de la forme répétée sera basée sur deux règles structurelles. Une des règles est que la fin préférée d'un cycle est la séquence la plus longue d'éléments du fond. Et l'autre règle est que la séquence la plus longue de l'élément figure est mise préférentiellement au début de la forme. Ce sont des règles qui utilisent en fait les vieilles lois de la Gestalt, dites de la similitude et de la proximité. Maintenant il se peut que la stimulation soit telle que ces deux règles entrent en conflit. Dans ce cas-là, on va assister à un comportement indiquant que l'organisation par le sujet de la structure rythmique est instable, c'est-à-dire qu'à des essais différents, il va choisir des organisations différentes pour une même séquence d'événements. Voilà donc un exemple d'activité interne, de structuration par le sujet. Un autre exemple est la fragmentation d'une série de sons en deux, ou même plusieurs sous-formes ou sous-courants auditifs. C'est un phénomène qui a été étudié plus récemment, dans les années soixante-dix, par Bregman. Ici, l'auditeur est confronté à une série de sons, par exemple trois sons aigus et trois sons graves, mais tous diffèrent entre eux. Vous avez, par exemple, aigu-grave-aigu-grave-aigu-grave, ou alors vous avez aigu-aigu-aigu-grave-grave-aigu-grave et tous avec les mêmes intervalles. Les expériences montrent que les sujets peuvent déterminer l'ordre entre les trois sortes d'aigus ou bien l'ordre entre les trois sortes de graves, mais qu'ils ne peuvent pas reconstruire la séquence telle qu'elle leur a été présentée. C'est-à-dire qu'ils affirment que les deux groupes de sons, d'une part le groupe de sons graves, d'autre part le groupe de sons aigus, ont été présentés simultanément. Vous avez là un phénomène de fission dans la stimulation auditive et séquentielle et c'est un phénomène qui arrive sans doute aussi dans le quotidien. Par exemple, quand nous faisons attention à une série de sons et que nous sommes vaguement conscients du bruit ambiant fourni par les autres sons.

> Dans les deux cas, il y a une discrimination : le sujet sélectionne sa façon d'entendre ?

Oui, c'est vrai. Il y a dans les deux cas la présence de modes de structuration par le sujet. Le sujet met de l'ordre dans l'information à laquelle il est confronté, et il privilégie un aspect de la stimulation par rapport à l'autre.

Au fond, quand on entend une boucle sonore composée de deux éléments, on les entend alternativement dans une séquence et dans l'autre, on les structure dans un ordre ou dans un autre. Ça me fait penser à ces cubes qu'on dessine sur une feuille de papier avec toutes leurs arêtes apparentes et qu'on voit tantôt de dessus, tantôt de dessous, sans être capable de maîtriser l'image. Est-ce que pour l'espace cela se passe aussi de cette façon ?

C'est aussi un peu cela, mais je crois que pour ce qui est de l'espace, il faudrait plutôt parler d'un type particulier de transformation spatiale. Il y a des transformations spatiales dont le sujet doit tenir compte, il y a l'expansion et la construction uniformes qui sont typiquement associés à l'approche ou à l'éloignement de l'objet. Il y a des translations, des réflexions, des rotations dans l'objet qu'on étudie, et il y a même des manipulations plus complexes comme un montage, un fractionnement de l'objet. Alors non seulement le sujet peut ou doit s'apercevoir de ces transformations d'un même objet, mais il doit aussi pouvoir imaginer mentalement les résultats de ces transformations-là, si elles étaient opérées. Nous devons donc supposer l'existence de représentations internes de l'objet et de représentations qui doivent être transformées mentalement. L'un des problèmes qui occupe actuellement un certain nombre de scientifiques est celui de savoir si ces représentations sont le résultat d'une analyse des stimuli visuels en une liste de traits, en une sorte de description verbale ou autre structure propositionnelle, ou bien si ces représentations sont le résultat de la formation interne d'une espèce de modèle plus holistique, isomorphique des stimuli physiques correspondants, donc quelque chose que l'on a tendance à appeler habituellement les images mentales. Et cette distinction-là, entre une manipulation discrète, analytique de structures symboliques d'une part, et le modelage analogique, holistique de structures qui seraient plus continues d'autre part, est une distinction qui est actuellement au centre des discussions théoriques en psychologie cognitive. Le problème est de savoir comment on va traiter cette question. Une des démarches expérimentales qui pourrait permettre d'apporter quelques éléments à ce sujet consisterait à essayer de déterminer si les stades intermédiaires du processus transformationnel (donc ce qui se passe à propos de notre représentation interne) ont ou non une correspondance, un à un, avec les stades intermédiaires à travers lesquels passe l'objet quand il subit une certaine transformation physique. A ce propos, voici le type de démarche qui a été réalisé par Shepard et Metzler en 1971. On présentait une paire de dessins, en perspective, d'objets tridimensionnels et la tâche du sujet était de dire le plus rapidement possible s'ils avaient la même forme ou pas, et cela indépendamment des orientations dans lesquelles ils étaient dessinés. Eh bien, on montre dans ce genre d'expérience que le temps moyen nécessaire pour déterminer si les objets ont la même forme augmente de façon linéaire avec la différence angulaire entre les orientations des deux objets. Il y a une autre expérience de Cooper et Shepard, un peu plus tard, où l'on présente d'abord une figure, puis une flèche qui pointe dans une certaine direction. Le rôle de cette flèche est d'indiquer l'orientation dans laquelle sera présentée, après un certain temps, la même figure ou une autre. La tâche du sujet est toujours de dire s'il s'agit de la même ou d'une autre figure. Mais ce que l'on manipule ici c'est l'intervalle entre la présentation de cet indicateur d'orientation et la présentation de la figure-test. Cet intervalle varie entre 100 millisecondes et une seconde, et ce qu'on observe est que, lorsqu'on donne une seconde d'intervalle, le temps de réaction est rapide et il est constant pour toutes les différences angulaires, c'est-à-dire que l'on donne suffisamment de temps au sujet pour compléter la rotation mentale préparatoire. Mais si on réduit l'intervalle, le temps de réaction commence à augmenter avec la différence angulaire. La conclusion, disons la leçon de cette expérience, c'est qu'il semble qu'un processus de rotation mentale puisse être réalisé. C'est un processus qui prend un certain temps et qui, comme le processus physique, passe par des stades intermédiaires [1].

Est-ce que ce genre d'opération se fait uniquement dans les mouvements de rotation ?

Non, cela s'applique, par exemple, aussi à des transformations de taille. Kosslyn, assez récemment, a proposé un autre type de paradigme expérimental où il demandait à des sujets d'imaginer un animal qu'il désignait verbalement, par exemple un chat, et de juger aussi vite que possible si une propriété particulière, par exemple une oreille, était adéquate ou non à l'animal imaginé. Il manipulait la taille relative de l'animal imaginé, par exemple en demandant au sujet d'imaginer l'animal dans une des quatre tailles spécifiées d'avance. Ce qui se passait, c'est que le temps nécessaire pour déterminer si oui ou non la propriété était adéquate diminuait quand la taille de l'animal imaginé devenait plus grande. La détection de propriétés contenues dans les images mentales qui sont relativement petites exigerait donc apparemment une opération mentale d'expansion ou de « zoom » sur la région critique de

1. Une autre expérience de Cooper et Podgorny (1976) a montré que la complexité de la forme n'a aucun effet sur la vitesse de la rotation mentale ni sur la vitesse de la discrimination une fois la rotation réalisée. Si la représentation interne des objets visuels était en termes d'une structure propositionnelle, on se serait attendu à un tel effet. Le résultat obtenu suggère donc que les représentations internes sous-jacentes à la rotation mentale sont de type analogique et qu'elles sont transformées intégralement.

l'animal imaginé. Nous sommes (en faisant maintenant une sorte de conclusion sur les travaux de Shepard, Cooper et Kosslyn) confrontés ici à une classe d'opérations mentales qui semble très différente de la classe d'opérations linguistiques symboliques qui était au centre de l'attention dans la psychologie cognitive.

> Ces opérations mentales sont finalement bien réalisées par le cerveau, vous parlez d'objets mentalement retournés, vous parlez même de « zoom ». Par ailleurs, le cerveau a deux hémisphères et il est assez généralement admis maintenant que ces deux hémisphères sont spécialisés pour certaines activités. Alors est-ce que ces opérations mentales pourraient être accomplies par l'hémisphère gauche ou droit selon qu'il s'agirait du temps ou de l'espace ?

Je crois qu'effectivement il faut maintenant parler du cerveau et de la spécialisation hémisphérique. On sait depuis longtemps que les deux hémisphères cérébraux interviennent de manière différente dans les fonctions mentales. C'est un phénomène sinon bien connu, du moins à la mode actuellement. Et au cours des années soixante-dix, il y a une idée qui s'est développée suivant laquelle l'hémisphère gauche serait spécialisé pour l'analyse temporelle séquentielle des événements ; l'hémisphère droit, lui, serait spécialisé pour le traitement des données spatiales. De fait, il y a bon nombre d'observations et de résultats expérimentaux qui sont cohérents avec cette notion. Par exemple, il y a des données qui montrent que la détermination de la simultanéité de deux stimulations est réalisée dans l'hémisphère gauche, d'autres qui montrent que la représentation du temps est plus précise dans l'hémisphère gauche. Enfin, des données qui montrent que la reconnaissance de modèles temporels organisés rythmiquement est mieux effectuée dans l'hémisphère gauche. D'autre part, on sait que l'orientation topographique et l'habileté à reproduire des relations spatiales sont plus perturbées par les lésions hémisphériques droites que par les lésions hémisphériques gauches. On sait aussi que la reconnaissance de l'orientation de lignes est mieux réalisée dans l'hémisphère droit, que cela soit dans la modalité tactile ou dans la modalité visuelle. Assez récemment, il a même été montré, par Franco et Sperry, chez des sujets *split-brain,* que l'hémisphère droit est supérieur dans l'utilisation de concepts géométriques, et cette supériorité est d'autant plus grande que les concepts sont plus complexes. Elle est ainsi plus grande pour la géométrie topologique que pour la géométrie euclidienne. Tout cela semble vrai. Mais je ne pense pas que cette caractérisation des hémisphères en termes d'un hémisphère temporel et d'un hémisphère spatial soit la meilleure caractérisation possible. Et je vous donne des exemples qui vont à l'encontre de cette hypothèse. Pour traiter des stimuli qui changent au cours du temps, comme des mélodies, on peut avoir une supériorité de l'hémisphère droit. Et il n'est pas rare que, pour le traitement d'informations spatiales, on n'observe pas de supériorité de l'hémisphère droit, par exemple pour la reconnaissance de formes visuelles. On a même, dans certains cas, observé une supériorité de l'hémisphère gauche. Je pense qu'il y a peut-être une autre distinction, une autre caractérisation à proposer qui convient mieux aux données actuellement existantes. Et je proposerai une distinction plutôt en termes de processus analytiques/vs/processus globaux ou holistiques, une distinction en termes de représentations mentales symboliques ou discrètes/vs/représentations analogiques ou continues. Je ne vais pas ici essayer d'étayer mon affirmation, mais ce que je voudrais dire, c'est que, même si je propose cette autre distinction, il est clair qu'il y a des processus, par exemple, les processus de type analytique, qui souvent conviennent mieux au traitement des informations temporelles que d'autres processus, de type plus analogique, holistique qui souvent conviennent mieux au traitement de l'information spatiale.

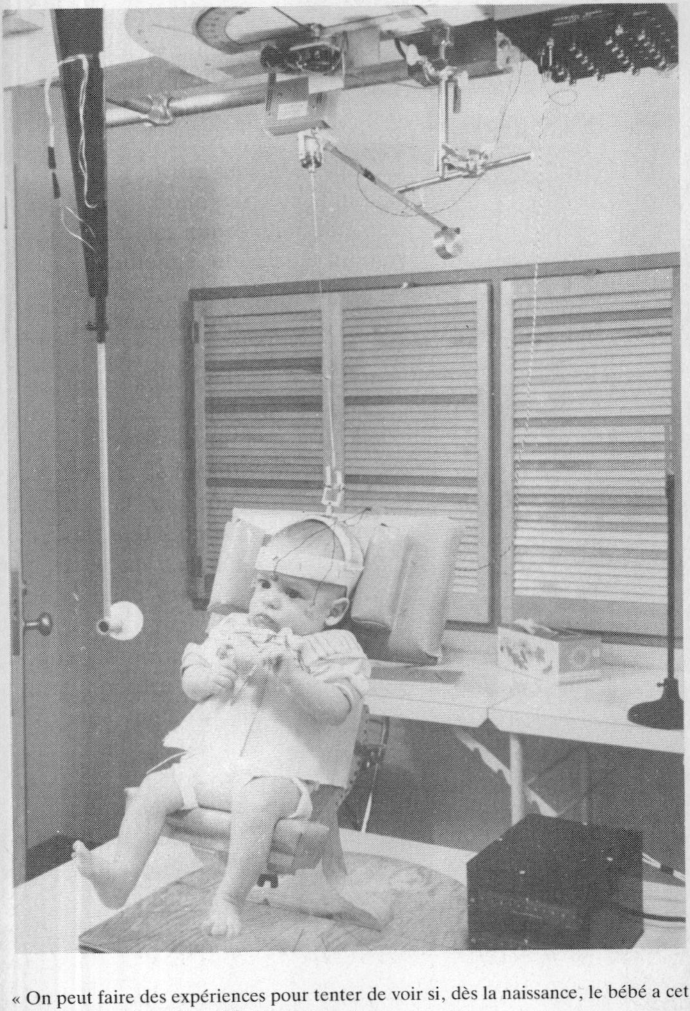

« On peut faire des expériences pour tenter de voir si, dès la naissance, le bébé a cet espace intégré à sa disposition ou non. »

# 12. Le développement de la notion d'espace et de temps

***Entretien avec Jésus Alegria, maître de conférences au laboratoire de psychologie expérimentale de l'université libre de Bruxelles.***

ÉMILE NOËL : La perception de l'espace et du temps, telle que nous l'avons abordée dans l'entretien précédent, était une perception adulte. Nous avons de bonnes raisons de penser qu'elle n'est pas immédiate. Il y a acquisition et développement. Depuis longtemps déjà la philosophie s'est préoccupée des origines de ces notions. La psychologie génétique, de son côté, étudie le développement de ces concepts. J'entends que son approche est plus ontogénétique.

JÉSUS ALEGRIA : En fait, pour répondre à votre question, je dois dire tout simplement de la psychologie génétique que son interrogation est identique à celle des philosophes. C'est eux qui ont posé le problème, depuis très longtemps d'ailleurs. Le problème de la psychologie génétique sera de trouver des formulations qui soient susceptibles d'être vérifiées sur le plan empirique. Il faut qu'on arrive à quitter le domaine de la pure spéculation. Qu'on arrive, à partir des spéculations, à extraire des hypothèses qui seraient vérifiables, qu'il serait possible de tester. Un exemple particulièrement clair est celui de Berkeley, un philosophe du XVIIIe siècle, qui, d'une façon tout à fait explicite, a proposé une conception du développement de l'espace, vérifiable empiriquement. Pour Berkeley, le bébé, le nouveau-né, va au hasard de ses mouvements toucher les objets que, par ailleurs, il peut voir. Les objets vus, ou plutôt, la projection rétinienne de ces objets vus est corrélée avec la distance. Peu à peu, par ses interactions avec l'environnement, le nouveau-né va mettre en rapport ces informations visuelles concernant la distance avec les informations kinesthésiques, et c'est ainsi que les notions d'espace vont se développer [1].

> Vous parliez tout à l'heure de la nécessité d'être empirique et de pouvoir tester les hypothèses. Est-ce que l'hypothèse de Berkeley a été testée ?

Oui, elle a le mérite d'avoir été formulée d'une façon qui se prête à la vérification. Il y a des travaux devenus classiques à ce sujet. Ce sont des travaux qui débutent avec les années soixante, notamment ceux de Eleanor Gibson. Cet auteur a mis au point un dispositif expérimental qui permet de tester l'idée de Berkeley [2]. Il consiste à mettre un bébé humain ou un

1. Le raisonnement de Berkeley est le suivant : le bébé tend son bras (ou bien se déplace) et atteint ainsi les objets qu'il voit. Cette activité (tendre le bras, se déplacer) produit des traces kinesthésiques qu'il enregistre en mémoire. Par ailleurs les informations visuelles fournies par l'objet sont corrélées avec la distance : par exemple, plus l'objet est loin, plus sa projection rétinienne est petite. L'appariement des informations visuelles et kinesthésiques permettra progressivement au bébé de savoir à quelle distance se trouve un objet qu'il voit sans devoir tendre le bras (ou se déplacer) car la vision seule suffira à évoquer chez lui le souvenir de l'ampleur du geste (ou du déplacement) pour atteindre l'objet. L'information visuelle acquiert ainsi, grâce à la motricité, une signification spatiale qu'elle ne possédait pas auparavant.

2. E.J. Gibson et R.D. Walk, « The visual cliff », *Scientific American*, avril 1960.

animal (elle a aussi travaillé avec les rongeurs) sur une plate-forme. D'un côté il y a une surface qui est au même niveau que la plate-forme, de l'autre côté, il y a un « vide ». Elle appelle ça « une falaise visuelle ». On regarde ce que le bébé ou l'animal va faire et l'on observe qu'il ne s'aventure pas du côté du vide. Et ce, pour ce qui est du bébé, avant qu'il ait eu vraiment l'occasion de mettre en rapport les informations visuelles qui sont corrélées avec la distance et les informations kinesthésiques [1]. On pourrait peut-être dire, à partir de données de ce type, qu'il y a quelque chose qui est présent dès la naissance. Une façon de percevoir l'espace, qui ne résulte pas des interactions avec l'environnement.

Alors, est-ce qu'on ne peut pas en déduire que, dès la naissance, le bébé a déjà des perceptions intégrées aussi bien de l'espace que du temps ?

Oui, c'est une remarque tout à fait pertinente. Je vais commencer par répondre pour ce qui est de l'espace. Je toucherai ensuite le problème du temps. Dans la formulation de Berkeley que je vous ai donnée il y a un instant, il y a l'idée que, au départ, il existerait des espaces différents : un espace visuel, un espace kinesthésique, un espace auditif, etc., et que tous ces espaces, grâce aux rapports de l'individu avec l'environnement, vont être intégrés en un espace commun. C'est-à-dire le lieu où toutes les expériences visuelles, auditives, etc., trouvent un dénominateur commun. Cette question, elle aussi,

1. On pourrait objecter à Gibson que les bébés à l'âge où ils commencent à ramper ont déjà eu l'occasion d'établir des coordinations visuo-motrices, même si elles se limitent à l'environnement qui peut être atteint sans se déplacer. L'objection disparaît si l'on considère les résultats obtenus avec des rongeurs élevés dans l'obscurité jusqu'au jour de l'expérience. Ces animaux n'avaient pas pu établir de coordinations visuo-motrices car ils n'avaient jamais rien vu. Ils ne se sont toutefois pas aventurés du côté profond.

est vérifiable sur le plan empirique. On peut faire des expériences pour tenter de voir si, dès la naissance, le bébé a cet espace intégré à sa disposition ou non. Ces expériences ont eu lieu au cours des années soixante-dix. Il y a peut-être une remarque préliminaire à faire au sujet de l'alternative inné/acquis, qui est une alternative très courante, chez l'homme de la rue bien entendu, mais aussi chez des psychologues [1]. Le fait qu'un comportement soit présent dès la naissance n'implique pas nécessairement que ce soit un comportement qui ne doit rien à l'expérience. Le fœtus humain a des impressions sensorielles et il bouge dans le ventre de sa mère. Par conséquent, quand il naît, il n'est pas entièrement vierge sur le plan sensoriel. En revanche, pour ce qui est de la problématique en rapport avec les coordinations intersensorielles ou les coordinations entre les sensations et la motricité, on peut supposer qu'il n'a pas eu ce type d'expérience avant la naissance et que, par conséquent, il est « vierge ». On peut donc considérer que la naissance est un instant privilégié et voir, par exemple, si, quand on présente un son à un bébé, l'une ou l'autre de ses structures motrices : ses yeux, sa tête, ses mains va être dirigée vers la source sonore. Si oui, on aurait là un argument important, montrant qu'une intégration intersensorielle est présente dès la naissance, et ne peut résulter des interactions de l'individu avec l'environnement. Elle constituerait dès lors un cadre dans lequel l'expérience viendrait

1. Il est préférable d'éviter des catégories telles qu'inné et acquis dans le domaine de l'étude du comportement. Tout comportement dépend en dernière analyse de l'hérédité et du milieu. Si on veut affirmer d'un comportement qu'il est inné, c'est-à-dire qu'il dépend exclusivement de l'hérédité, on se heurte à des difficultés sérieuses. Tous les critères d'innéité utilisés jusqu'à présent sont en effet critiquables. On préfère actuellement des modèles orientés vers l'interaction des facteurs héréditaires et d'apprentissage dans le développement du comportement. Voir à ce sujet J.-P. Hailman, « L'ontogenèse du comportement », *La Recherche,* n° 68, 1976, p. 520-528.

s'inscrire par la suite. Les travaux à ce sujet ne manquent pas. Il y a un travail historique d'un Américain nommé Wertheimer [1] qui a montré avec un bébé de 10 minutes — le temps de faire l'expérience avec lui —, auquel on proposait un son soit à droite, soit à gauche, que l'orientation de ses yeux étaient plus souvent observée dans la direction du son que dans la direction opposée. Les travaux faits ici au laboratoire [2] portant, entre autres choses, sur l'orientation de la tête le montrent également. Les plus jeunes que nous ayons testés constituaient un groupe dont l'âge varierait entre 20 minutes et quelques heures. L'orientation de la tête était déjà systématiquement dirigée dans la direction de la source sonore.

Pour le moment, vous ne m'avez parlé que de l'espace. Est-ce que ça se passe de la même façon pour le temps ?

1. M. Wertheimer, « Psychomotor coordination of auditory and visual space at birth », *Science, 134,* 1961, p. 19-22. L'auteur présente un son à l'oreille droite ou gauche du nouveau-né suivant un programme préétabli. Des mouvements oculaires sont observés dans environ 50 % des présentations. 82 % de ces mouvements étaient dirigés vers ce son. Voir aussi C. Trevarthen, R. Hubley et L. Sheerang, « Les activités innées du nourrisson », *La Recherche,* n° 56, 1975, p. 447-461 (voir photo p. 164), et T.G.R. Bower, *Le Développement psychologique de la première enfance,* Bruxelles, P. Mardaga, 1978, chapitres 5 et 7, pour une revue des travaux portant sur le développement précoce des compétences (notamment) spatiales.

2. J. Alegria et E. Noirot, « Neonate orientation behaviour towards human voice », *International Journal of Behavioral Development, 1,* 1978, p. 291-312. Des bébés âgés de 1 à 6 jours ont été observés alors qu'ils étaient dans une chaise à bébé. Une voix enregistrée répétait vingt fois le mot « bébé », à droite, à gauche ou en face de la chaise. Le premier mouvement de la tête du bébé, suite à l'apparition de la voix, était plus souvent dirigé vers la voix (71,5 % des cas) que dans la direction opposée. Ce résultat a été confirmé dans une expérience ultérieure portant sur des bébés dont l'âge variait entre 20 minutes et quelques heures. Le pourcentage de bébés tournant la tête dans la direction de la voix était de 72,7 % dans ce groupe.

Je pense que oui. Si on peut attribuer au bébé nouveau-né une certaine qualité, ou une compétence pour ce qui est de l'espace, on peut en faire autant pour le temps. Le temps est un problème qui implique d'une part de la mémoire : quelque chose qui se réfère au passé, et d'autre part de la prévision : quelque chose qui se réfère au futur. La cohérence des expériences vécues va dépendre du fait qu'on n'a pas oublié ce qui vient de se passer et qu'on prévoit, au moins partiellement, ce qui va se passer ensuite. La problématique philosophique est toujours la même. Il s'agit de savoir si cette cohérence résulte du fait qu'on l'a expérimenté souvent, au cours des premiers jours, mois, années, ou bien si elle est présente dès le départ et que c'est grâce à elle que les expériences vont avoir un sens. Si on interroge encore le nouveau-né, on s'aperçoit qu'il a une sensibilité extrême aux contingences. Si, par exemple, vous lui « donnez le pouvoir », vous verrez qu'il l'exerce. Des expériences ont été réalisées de la façon suivante : on lui donne une tétine qui est connectée à un appareil détectant l'intensité et la fréquence des succions, et, en fonction de ces paramètres, on lui donne quelque chose en « récompense ». Par exemple, un son, une image ou quelque chose de ce genre. On s'aperçoit que ce bébé, avec une rapidité extrême, perçoit la présence de cette contingence, ce qui implique qu'il prévoit l'existence de relations temporelles entre les événements, et se met alors à sucer d'une façon remarquable. On observe aussi que très rapidement, si on ne lui change pas la règle pour obtenir le résultat, il va s'arrêter. Il est donc capable de mettre en rapport ses activités avec le résultat, et cela nous permet de dire, je pense, qu'il a des notions temporelles, peut-être primitives, mais qui sont présentes dès la naissance.

On peut donc convenir que le bébé nouveau-né présente tous les aspects d'une compétence initiale spatio-temporelle. Est-ce à dire que l'environnement ne joue aucun rôle ou très peu ?

Non, pas du tout. En fait, l'idée est que sur cette compétence initiale, on va pouvoir construire un édifice élaboré et que les expériences vont s'inscrire dans ce cadre primitif. Des arguments existent, notamment issus des travaux examinant ce qui se passe chez les enfants et chez les adultes aveugles de naissance. On a constaté par exemple qu'il est extrêmement difficile, pour un aveugle de naissance, d'acquérir certaines notions géométriques. Par contre, les sujets devenus aveugles précocement, disons autour de l'âge de 2 ou 3 ans, n'ont pas ce type de problème. Apparemment donc, les expériences visuelles précoces sont importantes dans la construction de l'espace. Il y a également des données qui proviennent de gens qui étaient aveugles de naissance et qui ont été opérés tardivement de cataractes, ce qui leur a rendu la vue. Les résultats obtenus avec les opérés tardifs de cataractes sont, on pourrait dire, désastreux. Ces gens n'arrivent pas à intégrer les informations visuelles, qui sont venues tard dans leur histoire, avec leurs schémas préalables. Un sujet particulièrement doué (c'était quelqu'un qui était capable de rouler en vélo étant aveugle), et très motivé également, n'a jamais réussi, par exemple, à évaluer les distances. Penché sur une fenêtre, il voyait le sol douze mètres plus bas et il croyait pouvoir le toucher. Il s'agit donc de quelqu'un qui n'a jamais réussi à intégrer les informations visuelles. Et la plupart de ces sujets ont fini leur vie comme ils étaient auparavant, c'est-à-dire comme des aveugles fonctionnels bien que la vue leur ait été rendue [1].

1. Pour un bref rapport en français, voir le cas d'un opéré (S.B.) publié par R.L. Gregory dans *L'Œil et le Cerveau,* Paris, Hachette, 1966, p. 193-199. Cet opéré, après un début encourageant, sombra dans la

Est-ce que l'on a expérimenté avec des aveugles ? Notamment, est-ce qu'on a essayé de voir comment cela se passe chez ces personnes qui, du point de vue de la préhension spatio-temporelle, ont été privées de cette expérience visuelle initiale ?

Votre question m'aide beaucoup pour formuler des points importants concernant les rapports entre ces structures initiales et le rôle de l'environnement dans leur développement. Il faut qu'il soit très clair que lorsque l'on compare un aveugle à un voyant, la seule différence entre eux n'est pas une différence en termes de vision ou de non-vision. C'est beaucoup plus compliqué que cela. L'enfant qui voit vit des expériences dans lesquelles lui-même joue un rôle actif. Par exemple, il peut regarder les choses qui l'intéressent et il peut détourner son regard des choses qui ne l'intéressent pas ou qui l'embêtent. L'enfant aveugle n'a pas une possibilité équivalente face à l'univers sonore, car on ne peut pas fermer ses oreilles. On n'a aucun pouvoir de manipulation sur cet univers-là et ceci constitue une différence fondamentale entre l'aveugle et le voyant, qui n'est pas directement liée à la vision. Dans le domaine de la locomotion, la vision pour le voyant et l'audition pour l'aveugle ne jouent pas des rôles équivalents. C'est la différence essentielle, me semble-t-il. Ce point a été établi depuis déjà longtemps. Je pense à des expériences de Richard Held qui ont été publiées en 1965, montrant que l'activité volontaire d'un animal sous contrôle visuel est indispensable pour le maintien des coordinations intersenso-

---

dépression et mourut trois ans après. Très rapidement, rapporte Gregory, il retourna à la vie sans lumière. Le soir, par exemple, il ne se donnait pas la peine d'allumer la lumière et restait dans l'obscurité. Pour un rapport plus complet, voir M. Jeannerod, « Déficit visuel persistant chez les aveugles-nés opérés. Données cliniques expérimentales », *Année psychologique, 75,* 1975, p. 169-196.

rielles [1]. Une expérience célèbre de cet auteur consistait à élever des chats dans l'obscurité et à les sortir quelques minutes par jour, en les mettant chacun de part et d'autre d'un carrousel, l'un des deux étant actif, faisant bouger le carrousel, et l'autre étant entraîné par le chat actif. On a constaté dans ces expériences que le « chat passif », bien qu'il ait vu autant que le « chat actif », mais n'ayant pas eu le contrôle de ses mouvements, était fonctionnellement aveugle. C'est-à-dire qu'il se comportait comme s'il était incapable d'utiliser les informations visuelles pour ses déplacements et pour ses activités en général. Il me semble donc que la différence à laquelle on faisait allusion au début, entre voyant et aveugle, est quelque chose qui dépasse largement le cadre de la vision.

Il y a une corrélation très étroite entre vision et motricité d'après ce que vous dites ?

Exactement ! La motricité est indispensable et doit être motricité volontaire. Il ne suffit pas d'être entraîné par quelqu'un d'autre, il faut pouvoir être maître de ses mouvements et voir quelles sont les conséquences visuelles provenant de ses propres mouvements. Un travail tout à fait remarquable d'un chercheur d'Édimbourg qui s'appelle Tom Bower accrédite fortement cette hypothèse. Il a équipé un bébé aveugle de naissance, lorsqu'il avait 10/11 mois, d'un appareil émetteur d'ultrasons qu'il porte sur son front. C'est un appareil très léger qui lui permet de bouger la tête tout à fait naturellement. Cet émetteur d'ultrasons envoie son signal qui revient en écho et est décodé sur un système stéréophonique rendant le son audible pour l'enfant. Grâce à cet appareil, l'enfant

1. S. Held, « Plasticity in sensory », *Scientific American,* novembre 1965.

peut explorer son auditif d'une façon équivalente à ce que peut faire un enfant voyant avec ses yeux [1].

C'est un enfant aveugle ?

C'est un enfant aveugle de naissance, et on a constaté chez lui un développement moteur pratiquement normal. Sur certains indices, le développement était tout à fait équivalent à celui d'un enfant voyant. On constate notamment chez les enfants aveugles qu'à partir de l'âge d'environ 4 mois, ils ne tendent plus leurs mains pour essayer d'atteindre un objet sonore, alors que ce comportement existe tout à fait normalement chez un enfant voyant testé dans l'obscurité. Ce comportement particulier par exemple, ne disparaît pas chez ce bébé équipé de la prothèse ultrasonique, ce qui montre bien que cette capacité de contrôler son environnement lui-même conserve probablement chez l'enfant l'intérêt pour l'environnement et lui donne alors les moyens de développer des concepts spatiaux normaux [2].

Jusqu'à présent, nous avons considéré le tout petit enfant, le nouveau-né, mais pour avancer dans cette

1. T.R.G. Bower, « Blind babies see with their ears », *New Scientist, 73*, 1977, p. 255-257.

2. Une partie importante des problèmes de communication entre le bébé aveugle et sa mère résulte du fait que cette dernière *s'attend* de façon inconsciente à observer des réponses sociales de son petit, surtout au niveau du visage : positionnement de la tête face à face, regard dans les yeux, sourires, mouvements de la bouche, etc. Le dialogue précoce se construit autour de réponses de ce type à des signaux sociaux tels que la voix. Le bébé aveugle devient rapidement un « mauvais interlocuteur » car il ne produit pas les *« réponses attendues »*. Cela trouble la mère et les autres interlocuteurs, ainsi que l'enfant lui-même. Les conséquences sont souvent graves pour l'avenir des interactions sociales. Fraiberg conseille aux mères des bébés aveugles de leur parler en regardant non pas le visage mais les mains, qui bougent de façon contingente à la voix. Le dialogue est ainsi maintenu et les problèmes généraux d'interaction sociale réduits de façon considérable. S. Fraiberg, *Insights from the blind,* New York, Basic Books, 1977.

étude du développement des notions d'espace et de temps, abordons maintenant l'accès à la marche et l'entrée dans le langage. Ce sont, je présume, des moments où ces notions vont avoir une grande importance ?

C'est clair, vous avez raison. Permettez-moi de me résumer et de me justifier. C'est ma recherche personnelle qui me fait donner énormément d'importance à l'état initial et au développement précoce. Voilà sans doute pourquoi j'ai beaucoup insisté sur le fait que l'espace et le temps semblent être des « connaissances », primitives sans doute, mais présentes très précocement, et grâce auxquelles les expériences que va vivre l'enfant vont avoir un sens. Ce qui est assez contraire à l'idée de Berkeley, pour revenir tout au début. Bien entendu, l'être humain va se mettre à parler un moment donné. Entre 18 mois et 2 ans, il va commencer à utiliser le langage de son environnement, et cela ne va pas manquer d'avoir une influence sur son développement, c'est clair. Je crois que la chose importante à dire ici, puisqu'on parle de psychologie génétique, est qu'il existe des conceptions ou des options au sujet des rapports entre le langage et l'espace-temps qui peuvent avoir une influence pratique sur la façon de concevoir l'enseignement, par exemple (ce qu'il faut faire et ce qu'il faut éviter avec le petit, à l'école, et ainsi de suite). Il me semble qu'il y a une conception erronée qui consiste à croire que le langage va jouer un rôle essentiel dans le développement des notions d'espace et de temps [1]. Toute l'histoire que je suis

1. Les travaux de l'école de Genève montrent que le développement cognitif précède le développement linguistique et est à sa base. Voir par exemple H. Sinclair-de-Zwart, *Acquisition du langage et Développement de la pensée,* Paris, Dunod, 1967 ; E. Ferreiro, *Les Relations temporelles dans le langage de l'enfant,* Paris, Droz, 1971 ; J.-P. Bronckart, *Genèse et Organisation de formes verbales chez l'enfant,* Bruxelles, Dessart et Mardaga, 1976.

en train de vous raconter conduit à peu près à la conclusion opposée, qui consiste à dire de ces notions qu'elles ont un caractère primitif dans ce sens qu'elles n'ont pas encore été dotées de labels verbaux. Mais elles existent, elles sont présentes avant le langage. Il y a une compétence à l'origine et c'est grâce à cette compétence que l'enfant va réussir à décoder, dans la langue qu'il entend chez les adultes qui l'entourent, quels sont les termes qui désignent, par exemple, les positions spatiales relatives des objets. Les termes *dans, sur, à côté, derrière,* etc., qui sont des termes typiquement spatiaux, vont pouvoir être décodés grâce au fait que l'enfant a des connaissances concernant l'espace. Et ces connaissances-là rendent cohérente et compréhensible la parole de l'adulte. Il y a des expériences célèbres, on pourrait presque dire classiques [1], dans lesquelles on donne à l'enfant une série de jouets : une poupée, une boîte, une table, etc. Ensuite, on lui donne des ordres du type : « Mets la poupée *dans* la boîte », et on regarde ce qu'il fait. Effectivement, il la met *dans* la boîte. Mais si on lui dit : « Mets la poupée *sous* la boîte », il la met quand même *dans* la boîte. Si on lui dit : « Mets la poupée *sur* la table », il exécute correctement l'ordre, mais si on lui dit : « Mets la poupée *dans* la table », il la met quand même *sur* la table. Ce qui montre bien que son interprétation du langage, les hypothèses que l'enfant fait alors qu'il a peut-être 2 ans, 2 ans et demi, sur ce que l'adulte lui demande d'exécuter sont des hypothèses qui ont un sens sémantique dérivé de ses connaissances. Il sait que les boîtes sont des endroits où on peut mettre des choses *dedans,* les surfaces plates, telle que la surface d'une table, sont des endroits où on peut mettre les objets *sur,* et ainsi de suite. Et c'est grâce à ces connaissances qu'il va comprendre et réussir à décoder la parole de l'adulte.

1. Voir par exemple E. Clark, « Non linguistic strategies and the acquisition of word meanings », *Cognition, 12,* 1973, p. 161-182.

Pour ce qui est du temps, les processus sont équivalents à ceux concernant l'espace. C'est grâce aux connaissances implicites que l'enfant a du temps qu'il va réussir à comprendre toutes les complexités du langage, par exemple de la grammaire française pour exprimer le temps, pour définir le passé, le futur, le conditionnel, pour exprimer l'idée d'un événement possible, probable, et ainsi de suite. Le problème du décodage de la parole de l'adulte par l'enfant est un problème cognitif, c'est-à-dire un problème de connaissances, que l'enfant va résoudre grâce à un savoir préalable et non pas le contraire [1].

> On a plusieurs fois fait référence à des expériences visuelles, également sonores, sans qu'on puisse fixer très précisément un rapport espace/temps et vision/ouïe. Vous avez donné des exemples concernant, par exemple, des aveugles, est-ce qu'on a fait des études relativement à des mal-entendants ? Est-ce qu'ils sont aussi affectés dans leur préhension de l'espace et du temps ? Et de quelle façon ?

Ils le sont, en effet, et c'est un problème assez compliqué et assez mal compris. Ce sont des chercheurs à Londres [2] qui ont travaillé sur cette matière, notamment avec un paradigme expérimental très simple, très élégant, que je vais essayer de décrire brièvement. On présente à un sujet sourd une série de lettres qui apparaissent successivement dans le temps. Par exemple d'abord un K, puis un T, puis un L. Chacune de ces lettres apparaît à un endroit différent de l'espace devant le sujet. Par exemple le K, la première lettre, apparaît au centre. Puis la deuxième lettre, le T, apparaît à droite ; enfin, la

1. *Op. cit.*
2. N. O'Connor et B. Hermelin, « Seeing and hearing and space and time », *Perception and Psychophysics, 11,* 1972, p. 46-48.

troisième lettre, le L, apparaît à gauche. L'ordre spatial et temporel ne coïncident jamais dans ces expériences. C'est-à-dire qu'on ne présente jamais trois lettres se succédant dans le temps et corrélativement de gauche à droite, dans l'espace. On pose au sujet une question qui est un peu ambiguë. On lui dit : « Reproduis-moi ce que tu viens de voir. » Ce qu'on constate n'a rien d'étonnant pour celui qui entend. Les entendants vont donner leur réponse en utilisant l'ordre temporel. Ils vont dire « j'ai vu K-T-L ». Ce qui est beaucoup plus étonnant pour nous entendants, c'est que les sourds, la plupart des sourds en tout cas, vont donner leur réponse en utilisant l'ordre spatial. Ils vont dire « j'ai vu L-K-T ». Il semblerait que là on touche quelque chose de tout à fait fondamental. Une différence importante. La notion de ce qui est venu en premier lieu semble très différente suivant qu'on est sourd ou entendant. Il semblerait donc que le continuum utilisé pour inscrire les expériences vécues séquentiellement n'est pas le même dans les deux populations. Nous, entendants, nous utilisons volontiers le continuum temps, la notion de *premier* étant alors une notion temporelle, tandis que pour les sourds, ce sera plutôt le continuum espace qui sera utilisé. Ceci est très mal compris. On ne sait pas très bien pourquoi. On ne sait pas non plus quelles peuvent être les conséquences pédagogiques. Évidemment, la relation pédagogique entre le professeur et son élève sourd est fondée sur des intuitions qui sont des intuitions d'entendant, et on comprend mal comment il pourrait se mettre à la place de son élève. Cela pose une série de problèmes qui restent sans solution mais qui montrent clairement que l'expérience auditive intervient d'une façon importante dans l'organisation temporelle des événements.

# 13. L'espace, le temps et la neurobiologie

***Entretien avec Michel Imbert, professeur à l'université Paris-Sud, directeur du laboratoire associé au CNRS : neurobiologie du développement.***

ÉMILE NOËL : Ici aussi, en matière de perception de l'espace et du temps, la question des rapports de l'inné et de l'acquis est présente. Mais la réponse n'est pas plus facile que pour les autres aspects du développement ontogénique. C'est, entre autres, ce qui ressortait des deux entretiens précédents où s'exprimait le point de vue de la psychologie. Il me semble intéressant de commencer en se demandant en quoi l'approche du neurobiologiste peut être différente, si elle l'est. Plus généralement, pouvez-vous préciser ce qu'apportent les neurosciences à la compréhension de cette perception ?

MICHEL IMBERT : Effectivement on peut se poser la question de savoir comment un neurobiologiste aborde les questions de perception de l'espace ou de perception de temps. Le psychologue s'intéresse essentiellement aux opérations qui permettent à un organisme de se situer dans un espace tridimensionnel, et d'effectuer dans cet espace un certain nombre d'opérations relativement complexes et abstraites d'identification, de catégorisation, de reconnaissance de formes précises, comme par exemple un visage. Le neurobiologiste, quant à lui, s'intéresse plutôt aux mécanismes biologiques qui sous-tendent ou qui permettent la réalisation de ces opérations. Je crois que le rôle du neurobiologiste est complémentaire de celui du psychologue. C'est à ce dernier de définir les problèmes et de proposer, en quelque sorte, des modèles de fonctionnement et c'est au neurobiologiste d'essayer de voir, par les techniques d'investigation du fonctionnement du système nerveux central qui lui sont propres, quels seraient les mécanismes qui pourraient être invoqués pour rendre compte de ces opérations psychologiques.

> Est-ce que la coopération de ces deux disciplines est susceptible de faire disparaître ce vieux concept de « boîte noire » qui était prédominant il y a une cinquantaine d'années ?

Je dirai oui et non. Depuis une cinquantaine d'années, et surtout depuis une vingtaine d'années, une explosion de techniques, de méthodes nouvelles permet au neurobiologiste de connaître avec beaucoup de détails le fonctionnement du cerveau. Mais le cerveau est extraordinairement complexe, et nous sommes encore bien loin de savoir exactement comment il fonctionne. Je ne crois pas que l'on puisse dire qu'on a complètement ouvert la « boîte noire », ce serait extrêmement prétentieux et n'aurait aucun sens. Il y a beaucoup de choses qu'on ignore encore, mais quand même, depuis une vingtaine d'années, la conjonction de méthodes électrophysiologiques, de méthodes de la biologie moléculaire, de la morphologie, de l'immunologie nous a donné un certain nombre de renseignements extrêmement précieux sur ce qu'est le cerveau, comment il est constitué, de quels éléments, quelles sont ses bases de fonctionnement, etc. Nous savons donc beaucoup de choses sur la boîte noire, mais nous sommes encore loin de savoir tout, de pouvoir répondre à toutes les questions.

> Alors prenons un exemple concret pour commencer. Pour voir comment on approche la perception de l'espace en neurobiologie, l'image optique me semble l'une des voies les plus intéressantes, puisque l'image optique est spatiale. On a l'habitude de considérer l'œil comme une espèce de caméra. La rétine est le premier « écran » qui reçoit le travail de cette caméra qu'est l'œil. Mais la notion d'espace n'apparaît que plus loin dans la chaîne d'interprétation, dans les structures où se « fait le sens ». Alors comment est-ce que cela se passe après la rétine ?

Je dirai tout d'abord que ce n'est pas totalement faux de considérer l'œil comme une caméra, c'est seulement tout à fait insuffisant. Et ce qui serait extrêmement dangereux, ce serait de considérer qu'on voit, qu'on perçoit l'espace avec ses yeux, uniquement avec ses yeux. En fait, les yeux ne sont que des instruments, des organes périphériques de la vision. On voit avec son cerveau, on voit avec la totalité de son cerveau, et pas seulement avec son système visuel. Effectivement, nous avons des yeux, nous en avons deux (c'est un point important sur lequel nous reviendrons peut-être dans un instant). Ces yeux sont un appareil d'optique qui permet de sélectionner et d'arranger les rayons émis ou réfléchis par les objets et de les organiser sous forme d'images. Nous réalisons de cet espace tridimensionnel deux images plus petites renversées, souvent déformées, planes en tout cas, qui sont au point sur le fond des deux yeux. Ceux-ci sont tapissés par du système nerveux central. Une partie du cerveau qui, au cours de la vie embryonnaire de l'organisme, s'est retrouvée déplacée à la périphérie. Nous avons donc dans nos yeux une partie du cerveau qui réalise, déjà sur l'image faite par l'optique oculaire, un traitement, une analyse extrêmement complexe. Vous disiez que cette image ne prenait son importance qu'à partir du moment où elle avait un sens. Je crois qu'effectivement c'est comme ça qu'il faut poser le problème. C'est à partir du moment où l'on infère de ces deux images plates déformées une information tridimensionnelle de l'espace/objet que l'on commence à voir. On ne commence à voir qu'à partir du moment où l'on interprète ces deux images, c'est-à-dire où on leur donne des « significations » qui ne sont pas entièrement contenues dans les éléments purement optiques réalisés par l'optique oculaire. Ce traitement commence dès la rétine. La rétine a une structure extrêmement complexe comprenant bien sûr les photorécepteurs, qui sont les éléments directement en contact avec l'image oculaire, mais également d'autres catégories de cellules nerveuses et, notamment, des cellules particulières qu'on appelle les cellules ganglionnaires qui tapissent, si vous voulez, la partie la plus distale de la rétine, tissu relativement mince mais qui a une certaine épaisseur. Les fibres de ces cellules ganglionnaires constituent les fibres du nerf optique. Cette rétine opère sur l'image oculaire un traitement complexe. Il faut d'abord savoir qu'elle comprend des photorécepteurs en grand nombre, environ 160 millions chez l'homme, mais que les messages qui vont aller vers le cerveau empruntent des fibres optiques qui ne sont plus qu'environ 1 million. La rétine qui met en forme l'image oculaire réalise une réduction importante de l'information contenue dans l'image oculaire, puisque nous passons de 160 millions de photorécepteurs à 1 million de canaux optiques.

Et que se passe-t-il ensuite ?

Ensuite les messages qui circulent dans ces fibres du nerf optique sont des messages « discrets », ce sont des petits potentiels d'action, c'est-à-dire des variations brèves, de durée fixe, de potentiels électriques, en quelque sorte des messages numériques : toute l'information visuelle, c'est-à-dire toute l'information contenue dans l'image oculaire, est réduite à ces messages discrets qui circulent dans ce million de fibres du nerf optique. Ces messages sont distribués dans de nombreuses structures du cerveau. Certains vont aller jusque dans une région située dans la partie occipitale du cortex cérébral, dans une aire que l'on appelle le cortex visuel primaire, qui est en quelque sorte la structure corticale la plus proche de l'organe récepteur, la plus proche de la rétine. Et là l'image est, pour ainsi dire, reconstruite. L'image oculaire qui a été réduite dans ce million de messages qui circulaient dans le nerf optique va se distribuer sur un très grand nombre de cellules du cortex cérébral. Il y aurait donc, par interpolation, reconstitution de l'image oculaire permettant de restaurer l'essentiel de l'information qui a été perdue par la convergence des photorécepteurs sur les fibres du nerf optique. L'image, reconstruite au niveau du cortex visuel primaire, est analysée en termes de certains attributs caractéristiques. Par exemple, les attributs d'orientation, les attributs de couleur, les attributs de direction, les attributs de vitesse, de mouvement, etc. Et tous ces attributs vont ensuite, à partir du cortex strié, être redistribués dans d'autres régions du cerveau, régions du cortex cérébral ou sous-corticales. A partir de là, on ne sait pas vraiment ce que deviennent tous ces messages. L'idée fondamentale, c'est que nous avons au départ un message cartographié (donc une représentation topographique de l'espace/objet), qui est ensuite analysé en un certain nombre d'attributs distribués de façon non topographique, dans d'autres régions du cerveau, et l'analyse se poursuit de proche en proche.

En fait, il semble bien que l'appareil optique que vous venez de décrire fonctionne comme les appareils que nous sommes en train d'inventer pour fabriquer des images numériques ?

Effectivement. Il y a une tendance actuelle de la recherche en neurobiologie qui s'appuie très fortement sur des modèles de reconnaissances de formes du type de ceux qui sont proposés par des informaticiens ou des spécialistes de ce que l'on appelle l'intelligence artificielle. Je pense que cette démarche est utile. Eux s'interrogent en termes relativement abstraits sur ce que doit faire un système pour reconnaître une forme et nous, neurobiologistes, nous pourrons alors essayer de savoir à quel endroit il faut chercher et quel type de question il faut poser.

Vous questionnez le cerveau comme on questionnerait un ordinateur sur la façon dont il opère ?

Oui et non, parce que si l'on ne sait pas ce que fait l'ordinateur, si on n'est pas au courant des types de programmes qu'il est capable de manipuler, ce n'est pas en regardant comment sont faites les soudures, et où vont les fils, qu'on pourra comprendre son fonctionnement.

On peut questionner à partir d'un programme en tout cas ?

Voilà ! On peut se poser la question suivante, comme le font les spécialistes de l'intelligence artificielle : « Pour réaliser telle et telle opération, quel algorithme faut-il mettre en place ? » Le neurobiologiste, quant à lui, montrera que le cerveau est constitué de telle sorte que tel algorithme peut être implanté mais pas tel autre. Ce qui fait que le théoricien peut éliminer tous les modèles qui ne peuvent recevoir de solution biologique acceptable.

> Est-ce que du côté de l'image mentale, on fait aussi des progrès ? Par exemple, sait-on comment apparaît une image visuelle dans notre imagination, sans stimulus externe ?

Il y a beaucoup de psychologues qui travaillent sur l'image mentale, c'est-à-dire sur la représentation mentale des objets tridimensionnels. Mais ce que l'on peut dire du point de vue neurobiologique, parce que c'est là votre question, c'est que le système nerveux fonctionne tout le temps, même quand on dort. Sauf — et encore — quand on est dans un coma très profond, complètement dépassé, il y a de l'activité spontanée qui circule dans le cerveau, et la circulation de toutes ces informations peut recréer des images, des images mentales, c'est-à-dire non directement provoquées par la présence réelle d'un stimulus externe dont l'image est réalisée sur la rétine.

> Je pense que la neurobiologie a beaucoup à dire en ce qui concerne l'ontogenèse de tous ces processus. Comment s'opèrent les processus de maturation ? Nous voilà revenus au problème des rapports entre l'inné et l'acquis.

En effet. Toutes les opérations qu'effectue le système visuel, à n'importe quel étage, de la rétine jusqu'au cerveau, sur l'espace/objet, sont extrêmement compliquées et nécessitent des circuits d'une très grande sophistication entre les différents neurones. Et immédiatement se pose la question de savoir si ces circuits très sophistiqués sont la simple expression d'un processus de maturation ou s'ils sont mis progressivement en place parce que le système est en « interaction intelligente » avec l'environnement. En d'autres termes, est-ce que le système se développe comme étant simple expression du programme génétique, ou bien est-ce qu'il se développe en établissant progressivement, de façon « instructive », les différents contacts entre les différents neurones permettant de réaliser ces opérations ? Ce que l'on peut dire, pour résumer aujourd'hui l'état de la question, c'est que, dans ses grandes lignes, le système visuel, le système nerveux en général, est mis en place par des processus de maturation, sans tirer aucun bénéfice de l'expérience sensorielle proprement dite. Cette expérience cependant joue quand même un rôle, ne serait-ce que pour permettre à ce qui a été exprimé au cours de la maturation de se maintenir. Car si le système ne fonctionne pas, il finit par se dégrader. D'autre part, il y a pour un certain nombre d'opérations extrêmement fines des processus d'apprentissage qui opèrent afin de permettre de raffiner ces opérations de codage que réalisent les neurones du système visuel. Je crois que le débat qui oppose inné et acquis de façon exclusive est totalement dépassé, non seulement en neurobiologie, mais d'une manière générale, en biologie. Vous avez consacré une série d'émissions à ce problème il y a quelques années. Je pense qu'effectivement on ne peut pas séparer l'un de l'autre mais je vous dirai quand même que la part innée est extrêmement importante dans la structure et la fonction du système visuel, du système nerveux en général.

> Jusqu'à présent, nous n'avons parlé que d'un seul sens. Nous avons approché l'espace avec le seul sens de la vue. Mais il est hautement probable que tous les sens de l'homme sont impliqués dans la perception de l'espace ?

Oui, et vous soulevez là un problème passionnant que les psychologues connaissent bien, celui de l'unité perceptive et qui commence à être abordé par les neurobiologistes. Nous avons dit que l'espace se construit à partir d'indices visuels, d'indices optiques, mais l'espace se construit aussi à partir d'indices acoustiques, d'indices de la position des membres par rapport au corps, du corps par rapport à l'espace, à la gravité, etc. En général, entre ces différents indices, il y a une remarquable correspondance. Les psychologues étudient beaucoup ces problèmes. Le neurobiologiste a découvert dans certaines régions du cerveau des éléments, des cellules, des neurones qui sont, par exemple, activés par des stimuli visuels, uniquement lorsque ces stimuli visuels sont présentés dans une certaine région de l'espace. Le même neurone va répondre à une stimulation acoustique, mais à la condition que la source sonore soit située dans la même zone de l'espace. Vous voyez qu'il y a là une base neurobiologique extrêmement précise donnant un contenu physiologique à cette unité perceptive.

> Et, en ce qui concerne le temps, est-ce que la neurobiologie a réalisé autant de progrès que dans l'étude de la perception de l'espace ?

Il est tout à fait clair que non. Le nombre de travaux neurobiologiques consacrés à l'étude de la perception du temps est vraiment ridiculement faible par rapport à la quantité de travaux consacrés à la perception de l'espace ou à la perception d'autres attributs perceptifs. Je ne saurais vous dire la raison pour laquelle la situation est telle ; peut-être parce que c'est un problème plus difficile. Alors, comment vous répondre ? Eh bien, tout d'abord, le fonctionnement du cerveau se déroule dans le temps, il y a donc, ne serait-ce que pour saisir les informations, un échantillonnage, et cet échantillonnage s'effectue avec des constantes de temps ; il y a des systèmes qui répondent de façon dite « tonique », c'est-à-dire qui continuent à fonctionner tant que le stimulus est présent. D'autres systèmes sont dits « phasiques » : ils ne vont signaler que des discontinuités temporelles, c'est-à-dire l'apparition ou la disparition d'un événement dans l'environnement. Tous ces mécanismes, toniques et phasiques, se passent en même temps. Il y a un traitement en parallèle très complexe. S'il y a échantillonnage effectivement, il y a une horloge quelque part dans le cerveau qui permet, qui rend possible cet échantillonnage. C'est tout ce que je peux vous dire compte tenu de mes propres compétences. Je voudrais quand même ajouter un point simplement dans l'acte de percevoir (je dis simplement, en fait c'est quelque chose d'extrêmement compliqué), percevoir c'est inférer, c'est faire une hypothèse que nous allons en quelque sorte vérifier ou infirmer par des actions subséquentes. Il y a donc déjà là, dans l'acte de percevoir, de voir quelque chose par exemple, une dimension temporelle qui est inhérente, immanente à l'acte perceptif lui-même. Pour vous donner un exemple concret, il y a des cellules de la rétine de la grenouille qui sont capables de coder de façon extrêmement précise un petit objet sombre se déplaçant à une certaine vitesse dans une certaine direction ; lorsqu'un tel objet apparaît dans le champ de la vision de la grenouille, celle-ci a une réaction motrice extrêmement précise : elle tire la langue et essaie d'attraper cet objet. Pour pouvoir attraper cet objet, il faut qu'elle lance la langue dans une position qui n'est pas la position actuelle de l'objet, mais qui est la position que l'objet aura dans un temps T + n. Le phénomène d'anticipation et le mécanisme de codage correspondent en fait à une classe d'objets disponibles pour la grenouille : des proies. La grenouille non seulement reconnaît une « forme », mais elle est capable d'anticiper une action en essayant d'attraper cette forme et donc en faisant une mesure du temps.

C'est un processus balistique ?

C'est, dans ce cas, un processus balistique. Vous voyez donc qu'il y a une mesure du temps qui est inhérente aux premiers instants de la détection d'une forme.

> Dans le cas du comportement de cette grenouille, bien entendu, il n'est pas question de faire allusion à la prise de conscience de la réalité temporelle. Mais, de la même manière que dans le fonctionnement du cerveau tel que vous le définissiez tout à l'heure, on voit bien qu'il y a prise en compte de la réalité temporelle en tant qu'« instrumentation » qui a besoin du temps pour agir. Mais en considérant un plus haut niveau de l'échelle, concernant les êtres possesseurs d'un système nerveux central capable d'interpréter la notion de temps, que peut-on dire de cette prise de conscience ?

La question est extrêmement difficile et je ne sais pas si on peut y répondre en termes neurobiologiques. L'exemple de la grenouille était là pour bien montrer que finalement le système nerveux échantillonnait et avait donc, en quelque sorte, une horloge. C'est également vrai des mammifères supérieurs et notamment de l'homme. Je crois que toute représentation du temps passe par une métaphore spatiale. Cependant, chez l'homme, l'échelle de temps est en quelque sorte variable, il y a des mécanismes d'attention sélective, d'intérêt, de motivation, de fatigue et de vigilance qui peuvent la modifier. Ces mécanismes contribuent probablement, je ne sais pas de quelle façon, à cette perception subjective du temps, variant en fonction des différents niveaux de vigilance du sujet, par exemple.

> Ce n'est donc pas tout à fait par hasard que ce sont les pendules, des objets spatiaux, qui marquent le temps ?

Je crois qu'on ne peut pas se passer de l'espace, ne serait-ce que pour marquer le temps.

Cela pourrait laisser penser que l'espace est perçu comme plus « matériel » que le temps.

Probablement, et peut-être que le temps est perçu à travers l'espace. Il y a dans le système visuel des neurones qui sont spécifiquement activés par un événement qui se déplace à une certaine vitesse dans l'espace. Ces neurones, d'une certaine façon, sont des détecteurs de temps.

Au travers de tout ce que vous venez de me dire, il me semble que les progrès en neurobiologie et les progrès en psychologie expérimentale amènent ces deux disciplines à se rapprocher, à travailler ensemble.

Je suis tout à fait d'accord. C'est ma conviction profonde. Cela dit, je crois qu'il faut éviter, par un réductionnisme, disons un peu primaire, de ramener tous les phénomènes psychologiques à des phénomènes neurobiologiques. Il y a actuellement beaucoup d'inconnues dans le fonctionnement du système nerveux, dans le fonctionnement du cerveau, et un certain nombre d'opérations psychologiques sont mieux comprises, mieux décrites en termes purement psychologiques qu'en termes de mécanismes physiologiques. Il y a donc une espèce d'étanchéité entre les concepts utilisés par le psychologue et ceux du neurobiologiste. Mais elle ne provient probablement pas d'une inadéquation complète de la neurobiologie à l'explication psychologique : elle vient peut-être d'une relative immaturité des sciences du cerveau, encore aujourd'hui.

Par exemple, les psychologues actuels font de plus en plus référence aux travaux réalisés en psychophysiologie ou en neurobiologie. Il se peut que, de leur côté, les neurobiologistes aient intérêt à considérer les hypothèses des psychologues ?

Tout à fait. Je pense que le neurobiologiste ne peut pas seul poser des questions intéressantes au cerveau ; c'est au psychologue à montrer la voie. Je veux dire par là que c'est le psychologue qui pose les problèmes que le neurobiologiste essaiera de résoudre.

Le psychologue serait en quelque sorte celui qui interroge au niveau du programme, pour revenir aux modèles formalisateurs que vous évoquiez tout à l'heure ?

Oui. C'est celui qui montre, celui qui étudie en termes relativement abstraits les opérations qu'effectue le cerveau sur la réalité.

Et vous, vous considérez le fonctionnement du cerveau.

Nous, ce que nous essayons de faire c'est de savoir quels sont les éléments matériels, c'est-à-dire quels sont les réseaux de neurones dans lesquels on pourrait implanter tel ou tel programme d'analyse de la réalité que le psychologue propose.

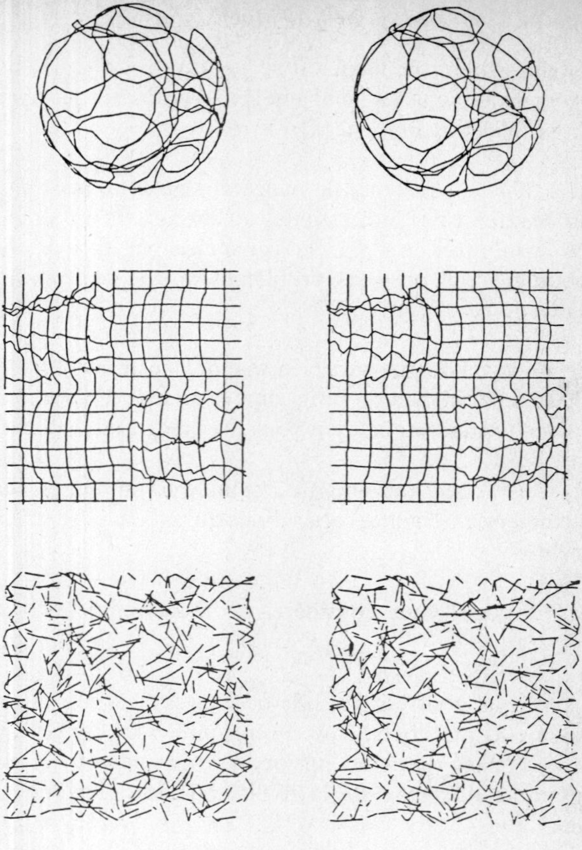

*Stéréogrammes.* Faire pivoter légèrement la tête de gauche à droite et de droite à gauche, en laissant traîner le regard sur la figure. Quand deux images fusionnent, et n'en font plus qu'une, essayer de la fixer et la conserver. Après un temps variable selon les individus, l'interprétation stéréoscopique se développe et l'on voit, en haut un hémisphère creux, au milieu quatre dômes, et en bas un moule à gateaux. Ces stéréogrammes, dus à J. Ninio, ont été réalisés par l'ordinateur. Noter, dans la figure du bas, le camouflage intégral de la surface représentée. Ceux qui réussissent à fusionner sans croiser les regards verront les creux en pleins, et inversement.

# 14. La géométrie de l'œil et du cerveau

***Entretien avec Jacques Ninio, maître de recherche au CNRS.***

ÉMILE NOËL : Sans doute, grâce aux entretiens précédents, nous commençons à avoir une idée des processus à l'œuvre dans la perception de l'espace et du temps. Quel que soit l'organe des sens sollicité, c'est en fin de compte le système nerveux central qui donne forme à l'interprétation. Il serait intéressant de savoir si cela s'inscrit dans un cadre cohérent d'interprétation, par exemple s'il existe quelque chose comme une géométrie de cette perception.

JACQUES NINIO : Je m'intéresse surtout à la perception visuelle, et, dans la vision, l'espace domine, tandis que dans l'audition, par exemple, ce serait plutôt le temps. Nous avons de l'espace qui nous environne une impression physique, matérielle sur la rétine et, à partir de cette impression, le cerveau construit une représentation de la réalité. Mais cette représentation a des propriétés qui la rendent non conforme à la réalité, bien qu'elle soit parfaitement utilisable pour nous guider.

Quelles sont donc ces caractéristiques ?

La disposition des objets dans l'image que construit le cerveau n'est pas une disposition conforme aux lois de la géométrie classique, elle est non euclidienne, et malgré cette non-conformité, c'est une image qui est remarquablement efficace, construite de manière élaborée. Elle n'est pas fausse mais elle emploie des procédures assez particulières.

> Considérons les trois types de caractéristiques que vous venez de mettre en avant : l'aspect non euclidien, l'efficacité et le caractère élaboré des processus. On les reprend dans l'ordre, si vous voulez bien. D'abord, l'aspect non euclidien de la représentation construite par le cerveau.

Un premier aspect est celui des illusions géométriques. Si vous prenez un cercle et que vous l'entourez par un autre cercle, le cercle interne paraît plus grand. Si vous mettez un trapèze au dessus d'un autre trapèze qui lui est égal, l'un des deux paraît plus grand que l'autre. Les colonnes d'un temple doivent s'incurver vers l'intérieur pour qu'elles nous paraissent droites. Une ligne éloignée du centre du champ de vision, pour paraître droite, doit être légèrement hyperbolique. Un autre aspect indique le genre de distorsion présente dans l'image que construit le cerveau, c'est le phénomène de constance de la grandeur : si un visage s'approche de vous, alors que sur la rétine son image grandit conformément aux lois de la perspective, en revanche, dans la représentation mentale, le visage garde une grandeur constante.

> Est-ce que ce sont des corrections dues à l'expérience ou génétiquement programmées ?

C'est tellement général que, dans l'ensemble, je les croirais génétiquement programmées. Il semble d'ailleurs que certains de ces phénomènes puissent être repérés chez des animaux même aussi peu évolués que des mouches.

Voilà pour les aspects non euclidiens. En avez-vous d'autres à nous donner comme exemples ?

Pas dans l'immédiat.

Alors passons au deuxième point : l'efficacité. Vous disiez que malgré ces distorsions, ces représentations sont remarquablement efficaces.

Nous ne nous trompons pas dans la réalité quand nous devons nous déplacer, et même si nous fermons les yeux, nous pouvons guider notre main vers une cible avec une grande précision. Si un objet est placé à 80 centimètres de moi, et que j'essaye d'évaluer sa distance, je dirai qu'il est à 70 centimètres ou peut-être qu'il est à 90 centimètres, faisant une erreur de 10 centimètres. Mais si je ferme les yeux et tends la main pour le toucher, là l'erreur sur la cible sera peut-être de 2 ou 3 centimètres. Il y a en quelque sorte une géométrie inconsciente, plus précise que la géométrie consciente résultant de l'éducation. Un autre aspect de cette précision dans l'évaluation géométrique est que si nous avons sur une feuille de papier deux cercles, l'un légèrement plus grand que l'autre, nous le savons tout de suite. Si nous avons des points et que leur alignement n'est pas parfait, on voit tout de suite qu'un des points est hors de l'alignement des autres. Si nous avons deux droites qui ne sont pas parallèles, on voit tout de suite qu'elles ne sont pas parallèles. Il y a donc une appréciation très fine des rapports de dimension des objets.

Est-ce que cela se passe de la même façon pour des objets rapprochés et pour des objets lointains ? Vous dites qu'on voit tout de suite si deux lignes ne sont pas parallèles, mais à l'instant, vous donniez l'exemple des colonnes d'un temple qui devaient s'incurver vers l'intérieur pour être parallèles. Il y a peut-être là un problème de distance à l'objet qui joue, non ?

Probablement. Il y a aussi le fait que notre connaissance de ces aspects géométriques n'est pas exhaustive, et que la représentation mentale n'est pas exempte de contradictions. On y reviendra sans doute tout à l'heure.

Même si la connaissance de ces phénomènes est encore incomplète, on sait tout de même, vous l'avez dit, que leur élaboration est très sophistiquée.

Oui, on peut montrer de manière assez convaincante que le cerveau est capable de mettre en œuvre des procédures géométriquement compliquées. La meilleure des démonstrations consiste à prendre un objet et à le projeter sur un écran. On ne voit donc que son ombre. Si j'ai un rectangle, l'ombre sera un parallélogramme, et je vois un parallélogramme sur l'écran. Maintenant si on fait tourner le rectangle, le parallélogramme va tourner en se déformant, et le cerveau saura à ce moment qu'il ne s'agit pas d'un parallélogramme, mais bien d'un rectangle. C'est-à-dire qu'à partir d'une projection qui se déforme, mais qui correspond à un objet réel n'ayant pas la même forme que cette projection, le cerveau sait très bien reconstruire la position et l'agencement dans l'espace de cet objet. On appelle cela un effet de profondeur cinétique. Il y a un autre exemple du même ordre, celui de la vision stéréoscopique. Nous avons deux yeux, nous recevons sur chacun une image légèrement différente, et, à partir des différences qui existent entre ces deux images, le cerveau construit une représentation tridimensionnelle de la réalité. Le problème est à peu près le même que celui de l'ingénieur qui a l'épure d'une machine avec deux projections, sur deux plans différents, et qui doit, à partir des deux projections, savoir à quoi ressemble la machine dans l'espace. Le cerveau est capable de traiter ce problème de la reconstruction en trois dimensions à partir de deux projections, même si cette reconstruction est extrêmement compliquée. Là où un mathématicien, au vu des deux projections, ne saurait absolument pas dire comment est l'objet dans l'espace, en revanche, automatiquement, utilisant les deux projections, le cerveau reconstruit correctement la forme tridimensionnelle.

> Tout de même, dans les deux cas que vous venez de citer, une question se pose : le cerveau réagit-il à la manière d'un dispositif automatique qui interprète directement, ou bien réalise-t-il un travail interne éventuellement décelable ?

Il y a un travail interne, il y a plusieurs étapes dans le traitement de l'information visuelle. On connaît les premières et on peut mesurer le temps que met le cerveau pour travailler. Notamment dans ces questions de vision stéréoscopique où le cerveau reçoit deux images différentes, il doit les comparer et déduire la forme tridimensionnelle. Quand il reçoit certains couples d'images pour la première fois, il peut mettre quelques secondes, voire quelques minutes, pour les interpréter. Ensuite, une fois qu'il a su se débrouiller avec une certaine catégorie d'images, il peut aller beaucoup plus vite pour les images construites selon le même principe.

> Il y a donc une capacité génétique d'interprétation, et puis un apprentissage qui lui permet d'aller de plus en plus vite ?

Oui, on peut dire, par exemple, que le temps minimal d'interprétation de l'image doit être de l'ordre de 20 millisecondes, parce que deux images qui sont présentées à moins de 20 millisecondes d'intervalle apparaissent simultanées. L'oreille peut distinguer des sons séparés par 2 millisecondes, mais pour la vision, c'est plus long.

> Voilà encore un autre aspect qui peut paraître contradictoire : d'une part, vous indiquez qu'il y a des modifications, des approximations dans cette interprétation non euclidienne, et que par ailleurs, c'est très efficace et très élaboré. Est-ce qu'il n'y a pas incompatibilité entre ces deux assertions ?

Non, elles sont compatibles. Une analogie est celle de la cartographie. Quand on va sur un coin de la Terre et qu'on essaye de représenter le terrain sur une carte, on y va avec des instruments de mesure, on prend des mesures, on combine les mesures et on construit une représentation. Mais si on construit une représentation plane d'une surface sphérique, ce qui est le cas sur la Terre, la carte sera forcément déformée. Elle a beau être déformée, elle est faite selon des règles précises, des règles hiérarchiques ; par exemple, on décide de donner la priorité aux orientations, de conserver les angles, quitte à perdre le réalisme sur les distances. La carte est donc déformée, mais elle est en même temps parfaitement utilisable pour la navigation maritime, aérienne ou autre. Et je pense que c'est un peu ce qui se passe avec le cerveau. Il a ses intruments de mesure qui sont appliqués sur la rétine, et qui lui permettent de construire une représentation déformée, certes, mais utilisable. Et l'étude de ces déformations peut nous fournir des pistes quant à la nature des instruments de mesure utilisés. En tout cas, il y a au moins deux aspects par lesquels cette représentation diffère de la géométrie classique. L'un est qu'en géométrie, quand on rajoute des lignes à une figure, cette figure ne change pas. On a deux cercles, on trace les tangentes à deux cercles, ils restent les mêmes. Mais dans la représentation mentale, quand on ajoute des rayures à un objet par exemple, l'objet s'élargit ; il y a influence de la forme d'un objet sur les objets avoisinants. Voilà une explication possible à ce que vous signaliez plus haut comme une contradiction à propos de la perception des parallèles. Et même peut-être rejoint-on là l'espace de la relativité généralisée. L'autre aspect est qu'en géométrie classique un point peut être défini comme l'intersection de deux droites. Mais quand le cerveau traite l'information rétinienne, il a une manière propre de reconnaître les points. Un point serait une petite tache sur la rétine qu'il reconnaît d'une certaine manière. Mais si deux droites se coupent sur la rétine, leur intersection n'est pas traitée de la même manière que le point. Le point pour le cerveau pourrait se définir ainsi : le point, c'est l'objet dont on voit les alignements ; et si on a des points alignés, cela se voit tout de suite. Si on a des coins ou des intersections, en revanche, on ne sait pas avec la même précision s'ils sont alignés ou non.

> Je ne sais pas pourquoi, mais je pense maintenant à ce que vous nous disiez tout à l'heure à propos de l'évaluation de la distance d'un objet. Vous disiez : « J'ai un objet posé à 80 centimètres de moi, je ferme les yeux, je l'attrape et je ne me trompe que d'un centimètre au maximum. Alors que si je dois nommer la distance, je peux me tromper de 10 centimètres. Est-ce que tous ces processus, hautement élaborés, ne sont pas plus efficaces dans le comportement immédiat du corps que dans l'interprétation intellectuelle ou abstraite de l'environnement ?

Je répondrai par la sélection naturelle. Il est vraisemblable que nous avons été éduqués par la sélection naturelle depuis des millions d'années soit pour suivre une proie, soit pour échapper à un prédateur. Là, il s'agissait vraiment d'une question de vie ou de mort : avoir le geste précis pour échapper, pour sauter d'une branche à une autre, etc. La précision de l'évaluation intellectuelle des distances, ma foi, n'a d'importance que depuis, peut-être, quelques centaines ou quelques milliers d'années.

> Il y a donc, dans cette interprétation du cerveau, l'utilisation de l'organisation immédiate de l'espace. Mais tout à l'heure, vous avez fait allusion à des instruments de mesure. De quel type d'instruments de mesure dispose donc le cerveau pour atteindre à cette efficacité ?

Il semble que les principaux instruments de mesure soient des détecteurs de changement ou des détecteurs de mouvement. On en connaît au moins un qui est un détecteur de segments rectilignes en mouvement. Ce sont les résultats de Hubel et Wiesel — récompensés récemment par le prix Nobel. A un certain niveau de l'interprétation de l'information visuelle, essentiellement, ce que « voient » les cellules du cerveau, c'est un élément de contour d'un objet, un élément rectiligne de contour qui a une orientation donnée et qui vient se déplacer à une position donnée devant l'œil. Dans une expérience type à la Hubel et Wiesel, on immobilise et anesthésie un chat placé devant un écran, on lui ouvre le crâne, on plante une micro-électrode dans une cellule du cortex visuel, et on promène sur l'écran différent stimuli, notamment de petites barres sombres ou lumineuses. Et pour une position, une orientation bien particulière de la barre, une direction bien particulière du mouvement, la cellule se met à décharger. Il se trouve que de telles cellules sont binoculaires, c'est-à-dire qu'elles répondent à un certain stimulus par l'œil droit et à un autre par l'œil gauche. Ces deux stimuli combinés, un pour l'œil droit, un pour l'œil gauche, correspondent en vision stéréo à un objet placé en profondeur à une position bien précise par rapport au chat. On sait donc que les cellules du cortex visuel de chat « voient » les petites barres en mouvement, et qu'il y a des phénomènes analogues chez le singe. On sait aussi qu'il y a des cellules qui distinguent des stimuli un petit peu plus complexes, comme les coins.

> Est-ce que ce n'est pas le moment d'introduire le concept de temps, puisque vous parlez de mouvement et de changement. A partir du moment où il y a mouvement dans l'espace, la perception qu'on en a se combine avec celle du temps pour quelqu'un qui vit dans cet espace-là.

L'espace et le temps se combinent de différentes manières. On peut déjà dire qu'on ne voit que le changement : si l'on s'arrange pour stabiliser une image sur la rétine, et que la rétine reçoive en permanence cette image, elle s'efface par petits morceaux puis revient, puis s'efface de nouveau, mais on ne peut pas la voir en permanence. On sait d'ailleurs qu'à un des tout premiers niveaux d'interprétation de l'information visuelle, juste après la rétine, les cellules sont sensibles au passage de la lumière à l'obscurité et de l'obscurité à la lumière. Elles ne détectent pas le mouvement mais le changement de luminosité. Des animaux inférieurs, comme la grenouille, ne voient littéralement que le mouvement : une grenouille qui aurait des mouches mortes à côté d'elle ne pourrait pas les manger parce qu'elle ne les verrait pas. Elle ne commence à être alertée que lorsqu'un objet se déplace devant son œil. Le mouvement est non seulement suffisant pour la détection, mais il est souvent même utilisé pour l'interprétation. Nous faisons constamment de petits mouvements des yeux dont nous sommes inconscients, des mouvements qui balayent par saccades les images, et, bien que l'image que nous avons dans la tête nous paraisse parfaitement stable, elle résulte de cette exploration par mouvement des yeux.

> Ce qui voudrait dire que la stabilité même de la perception d'une image immobile dépend du mouvement de notre organe de détection visuelle.

Probablement. Enfin j'ai dit que si l'image ne bougeait pas, elle s'effaçait. Souvent d'ailleurs quand on essaye de bien voir quelque chose, on balance la tête. On peut le voir au jardin zoologique : quand les animaux sont intrigués, ils balancent la tête pour voir ce qui se passe. J'ai également parlé tout à l'heure de l'effet de profondeur cinétique par lequel on accède à l'interprétation correcte de la forme d'un objet quand sa projection est en mouvement. Le mouvement est donc véritablement utilisé pour l'interprétation des images, sans être toutefois indispensable. On peut, par exemple, faire une reconstruction correcte en trois dimensions d'un objet dont on a deux projections envoyées sous forme de flash, à la milliseconde, sans laisser le temps de voir le mouvement. On se sert du mouvement, on l'utilise très bien mais il n'est pas absolument indispensable. Dans l'interprétation de l'information visuelle, j'ai dit qu'au premier niveau après la rétine on voit le changement, c'est-à-dire le passage de l'obscur au clair ou du clair à l'obscur. Les cellules qui sont placées après perçoivent le mouvement, et le mouvement, dans ce cas-là, c'est la détection d'un changement à côté d'un autre changement.

> Il y a là comme une capacité de passer d'un concept spatial à un concept temporel, et inversement, puisqu'il y a tout de même une différence entre changement et déplacement.

Oui, mais prenons le cerveau comme un ensemble de circuits neuronaux : à un certain niveau, il y a, par exemple, une cellule qui prend son information à deux endroits différents de la rétine ; l'information met un certain temps pour parvenir à cette cellule qui va interpréter les signaux. Si des informations parviennent d'endroits éloignés, et n'ont pas mis le même temps pour voyager, une différence sous forme d'espace devient une différence temporelle et inversement. Et on a beaucoup de mal, avec les phénomènes périodiques, à distinguer une périodicité dans l'espace d'une périodicité dans le temps.

C'est encore la relativité ?

Non. Je pense à des phénomènes beaucoup plus banals tels que le malaise que l'on a sur un escalier roulant à l'arrêt, ou l'expansion apparente d'une spirale qui tourne. Il y a aussi d'autres phénomènes plus nets qui montrent ce changement espace/temps. Par exemple, les couleurs subjectives. Si vous avez un disque qui tourne, avec des plages noires et des plages blanches, des couleurs apparaissent sur ce disque. Que se passe-t-il ? Quand on passe de l'éclairement à l'obscurité sur certaines zones de la rétine, les détecteurs le signalent, mais le détecteur de rouge, par exemple, ne se met pas en branle aussi rapidement que le détecteur de bleu ou le détecteur de vert. De ce fait, le temps que l'on met pour apercevoir le rouge dans cette lumière blanche, et le temps que l'on met pour apercevoir le bleu ne sont pas les mêmes, donc on ne recompose pas la lumière comme elle nous est venue et on voit à certains endroits du rouge, du vert, du bleu. Autre phénomène classique : dans les enseignes lumineuses, vous avez un groupe de lampes qui s'allument les unes à côté des autres, et le fait qu'il y ait un changement à côté d'un changement donne l'impression d'un flux lumineux qui se propage. On a donc du mouvement. Ou encore, l'illusion de la Lune : quand on est en voiture et qu'on a la Lune à côté de soi, elle vous suit et se déplace ; cette illusion de mouvement provient du fait que le cerveau a mal apprécié la distance à laquelle se trouve la Lune, et ayant mal calculé la distance, il a donc mal calculé son mouvement et a déduit qu'elle bougeait alors qu'en fait, elle est immobile par rapport à nous.

> Mais on est capable pourtant de faire la différence entre des images floues et des images nettes ?

Le plus curieux est que des images floues en mouvement nous paraissent parfaitement nettes : c'est l'expérience quotidienne du cinéma ou de la télévision. Chaque image d'un objet en mouvement, prise individuellement, est floue, notamment dans les courses de voitures : la voiture n'est jamais nette sur une image individuelle. Et pourtant, la succession des images donne quelque chose de net. Il y a là un mystère qui n'a pas été tout à fait élucidé.

> C'est un rétablissement de la représentation ?

L'objectif de la représentation est effectivement d'identifier l'objet, donc de le cerner, de le préciser.

> Mais sur quoi repose cette représentation ? Sur une géométrie tout à fait conceptualisée ? Vous avez, à un certain moment, parlé de représentations de droites à partir d'hyperboles et réciproquement. Est-ce qu'on peut en déduire que cette représentation pourrait s'expliquer en utilisant une géométrie hyperbolique ou tout autre système, mais conceptualisé et stable ?

Des gens l'ont pensé, notamment du fait que l'œil est sphérique : ils ont pensé qu'une géométrie construite sur cette sphère pouvait avoir un caractère de géométrie hyperbolique. Personnellement, j'ai le sentiment qu'on n'arrivera à rien d'absolument cohérent et exempt de contradictions. Il me semble que si l'on regroupe tous les éléments que l'on connaît de la représentation mentale, c'est une représentation satisfaisante chaque fois que l'on fixe son attention sur un détail particulier — tout est cohérent autour de ce détail — mais je ne suis pas sûr que l'ensemble puisse être formalisé et correspondre à une géométrie rigoureusement logique comme la géométrie de Riemann, de Lobatchevski ou toute autre géométrie.

Il faudrait donc faire référence à plusieurs types de géométrie ?

Une géométrie faite de bric et de broc.

# 15. L'espace, le temps et la pédagogie

***Entretien avec Stella Baruk.***

ÉMILE NOËL : Nous en savons assez maintenant pour apprécier la difficulté qu'il y a à faire la part de l'inné et de l'acquis dans la perception de l'espace et du temps. En abordant la pédagogie, nous voyons la situation se compliquer encore d'interactions supplémentaires. En effet, il y a au moins deux façons d'entendre « espace, temps et pédagogie ». Cela peut vouloir dire qu'il y a une pédagogie de l'espace et du temps, c'est-à-dire qu'ils sont matières d'étude non seulement comme concepts physiques, mais aussi comme réalité sensible à vivre. Par ailleurs, on peut aussi entendre que l'espace et le temps sont des passages obligés de la pédagogie : il faut bien un espace et un temps pour la pédagogie. De quel point de vue avez-vous envie de parler ?

STELLA BARUK : On peut bien sûr parler du temps en tant que chronologie. Il y aurait à l'apprendre comme on apprend à écrire, à lire ou à compter. Savoir lire l'heure, savoir écrire une date ou savoir se repérer dans le temps. On peut aussi analogiquement parler de l'espace, mais il semble que ces deux facettes soient tout à fait différentes : l'espace ayant une place constitutive en mathématiques, et le temps, pour ce qui est de l'apprentissage des mathématiques à leur début, n'ayant pas la même importance. Le temps qui aurait de l'importance en tant que constitutif de concept, ce serait presque le temps, si je peux dire, des historiens, à savoir celui qui a favorisé la constitution des numérations écrites pour l'établissement du calendrier, par exemple chez les Aztèques, ou, chez les Hindous, l'écriture des très grands nombres. Ou encore la constitution du calcul différentiel de Newton qui contient l'idée de mouvement et de temps. Mais cela me paraît, si vous voulez, non pas étranger à mes préoccupations, mais tout à fait postérieur à quelque chose que je crois beaucoup plus essentiel, à savoir : un temps pendant lequel on fait des mathématiques, ce temps durant lequel les mathématiciens s'élaborent, qui se passe en classe, celui où l'on est censé apprendre des notions…

… dans un certain espace aussi…

et dans un certain espace aussi, ce temps qu'on passe chez soi à essayer de se confronter, de se heurter à ces notions « apprises ». C'est de ce temps que j'aimerais parler, parce qu'il me semble qu'au pire les notions de temps « outil », utilisées par exemple dans l'apprentissage d'une dérivée, ou la notion d'espace tout court, immédiatement demandée à des enfants en géométrie sur des carrés, des rectangles, etc. sont moins fondamentales. Par ailleurs, ces deux concepts sont tout à fait, me semble-t-il, dissymétriques, à savoir : si on parle du temps qu'on passe à faire des mathématiques, ce temps contient tout, il contient l'apprentissage précis du temps, l'apprentissage de l'espace, l'apprentissage des concepts. Donc c'est lui qui m'intéresse parce que je crois que c'est, non pas une notion, mais une pratique, une pratique extrêmement mal traitée par la pédagogie actuellement. On pourrait éventuellement dire que ce qui se passe actuellement correspond à un certain traitement du temps, et que ce qui pourrait se passer en serait un tout autre traitement.

> J'entends, dans votre réponse, que vous vous servez de votre expérience de pédagogue en mathématiques. Nous ne parlons donc pas ici de la pédagogie en général, mais à partir d'une pratique spécifiée. Prenons cette matière comme objet d'analyse : on peut comprendre que le temps consacré à l'apprentissage des mathématiques permette l'apprentissage du temps et de l'espace. Et puisque ces notions de temps et d'espace se trouvent être, de ce point de vue, dissymétriques, intéressons-nous d'abord à l'utilisation du temps dans l'apprentissage des mathématiques. Selon vous, cette utilisation du temps, telle qu'elle est maintenant, est très critiquable. Quelle est donc votre analyse de la pratique actuelle ?

Mon analyse de la pratique actuelle m'a amenée à avoir une réflexion sur, si j'ose dire, l'essence des mathématiques, et aussi, ce qui peut paraître prétentieux, sur la pratique des mathématiciens. Parce qu'il me semble que ce sont ces deux caractéristiques, mais totalement perverties, qui « dégringolent » dans les salles de classe. Les mathématiciens consacrent leur vie aux mathématiques. Il est absolument connu que c'est une immense familiarité avec les concepts mathématiques qui permet d'en découvrir de nouveaux et d'avoir un maniement de ces concepts qui soit productif. Il est bien certain que faire des mathématiques, tout le monde le sait, faire de la recherche, c'est comme entrer en religion. C'est même ce qui fait que beaucoup de jeunes abandonnent. C'est quelque chose qui est extrêmement exigeant du point de vue du temps qu'on doit pouvoir y consacrer. J'aurai un certain nombre d'exemples à donner, en particulier il y en a un qui est assez connu : un mathématicien qui s'appelle Cole a passé trois années de dimanches à décomposer un nombre de Mersenne, M 67 et a fait une communication à la Société américaine de sciences de New York. Il est passé au tableau et a montré que M 67 était égal à 761 838 257 287 multiplié par 193 707 721. Voilà, c'est un tout petit exemple. On sait, très bien, dans l'histoire des mathématiques, que des mathématiciens ont passé des années à rechercher le signe, l'existence d'une quantité, la raison d'être d'une conjoncture. Les mathématiciens ont partie liée avec l'éternité et dans tous les sens du terme.

> Ils sont entièrement immergés dans le temps de leur travail...

Totalement immergés, c'est le bain, et si on en sort, on n'est plus mathématicien, on est un praticien des mathématiques. Par ailleurs, les mathématiques, dans les livres de classe, en tant que corps de savoir reconstitué, manquent complètement l'Histoire. Qu'est-ce que c'est que le théorème de Pythagore pour un élève qui arrive en classe de troisième ? C'est quelque chose à quoi il arrive par des axiomes. Il n'a même pas idée qu'il s'agit de carrés et d'aires de carrés. Le carré de l'hypoténuse, pour lui, c'est un nombre qui est B C multiplié par B C, et le mot carré ne lui dit rien du tout. Bon, je veux bien qu'il y ait une construction axiomatique, une réorganisation du savoir, mais elle efface à ce point l'Histoire qu'on ne se rend absolument plus compte, si vous voulez, de la nécessité interne d'un concept. Ces deux attitudes qui, paradoxalement, ont l'air contradictoires : la nécessité d'un temps énorme et simultanément l'effacement du temps, eh bien ces deux caractéristiques se conjuguent de telle façon que le sujet à qui on apprend les mathématiques se retrouve à faire des choses qui n'ont aucune *nécessité interne* et auxquelles il est confronté dans un espace de temps qui est totalement dérisoire. Enseigner le théorème de Pythagore à un enfant en lui disant : « Le carré de l'hypoténuse est égal à la somme des carrés des deux autres côtés, apprends, retiens et applique », c'est une énorme absurdité parce qu'il n'en retient rien et qu'il écrira aussi bien des « monstruosités » : qu'une longueur, par exemple, est égale à une somme de surfaces, etc.

> C'est du temps perdu ?

Absolument, c'est, si vous voulez, un temps factice, consacré à des mathématiques et qui est totalement perdu. On pourrait d'ailleurs dire quelque chose d'un temps de pratique réelle des mathématiques. Il serait aussi peut-être du temps perdu mais pourrait se retrouver, ce serait autre chose.

> Alors, afin d'éviter d'être proustien en mathématiques, d'être condamné à retrouver ce temps perdu, il y a peut-être une méthode qui permet de ne pas en perdre. Vous avez sans doute une idée là-dessus. Une pratique qui serait plus adaptée à l'utilisation du temps dans l'apprentissage des mathématiques ?

C'est au contraire une tentative d'être proustien, c'est-à-dire de se constituer une mémoire spécifique en mathématiques qui serait fondée sur la mémoire du sujet et, nous allons essayer de dire comment, la mémoire des mathématiques. Il m'est apparu que, lorsque le temps consacré aux mathématiques est un temps réel, c'est un temps qui s'incarne dans le sujet, ce que j'appelle un processus d'*incarnation.* Ça s'oublie parce que les mathématiques s'oublient. Il n'y a aucune raison de retenir des théorèmes et des résolutions d'équations quand on n'en n'a pas la pratique quotidienne et quand vos occupations vous mènent ailleurs. Il m'arrive de demander à un élève qui se désole de ne pas savoir une définition ou un théorème, et qui me dit : « Je le savais il y a un mois », « Est-ce que tu as coutume d'en parler avec tes parents en déjeunant ? » Alors, il rit et répond : « Non. » Ce sont des matières qui sont absolument hors de la vie. Elles ne peuvent pas s'enraciner dans quelque chose qui est de l'ordre d'une mémoire commune. Par conséquent, la constitution de ces concepts, a précisément pour but de les rendre *nécessaires,* c'est ce que j'appelle l'incarnation. Je pourrais vous donner des exemples : ce que je voyais dans un livre de terminale encore récemment, à propos de racines carrées, alors que les racines carrées dont je voudrais parler se trouvent au programme de la classe de troisième. Donc, quatre ans plus tard, les professeurs constatent que c'est quelque chose qui n'arrive pas à être digéré par les élèves. Simplement, ils n'arrivent pas à se demander pourquoi. Ou alors s'ils se demandent pourquoi, ils n'arrivent pas à trouver la réponse. Ils disent — c'est écrit dans le livre de terminale — : « La méconnaissance de la définition des racines carrées est à la base de bien des erreurs. » Oui, mais pourquoi [1] ? Eh bien, c'est là qu'on peut parler de processus absolument nécessaire, à savoir la « dépense » d'une certaine

1. La définition telle qu'elle est donnée dans le livre est la suivante. « L'écriture $y = \sqrt{x}$ a trois significations $x \geqslant O$ ; $y \geqslant O$ ; $y^2 = x$. On ne saurait mieux mettre en place la méconnaissance de la notion en écrasant par l'écriture deux questions distinctes : 1. $x \geqslant O$ est une condition d'*existence,* dans l'ensemble des *réels,* d'une racine carrée : à ce moment, une ouverture, même succincte, sur un autre ensemble, celui des *complexes* — qu'il est possible d'évoquer en classe de troisième — où la racine carrée de nombres négatifs existe, est indispensable pour faire « respirer » le concept de racine carrée, et incarner par la terminologie — réel, imaginaire, complexe — la notion de réel jusqu'alors dissociée. 2. $y \geqslant O$ est une condition de *définition :* à partir du moment où existent des nombres *positifs* et *négatifs,* on pourrait pour la racine carrée de 4, donner aussi bien comme réponse + 2 que — 2 ; pour éviter la double détermination, on *choisit* la positive. Il n'y a aucune équivalence entre ces deux aspects, les deux trajets pour les incarner sont distincts et ne peuvent être parcourus qu'après celui de l'« incarnation géométrique » du concept de racine carrée, dans la mesure où il est question de *racine* et de *carré.* (Voir plus loin.)

quantité de temps incompressible qui fait que la constitution de ce concept peut devenir quelque chose de sensible, s'oublier mais se retrouver. Mes élèves savent qu'il est absolument nécessaire qu'ils rapportent à chaque fois leur cahier, parce que le trajet fait, mais oublié, est refait ensuite beaucoup plus vite. Il y a un proverbe arabe qui dit que quand on a oublié sept fois une chose, on arrive à s'en souvenir. C'est de cet ordre-là, quelque chose qu'on oublie sept fois, mais après en avoir ressenti le trajet, un trajet interne. Si ce trajet est extérieur, on peut l'oublier cent fois et ne jamais s'en souvenir. Une racine carrée met en jeu un nombre considérable de choses. Par exemple, les idées de carrés : eh bien, on a des surprises quand on va chercher ce que c'est qu'un carré pour un enfant. Le nombre de confirmations qu'il faut pour qu'un mot ait un sens ! Si on se met à faire appel au sens, on fait appel à une mémoire, à une mémoire commune : c'est ce que j'appelle un « déjà-savoir ». Un carré n'est jamais vraiment un carré pour un enfant, c'est sûr. Il aura beau en avoir dessiné une quantité. Et par ailleurs, si on lui demande pourquoi ce qui est marqué $3^2$, c'est justement 3 au carré, il ouvre de grands yeux, il n'a jamais entendu le mot *carré* dans 3 au carré. C'est devenu un trois avec un petit deux. Il vous dit : « C'est parce que c'est 3 multiplié par trois. » Si vous essayez de lui faire dessiner un carré qui a comme côté 3, en lui demandant quelle est la relation entre ce 3 au carré, puis ce 9, là aussi, vous avez des surprises. C'est ce que j'appelle les archaïsmes. Le carré est immédiatement mis en relation avec son périmètre. Et la notion même de racine carrée qui s'appuie sur un processus inverse, donc difficile, est sans aucun fondement si on ne va pas chercher dans la mémoire du sujet ce que veut dire ce carré, ce que cela représente pour lui, si on n'évacue pas la notion de périmètre, qui est une notion qui bloque, qui occulte celle d'aire, donc de carré, de racine carrée. Après cela, il y a toutes sortes de choses qui viennent se greffer, on sort de l'espace géométrique de la racine carrée pour en venir à ce que j'appelle la mémoire de l'Histoire. La définition d'une racine carrée met en jeu des questions de signe. Pourquoi ? Parce qu'on a inventé, mais des siècles plus tard, les nombres relatifs, et que cela entre en jeu pour que la définition d'une racine carrée soit ce qu'elle est. Vous voyez donc ce que je veux dire : il y a une mémoire du sujet qui est ce que j'appelle son « déjà-savoir », à laquelle il faut faire appel, et une mémoire de l'Histoire dont on a également besoin, une mémoire de l'Histoire indispensable pour que cette définition des racines carrées ait son sens, sa nécessité et s'incarne quelque part. C'est seulement après qu'on peut la *désincarner* et parler de racine nième. Le processus d'incarnation-désincarnation, c'est ce que j'appelle la nécessité interne. Le sujet est mis en jeu parce que sa propre mémoire est mise en jeu. Il est aussi mis en jeu dans un processus historique parce qu'il est pris dans l'enchaînement des concepts tels que l'Histoire les a éventuellement produits. Je ne veux pas dire qu'il faut toujours suivre un cours historique, mais je pense que l'Histoire doit entrer en jeu dans la mesure où elle a produit les problèmes qu'elle a produits.

> Vous opposez au temps factice dont vous parliez tout à l'heure un temps réel qui serait le temps du sujet, mais il y a peut-être autant de temps qu'il y a de sujets. Est-ce que ce n'est pas une difficulté pédagogique ?

C'est tout à fait exact. Cela constitue une éventuelle objection, mais on trouve des invariants. Ce que je disais être un temps incompressible, je le trouve absolument nécessaire chez tous les sujets. Quand par exemple une notion ne tient pas, je retourne en arrière, dans le cahier, et je vois que j'aurais dû prendre le temps de faire quelque chose que je n'ai pas fait. C'est absolument prouvé. Il y a des parcours obligés. On retrouve aussi un espace, effectivement ; car ce temps-là est celui d'un *espace psychique.* Il est absolument irremplaçable. Il y a des notions qui sont constitutives d'une notion plus complexe, par lequelles il faut passer, dont il faut faire le tour. Mais il me semble effectivement qu'il y a des rythmes différents. On pourrait éventuellement les homogénéiser dans une classe, en faisant appel à la mémoire commune de tous les sujets qui sont là. On aurait alors des microsociétés, des microcosmes : le mot « produit » par exemple ne veut pas dire la même chose dans un collège de banlieue et dans le 16ᵉ arrondissement de Paris. C'est un peu bizarre à dire, mais « produit », pour certains enfants, cela peut vouloir dire eau de Javel par exemple, tandis que pour d'autres, cela signifie le résultat de quelque chose. On est donc amené à faire un travail sur la mémoire collective qui pourrait nécessiter le même temps pour tout le monde, mais il y a des rythmes différents. Simplement, ce que je peux dire, c'est que la constitution, le temps de maturation de la plupart des concepts montre qu'ils n'ont pas d'âge. Une personne à qui on explique quelque chose qu'elle ne sait pas, qu'elle ait 12 ans ou 50 ans, c'est la même chose. Ce sont les mêmes trajets.

> A ce moment de notre entretien, j'ai envie de vous demander si les mathématiques peuvent être enseignées de façon concrète et poétique. Je veux dire à l'aide d'images et de références à la réalité. Cette approche serait un préalable favorisant le développement ultérieur de la capacité d'abstraction. Est-ce que c'est impossible ?

Non seulement ce n'est pas impossible, mais cela me paraît être la seule voie possible. Le mot « concret » prête à quelque confusion, et je dirais beaucoup plus volontiers *sensible.* Je reviens à ce que j'ai dit de l'incarnation chez un sujet. Cette incarnation est vraiment dans la langue. Il me paraît qu'elle est dans la mémoire du sujet. Il y a toutes sortes d'exemples que je pourrais vous donner. Je ne peux pas aborder la notion de valeur absolue sans faire faire le tour de ce qu'est la notion d'absolu. Et pour l'illustrer, il m'arrive de demander à un de mes élèves : « Est-ce que la modernité est une notion absolue ? » Alors il ouvre de grands yeux et, heureusement, il sait très bien à ce moment-là, depuis le temps qu'on travaille ensemble, qu'on ne perd pas notre temps. Parce que la notion d'absolu s'oppose à la notion de relatif et qu'une valeur absolue n'apparaît qu'avec des nombres relatifs. Donc l'absolu, le relatif doivent nécessairement être explicités, d'autant que la valeur absolue, d'*absolue,* devient *positive* quand l'expression est littérale. A propos des proportions, il m'arrive de demander : « Quand tu dis disproportionné, qu'est-ce que ça veut dire ? » Immédiatement sont en jeu toutes sortes de choses, toutes sortes d'images. Un bébé, c'est disproportionné, mais pourquoi ? Il a une trop grosse tête, mais pourquoi ? Il a une tête et puis c'est tout, pourquoi est-elle trop grosse ? En réfléchissant, l'élève arrive à dire : « Ah, oui, c'est par *rapport,* c'est par rapport à son corps. » Et l'idée de rapport naît, l'idée de disproportion et de proportion revient à celle de rapport, et de rapports égaux ou non. Et nous en arrivons au fait que tout est rapport, c'est-à-dire que tout est terme de jugement par rapport à quelque chose. Eh bien, ce sont là des mathématiques qui s'incarnent dans le sujet, et qu'il est possible après de totalement désincarner. Une valeur absolue devient un concept mathématique, mais il est enraciné quelque part. Si je parle de vecteur — un vecteur c'est quelque chose qui n'est jamais compris par les enfants — je suis obligée de partir de la notion de point. Qu'est-ce qu'un point ? Alors là, tous les enfants, tous les adolescents se prennent à cette question : « Qu'est-ce qu'un point ? » En effet, cela soulève des problèmes épistémologiques très importants, et nous amène peut-être à la notion d'espace parce que un point c'est... on en arrive à ceci : que mathématiquement c'est impossible à définir. Et voilà qui nous amène à l'aspect mathématique abstrait, à savoir qu'il faut des axiomes. Il y a même un monsieur qui les a posés, dans ce cas il s'appelle Hilbert. Il a d'ailleurs, par boutade, dit qu'au lieu de poser que : « Par deux points, il passe une droite et une seule », on pouvait tout aussi bien affirmer que : « Par deux verres de bière, il passe une table et une seule. » Il n'empêche que le mathématicien sait ce que c'est qu'un point. « Et toi, est-ce que tu sais ce que c'est qu'un point ? Tu le sais, qu'est-ce que c'est alors ? » Alors on réfléchit, on cherche. Très souvent, l'élève ne trouve pas. Il ne trouve pas parce que la notion est déjà pervertie par ce qu'on lui a appris en classe. Il me dit que c'est un élément d'un ensemble, il me dit que c'est... j'ai de très jolies réponses... que c'est ce qui fabrique toute la géométrie. Ce sont des choses vraies. Je poursuis : « Bon, supposons qu'on dise, nous allons nous retrouver en ce point-là. » « Ah, c'est un endroit ! » Voilà ! c'est un endroit du plan. Ce n'est pas une définition mathématique mais c'est quelque chose qu'il faut savoir pour pouvoir ensuite expliquer ce qu'est un vecteur. Vous voyez, ce processus d'incarnation, puis de désincarnation, parce que le point nous amènera à toutes sortes d'êtres mathématiques totalement abstraits, qui sont des idéalités. Elles trouvent pourtant leur incarnation, je n'ai pas d'autre mot, sensible. Donc c'est ça le concret, le poétique, ce qui part de la langue, de la mémoire du sujet, du sens qu'il accorde au terme, quitte après à le séparer du sens que cela prendra en mathématique.

Bien. Tout à l'heure on est parti du temps, du temps de l'apprentissage qui était réinvesti dans l'étude même du temps. Au travers de ce que vous dites, on le comprend assez bien. Mais est-ce qu'il en est de même de l'espace ?

Oui, peut-être à partir du point, mais comment plus précisément ?

Eh bien il me semble, si vous voulez, que là aussi il y a une espèce de méconnaissance de l'espace dans la pédagogie actuelle. Nous ne sommes pas à la télévision, c'est dommage, je pourrais vous montrer trois images successives, dans un livre pour une classe maternelle. La première représente un clown avec une jambe droite et une jambe gauche, sa jambe droite étant à la gauche de celui qui la regarde, et la droite à gauche de celui qui la regarde bien sûr. Quelques pages plus loin, il est demandé de faire des dessins, donc dans un espace abstrait ; il faut mettre quelques ronds de plus à gauche qu'à droite. Ce n'est plus la même gauche et la même droite. Plus loin, il y a des jouets en bois dessinés de profil, et on pose des questions sur la gauche et la droite. Mais si vous regardez, vous voyez qu'il n'y a ni gauche ni droite, mais devant et derrière. Alors moi, je me demande quels sont les enfants qui peuvent résister à un apprentissage pareil. C'est un côté totalement inconscient des pédagogues qui ne se rendent pas compte qu'un espace anthropomorphique n'est pas du tout le même qu'un espace mathématique abstrait. Cela c'est l'attitude pédagogique à ras de terre, si j'ose dire. Mais vous avez aussi l'attitude tributaire d'une vue quasiment bourbakiste des choses : la « vraie » géométrie est une géométrie sans figures. Alors on ne fait pas de figures. J'ai des quantités d'élèves qui font de la géométrie analytique, qui trouvent des équations de droite, qui trouvent des réponses, des coordonnées de points et qui ne font pas de figures. Je trouve cela tout à fait ahurissant ! Que cette espèce de merveille qu'est la géométrie analytique ne soit pas présentée en tant que telle, comme un pont jeté entre l'algèbre et la géométrie ; autrement dit, comme la possibilité de restituer des figures par des relations entre les nombres ! Il y a tout un bonheur à passer de l'une à l'autre et à trouver des confirmations dont sont privés les élèves. Par ailleurs, la compréhension est totalement inexistante. Il y a donc un temps consacré à la constitution de l'espace qui passe, lui aussi, par l'incarnation-désincarnation, de façon beaucoup plus évidente parce qu'on vit dans un espace qui n'est pas l'espace mathématique. Il y a une séparation radicale à faire entre celui du mouvement et celui du papier.

> Oui, à partir de cet exemple que vous venez de donner, cet aspect merveilleux que l'analyse peut donner à une approche de la géométrie, on se rend bien compte que les mathématiques sont une discipline assez privilégiée pour traiter de ce rapport de la pédagogie avec l'espace et le temps soit comme objet d'étude, soit comme instrument de pédagogie. Mais croyez-vous que cela soit possible pour les autres matières ? En d'autres termes, peut-on généraliser à la pédagogie pour l'ensemble des disciplines ?

On m'a très souvent fait remarquer que ce que je disais à propos des mathématiques était utilisable dans d'autres disciplines. Si on voulait, en une seule phrase, résumer mon attitude, ce serait la prise en compte du sujet. Mon « dada », si je puis dire, c'est : quand on injecte un savoir quel qu'il soit à un sujet, il faut s'intéresser à l'effet produit, prendre en compte ses réactions. Or la plupart des réactions tangibles d'un sujet à qui on fait faire des mathématiques, ce sont ses erreurs. Eh bien ces erreurs, l'exploration de ces erreurs, c'est-à-dire la prise en compte du sujet plus les questions qu'il est amené à poser à partir de ce moment, m'ont permis de voir effectivement quels étaient le temps et l'espace psychique de l'apprentissage. C'est évidemment valable pour toutes les disciplines. Beaucoup d'orthophonistes avec qui j'ai parlé m'ont dit qu'en français c'était exactement la même chose. Il y a tout ce qu'on appelle les erreurs logiques, c'est-à-dire produites logiquement par l'exercice de la langue, par analogie avec d'autres termes, etc. Par conséquent, il me semble que cette prise en compte du sujet qui consiste en fait à prendre en compte ses erreurs, les trouver signifiantes, voir ce qu'elles renvoient de ses logiques internes, de sa mémoire, c'est-à-dire d'une pratique de la langue, est utilisable dans tous les domaines. Maintenant, ce que les mathématiques ont de totalement spécifique, c'est non seulement ce que je vous disais de l'oubli mais aussi quelque chose dont je ne vous ai pas parlé qui est essentiel : chaque nouveau savoir met en danger le savoir ancien. Chaque nouvelle notion contribue à déstabiliser ce qu'on savait. Il y a donc cette nécessité de reprendre chaque fois les concepts antérieurs, en les réenglobant dans ce qu'on vient de voir, qui est spécifique aux mathématiques. J'ajoute que si on ne prend pas le temps d'« incarner », comme je le disais tout à l'heure, il y a une souffrance réelle qui est produite chez le sujet, une souffrance propre aux mathématiques. Je crois qu'elle est tellement répandue que tout le monde la connaît. Tandis que dans les autres domaines, un enfant peut rétablir de lui-même un certain nombre de notions, si elles n'ont pas été élaborées. Je crois que ce qu'on peut dire, c'est que la pédagogie des mathématiques est le fil du rasoir en matière d'apprentissage.

> Est-ce que la pédagogie de l'espace et du temps, ou l'utilisation de l'espace et du temps dans la pédagogie font essentiellement référence à l'espace et au temps mentaux du sujet qui est en situation d'apprentissage ?

Absolument. Dans la plupart des autres domaines — j'exclus le domaine scientifique —, ce qui est de l'expérience commune peut lui servir. C'est ce qui fait la différence entre une personne de 50 ans et un enfant de 13 ans au cours de l'apprentissage des mêmes choses : ils se heurteront aux mêmes difficultés sur la racine carrée mais pas sur les autres difficultés, statistiques, chiffre d'affaires ou rendement, par exemple. Quelque chose aura été vécu par la personne de 50 ans qui ne l'aura pas été par l'enfant. Mais pour ces notions qui sont hors du commun, qui sont, j'allais dire, hors du temps vécu des individus, il y a comme une équivalence absolue. Par conséquent, dans tous les autres domaines : le français, la géographie, les langues étrangères, tout ce qui est de l'ordre de cette rumeur dans laquelle on baigne, ce bruit dans lequel on est, ce sont des choses qui peuvent venir s'agréger, qui peuvent venir constituer des particules du savoir qui a été dispensé dans une classe. Mais pas en mathématiques.

# 16. L'espace, le temps et la langue

***Entretien avec Jean-Claude Milner, professeur de linguistique à l'université Paris-VII.***

ÉMILE NOËL : Évidemment nous parlons couramment du temps et de l'espace. Nous avons besoin d'une langue qui puisse en exprimer toutes les nuances. Est-ce une question qui intéresse la linguistique ? Quels sont les rapports qu'entretient le langage avec ces concepts ? En fait, il y a deux catégories de questions : d'une part, quelles sont les influences que l'espace et le temps peuvent avoir sur le langage et, d'autre part, comment est-ce que le langage s'y prend pour traiter de l'un et de l'autre ? Peut-on commencer par se demander comment ces concepts affectent le langage ?

JEAN-CLAUDE MILNER : J'ai l'impression que lorsqu'on dit l'espace, et le temps également, on a tendance à penser immédiatement en termes de concepts — éventuellement kantiens. Peut-être la question devrait d'abord être posée comme si l'espace désignait un ensemble de phénomènes. Elle pourrait être alors : « Comment l'ensemble de phénomènes que nous catégorisons sous le chef de l'espace intervient-il dans la langue ? » Je crois que la différence doit être faite parce qu'il est clair que si on pose la question : « Le concept de temps ou le concept d'espace sont-ils représentés directement dans la langue ? », on aura une réponse : « Ils le sont dans une certaine mesure effectivement. » Mais cette réponse sera extrêmement partielle. Elle laissera de côté tout un ensemble de cas où ce que l'on pourrait appeler l'existence de l'espace affecte des déterminations linguistiques. Je vais vous donner un certain nombre d'exemples. Prenons l'opposition du proche et du lointain. Il est tout à fait clair que, dans des langues assez diverses, la détermination du proche et du lointain, le fait qu'elle puisse être repérée, a des conséquences, et des conséquences qui ne se marquent pas au niveau des désignations manifestement spatiales. Un exemple assez simple : en anglais, vous avez la possibilité de désigner certains animaux à l'aide du genre masculin ou féminin, c'est-à-dire le genre qu'on réserve normalement aux êtres humains ; dans le cas général, les animaux sont désignés par le neutre. En fait, si on retrace les règles d'un tel emploi, on a le sentiment que ce qui se dégage, c'est la constitution, non pas d'une classe toute faite, mais d'une sorte de fonction qui serait les animaux proches : les animaux dont l'homme peut s'approcher ou qui peuvent s'approcher de l'homme. Alors que les animaux qui restent à distance seront toujours neutres. Et, en termes de classe, cela va donner des résultats assez paradoxaux. Un naturaliste par exemple parlera du chat en tant qu'espèce, en tant qu'animal : la proximité du lien n'importe pas, et il en parlera au neutre. Mais s'il s'agit d'un maître parlant de son chat, alors qu'il peut le prendre sur ses genoux, s'approcher de lui, il en parlera au féminin ou au masculin. On a là un cas particulier évidemment, mais où la règle, apparemment tout à fait disjointe du phénomène d'espace, est néanmoins déterminée par quelque chose qu'on peut exprimer en termes spatiaux, essentiellement la proximité ou l'éloignement à l'intérieur d'une représentation sociale, si l'on veut, mais où l'espace joue un rôle, un rôle définitif. Autre exemple encore : prenez une opposition flagrante dans une langue comme le français, l'opposition entre la possibilité de dire *un* ou de dire *du,* ou ni l'un ni l'autre. Je prends un exemple très simple : on peut dire *de l'eau,* on peut dire difficilement *une eau.* On peut dire *un livre,* on peut dire difficilement *du livre.* On peut difficilement dire *de la blancheur* et très difficilement *une blancheur.* Quand on regarde de près, là encore, il apparaît que les répartitions se font selon des critères du genre suivant : est-ce que l'objet désigné, si on le divise, continue à conserver ses qualités ? Je prends par exemple l'eau. Vous divisez l'eau de la manière la plus petite possible, ça restera de l'eau. Si vous prenez un livre, si vous le divisez, en fait il cessera d'être un livre au bout d'un certain temps. Et suivant cette différence, vous aurez des possibilités d'emploi d'articles. La question évidemment n'a aucun sens pour un terme abstrait du type *blancheur* qui échappe à des opérations purement spatiales. En fait la question qui se pose s'articulera en termes de continu/discontinu ou spatialité/non-spatialité. Et il est clair que ce sont là des dimensions de la langue tout à fait fondamentales, où, apparemment, un philosophe de l'espace, un philosophe du temps ne trouveraient pas immédiatement de représentations de l'espace et du temps, et où pourtant ces représentations jouent un rôle. Je pense par conséquent que la question de savoir dans quelle mesure l'espace et le temps affectent les langues est une question beaucoup plus difficile à traiter qu'il ne semblerait au premier abord, parce que ce n'est pas une question de concept. C'est une question d'intégration d'effets, de production d'effets au sein de systèmes assez complexes. Je pourrais prendre un autre exemple. Supposons qu'on combine la question de l'espace à la question anthropologique très simple de la station debout. Il est absolument évident que les langues sont déterminées par le fait que l'être parlant est affecté de la station debout. Ainsi, par exemple, le verbe *être* dans un très grand nombre de langues a un rapport avec le verbe qui signifie *se dresser*. Est-ce que c'est là une détermination spatiale ? C'est en tout cas une détermination spatialisée. De la même manière, l'emploi de certaines prépositions, les effets qu'elles peuvent avoir sont déterminés par des phénomènes qui n'ont pas forcément un rapport direct avec l'espace, mais qui sont la manifestation d'un rapport indirect : par exemple la pesanteur. Prenez un phénomène classique qui est la différence entre *sous* et *sur*. Si vous dites que vous mettez quelque chose *sur* la table, cela voudra dire que vous l'avez mis en contact avec la table. Si vous mettez quelque chose *sous* la table, vous ne l'avez pas mis en contact avec la table. Pourquoi est-ce que *sous* et *sur* se distinguent et s'asymétrisent de ce point de vue-là ? Uniquement, semble-t-il, du fait de la pesanteur. Effectivement, si vous mettez quelque chose sur autre chose, la pesanteur va entraîner le contact, et si vous le mettez sous, la pesanteur ne va pas entraîner le contact. Et du même coup, vous aurez une représentation spatiale soumise à des variations dont la clé est quelque chose de l'ordre du système de représentation de la réalité. Je ne sais pas si la théorie complète en a été faite ; en tout cas, celle qui me paraît la plus parlante, pour ce qui est du langage, est celle que vous trouvez chez Kant dans le schématisme, fondement souvent ignoré de toutes les sémantiques courantes.

> On voit assez bien, au travers de ces exemples, comment la représentation de l'espace peut affecter le langage. Mais il serait intéressant de voir maintenant comment les langues peuvent baliser l'espace.

C'est une question différente. Pour l'espace, le balisage est essentiellement de deux natures. Il y a deux systèmes distincts : l'un est un balisage centré sur le sujet du *ici,* tout le système qui est fondé sur le *ici,* l'opposition du *ci* et du *là*, et puis un autre balisage, le balisage que je dirais relatif et où le sujet n'intervient pas de façon centrale, par exemple les prépositions. *Sous, sur,* ce sont deux objets qui sont posés en relation l'un avec l'autre. Le sujet intervient effectivement, mais la détermination spatiale n'est pas crucialement affectée par la position du sujet. Ces deux balisages sont différents et ce qui est frappant, c'est que l'espace dispose des deux.

> Est-ce que l'on ne peut pas aller plus avant dans l'élucidation de ces deux aspects que vous venez de signaler ?

Eh bien, prenez par exemple le démonstratif simple, le *ce.* Il est clair que si vous dites *cet objet-ci,* par opposition à *cet objet-là,* toutes les descriptions sont d'accord pour dire que la différence tient essentiellement à ce qu'un objet est considéré comme proche spatialement, ou lointain, par rapport au sujet parlant. C'est le sujet parlant qui est le point de repère, et on parlera facilement ici d'embrayage sur la situation de parole. A l'opposé, si je parle d'un livre sur la table, c'est la position relative de *livre* par rapport à *table,* telle que je l'observe, et non pas telle que je la détermine, et non pas telle qu'elle se repère par rapport à moi. Les deux systèmes sont totalement différents.

Prenons encore le *ce,* on peut montrer de façon assez simple qu'il est par rapport à *ici,* à peu près dans la même position que le *mon* par rapport à *moi.* Cet ensemble *ici, là, ceci, cela, je,* certains temps du verbe comme le présent, tout cela constitue ce que Jakobson a appelé les embrayeurs : ils sont effectivement embrayés sur la situation de parole. A l'inverse, vous avez le système très riche de prépositions ou d'adverbes, avec des interprétations diverses, qui sont censés représenter les positions relatives des objets les uns par rapport aux autres, positions telles qu'elles seraient non affectées par l'observateur. Ce sont ces deux systèmes entre lesquels le balisage de l'espace se situe.

> On peut penser, en vous entendant, que la détermination de l'espace est assez facilement réalisée, mais cela doit se présenter différemment avec le temps ?

En fait non. Ce qui est frappant en ce qui concerne le temps, c'est que, si je reprends ces deux balisages que j'avais distingués pour l'espace, la même distinction pourrait être faite, mais il apparaîtra très facilement que le balisage centré sur le sujet est de loin le plus important. Prenons des déterminations que nous sommes tout à fait conscients de reconnaître : le présent, le futur, le passé. Il est évident que ces déterminations-là, qui ressemblent à s'y méprendre aux trois dimensions spatiales, n'ont en fait aucun rapport parce qu'elles sont entièrement déterminées par le sujet. Le présent, c'est le moment où je parle, et à partir de là se déterminent, par cette coupure, le présent, le passé et le futur, avec d'ailleurs des variations très grandes dans les langues. Il n'est pas vrai que toutes les langues aient trois dimensions, et que toutes les langues aient ces trois dimensions-là. La question est beaucoup plus compliquée. Et quant aux déterminations, si j'ose dire, non subjectives, il y en a, mais extrêmement peu. Et cela nous permet d'expliquer cette répartition, en français assez claire, brouillée dans d'autres langues, qui fait que les déterminations spatiales sont centrées essentiellement du côté du système nominal et les déterminations temporelles du côté du système verbal. Vous n'avez pas d'analogue temporel du démonstratif : le démonstratif est quelque chose de centré sur l'espace, sur la monstration, et il n'y a pas d'analogue temporel pour le nom. Inversement, vous n'avez pas d'analogue spatial, pour le verbe, aux marques temporelles. Vous n'avez pas de verbe qui varie en forme sous le chef du « je parle ici, et non pas là », comme il varie sous le chef du « je parle maintenant et non pas tout à l'heure ».

> Est-ce que cela veut dire que le sujet à affaire à l'espace et que le temps est en dehors de l'acte, du faire ?

Il est difficile de trancher un problème aussi compliqué. Il est, en tout cas, clair que les langues sont affectées, ou peut-être déterminées, par le fait que ce qu'elles désignent est pris dans un continuum espace-temps, et elles s'en accommodent, elles font une répartition. Dans une langue comme le français, le faire est du côté du verbe, le processus est du côté du verbe, et, si j'ose dire, la stabilisation, le processus stabilisé, est du côté du nom. Vous aurez du même coup une tendance, peut-être explicable, à ce que la temporalité processive soit du côté du verbe et la spatialisation, le temps de stabilisation du côté du nom. C'est peut-être là qu'est la clé du problème. Mais nous avons de très grandes difficultés, où la variation de langue à langue joue un rôle très important.

> Tout ce qui vient d'être dit là est susceptible d'être déduit d'une simple observation de la praxis, mais est-ce que des théories linguistiques se formalisent en termes de spatialisation par exemple ?

Il semble que la spatialisation comme outil de théorisation linguistique soit quelque chose d'assez ancien et, en tout cas, de constamment récurrent aujourd'hui. Les théories peuvent évidemment varier, mais on a le sentiment que toutes, d'une manière ou d'une autre, retrouvent une forme de spatialisation qui, pour beaucoup d'entre elles, est du type arborescent ; ce qui est une spatialisation très particulière. Les arbres peuvent varier là encore, mais vous avez toujours ce système avec des chemins, des bifurcations. A ce point, deux questions extrêmement importantes se posent à nous. La première est de savoir si tout se laisse représenter par ce genre de système. L'autre est de savoir si ce genre de système nous est nécessaire, si, en fait, il n'est pas en lui-même une déformation de ce que l'on voudrait représenter. Sur le premier point, la réponse est certaine. Il est patent que les représentations spatiales du type arbre sont trop simples : une représentation spatiale compliquée n'est pas forcément utile, mais en tout cas, une représentation spatiale de type arbre est très certainement quelque chose qui est tout à fait insuffisant. La deuxième question, à savoir si on a besoin de ce noyau de spatialisation simple, est beaucoup plus importante et beaucoup plus difficile. Il y a un certain nombre de chercheurs, par exemple René Thom ou Antoine Culioli, qui ont mis au point des modèles finalement spatialisables, mais beaucoup plus complexes que les arbres. Prenons la grammaire transformationnelle qui, très curieusement, a commencé par les spatialisations très strictes, et qui finalement aboutit aujourd'hui à un système où la spatialisation échappe complètement, où ce n'est plus du tout le plus important. Partant de là, on se rend compte que l'évolution de la théorie s'est faite vers une séparation de plus en plus nette de la représentation spatiale et de la formalisation : plus c'est formalisé de façon intéressante, moins c'est spatialisable.

Mais alors, est-ce que ce n'est pas encore plus complexe en ce qui concerne la temporalisation ?

Je dirais que la situation est inverse au départ : apparemment, la dimension temporelle dans les théories est quelque chose qui n'a pratiquement joué aucun rôle. On a évidemment représenté les phénomènes de temps, je veux dire le temps du verbe, quelque chose de ce genre. Mais fondamentalement, toute unité linguistique, si complexe fût-elle, si longue à se dérouler dans sa réalisation fût-elle, était pensée comme une unité instantanée. Et cela, c'était un point fondamental. L'idée que la structure d'une phrase, dans la théorie, sera affectée par le fait que cette phrase est plus longue qu'une autre est quelque chose qui n'existe nullement, ou seulement d'une façon secondaire. On peut donc dire que les théories linguistiques en tant que théories ne font intervenir d'aucune manière la dimension temporelle. La vitesse d'exécution est, si j'ose dire, infinie et le résultat instantané.

On considère simplement la fin de l'acte de langage.

Oui, tout se passe comme si l'énoncé s'accomplissait au dernier temps et, ce faisant, déterminait, par une rétroaction, tous les temps antérieurs, de sorte qu'à la fin de l'énoncé, on peut considérer qu'on a juste à prendre en compte le dernier instant et que tout se joue à ce moment-là.

Mais vous semblez dire que l'approche de l'espace et celle du temps doivent être considérées comme complètement différentes. On voit à l'évidence, en effet, dans certains cas, qu'il n'y a aucune commune mesure entre elles. Cependant, dans la pratique même de la langue, on voit des métaphores se créer. On va parler d'espace en termes de temps et de temps en termes d'espace. Est-ce que c'est significatif, et si oui, de quoi ?

C'est sûrement significatif ! Et c'est significatif, à mon avis, de ce qui est représenté par la langue, c'est-à-dire des processus auxquels elle réfère et qui sont la « réalité » qu'elle représente ou désigne, quel que soit le terme que l'on emploie. C'est cette « réalité » qui est constituée de l'imbrication constante entre déterminations temporelle et spatiale. Il n'est pas sûr que ce soient les langues qui induisent cela. Et j'ai le sentiment que si l'on prend les langues en elles-mêmes, c'est effectivement cette dissymétrie absolue, cette séparation absolue des deux systèmes qui apparaît soit au niveau des processus linguistiques, soit au niveau des théorisations qu'on en donne. Il faut bien marquer le niveau de la question : l'échange est constant, mais n'est pas induit par la langue elle-même ou les langues elles-mêmes.

> Ce qui veut dire que ces idées ou ces représentations traversent les langues sans pour autant, comment dire, sans pour autant s'y intégrer ?

J'ignore si elles ne s'y intègrent pas, je dirais qu'elles ne sont pas induites, c'est-à-dire que la langue peut en être marquée et cela de façon importante. Là on débouche sur une question grave et difficile à résoudre pour le moment. Je crois qu'on peut aller très loin en considérant que l'espace et le temps d'une certaine manière se représentent indépendamment des langues, et sont en quelque sorte reçus par elles comme des réceptacles. Mais je pense qu'il y a un moment où l'on est obligé de poser la question inverse : dans quelle mesure le temps et l'espace se laissent-ils représenter de façon autonome par rapport à la langue ? Et il est très possible qu'on arrive au contraire à la conclusion que seules les nominations que la langue peut produire de l'espace et du temps permettent de constituer la représentation imaginaire de l'espace et du temps. C'est entre ces deux questions qu'on oscille constamment quand on pose ce problème.

> Est-ce que cela ne renvoie pas aussi aux rapports du langage et de la représentation mentale même ?

Oui, la question étant de savoir si l'image mentale a une existence autonome et si elle n'est pas précisément l'effet de ce repérage que la langue constitue. C'est là la difficulté.

Le problème se pose de savoir ce qui est premier. Est-ce que la langue sert à la traduction de l'image mentale ou est-ce que l'image mentale prend naissance dans la langue elle-même ?

En effet. Et comme toutes ces questions d'origine, elle est peut-être insoluble.

Revenons pour conclure à cette difficulté que vous avez signalée à plusieurs reprises au cours de cet entretien, difficulté qui semble exister aussi bien avec l'espace qu'avec le temps. Est-ce qu'on peut trancher et dire que l'espace et le temps affectent le langage, ou inversement que le langage détermine ces deux représentations ?

Je pense que c'est effectivement la difficulté fondamentale et on voit très bien pourquoi. C'est parce que, et peut-être là encore sont-ce les langues qui nous y entraînent, nous ne pouvons penser ce genre de question qu'en termes d'antériorité logique ou chronologique. Or logiquement, nous n'arrivons à penser complètement ni l'une ni l'autre hypothèse. Chronologiquement, c'est le même type d'impasse. Nous n'arrivons pas à penser un sujet qui ait une représentation de l'espace et du temps, sans parler, et inversement, un sujet qui parle sans représentation d'espace et de temps. Et c'est je crois, au milieu de ces difficultés-là que l'on reste pris comme toujours, quand on se trouve en présence de questions d'origine.

# 17. L'espace, le temps et les arts de l'espace

***Entretien avec Hubert Damisch, directeur d'études à l'École des hautes études en sciences sociales (EHESS).***

ÉMILE NOËL : On a assez bien vu comment la langue était aux prises avec l'espace et le temps. Elle a à en permettre les différentes traductions mais, par ailleurs, elle en subit les impacts. Avec les arts, notamment avec les arts plastiques, on peut se demander si les concepts d'espace et de temps sont vraiment pertinents. Comment peut-on parler d'espace et de temps en considérant la peinture et la sculpture, par exemple ?

HUBERT DAMISH : Je suis un peu embarrassé par la façon dont vous posez la question : d'une part je ne vois pas comment on peut la poser autrement, et en même temps j'y vois une question, je ne dirai pas une fausse question mais une question faussée. C'est une question qui est, en effet, pour une part académique en cela qu'elle est entièrement programmée par une tradition d'abord humaniste et ensuite universitaire. Elle nous renvoie au grand thème rhétorique de la comparaison entre les arts, à ce que la tradition classique a énoncé sous le

←
Marcel Duchamp, *Nu descendant l'escalier*.

titre de *l'ut pictura poesis* : la peinture comme la poésie ou la poésie comme la peinture, selon la formule de Simonide, elle aussi classique, qui voulait que la peinture soit quelque chose comme une poésie muette et la poésie une peinture parlante ; l'une et l'autre ayant comme objet commun l'imitation. Mais l'une s'adresse aux yeux, l'autre à l'oreille. Ce thème, qui traverse toute la culture classique et qui n'est pas sans échos dans la nôtre, comme on aura sans doute à y revenir, ce thème n'a pas du tout la simplicité que je dois lui prêter pour les besoins de la cause. C'est précisément là le fait de l'académisme : nous plier à sa loi, nous contraindre à en passer par ses voies et en particulier par celles de la simplification. Lessing, le grand critique allemand du XVIIIe siècle, s'est prêté à ce jeu-là, mais il ne s'y est prêté que pour bien marquer qu'il était conscient du fait que l'académisme a la vie plus dure qu'on le croit et qu'il vaut mieux l'attaquer de front plutôt que de se laisser circonvenir par lui, insidieusement, comme il arrive chaque fois que, par exemple, dans notre domaine, nous nous interrogeons sur les rapports entre art et langage, sur les conditions de possibilité d'un discours, sur l'art, à propos de l'art, *avec* l'art.

> Cela posé, peut-on dire qu'il y a des arts qui seraient des arts du temps, et d'autres qui seraient des arts de l'espace ? Ce n'est sans doute pas si simple que ça.

C'était déjà l'idée de Lessing. C'est chez lui que l'on trouve la meilleure formulation du problème qui nous occupe. Encore une fois, pour lui la poésie comme la peinture sont des arts d'imitation. Il s'agit pour l'une comme pour l'autre d'éveiller chez le spectateur, l'auditeur ou le lecteur une représentation la plus vive possible. Mais ces deux arts se servent de moyens différents. La peinture use de figures, de couleurs, dans l'espace. Les signes qu'elle met en œuvre sont des signes naturels. La poésie, on pourrait dire la musique aussi, use de sons articulés dans le temps, et les signes qu'elle met en œuvre sont des signes arbitraires.

Pour sa part, la peinture joue de figures et de couleurs dans l'espace ; mais elle ne peut jouer de ces signes qu'à les juxtaposer, à les disposer dans un ordre simultané les uns à côté des autres. C'est dire, si l'on s'en tient à la règle de l'imitation, que ces signes ne pourront rien signifier d'autre que des objets eux-mêmes juxtaposés, des objets que l'on définira comme des unités de coexistence, composés qu'ils sont de leurs parties simultanées. La peinture aurait donc pour objet propre des *corps*. A l'inverse, la poésie procède dans l'ordre des successivités. Les signes dont elle use, ces signes arbitraires qui sont ceux de la langue, ne peuvent exprimer que des phénomènes qui se succèdent. L'objet spécifique de la poésie serait alors l'action. La poésie peut par exemple décrire le lancer d'une flèche. Il y a une très belle analyse de Lessing sur la description qu'Homère fait d'un archer qui tire sa flèche. On a tous les moments successifs de cette opération. Alors que la peinture ne saurait en montrer qu'un moment instantané. Une action progressive, une succession d'actions, ne prête pas à représentation selon les moyens de la peinture. Maintenant, il est évident que les corps n'existent pas seulement dans l'espace. Les corps existent dans le temps, ils se déplacent, ils se modifient, ils changent d'aspect ; surtout les relations entre eux peuvent se modifier, leur ordre de coexistence peut se transformer. Chaque état momentané, chaque « synchronie » comme disent les linguistes, prend place dans une « diachronie », dans une succession. Une bonne métaphore en serait le jeu d'échecs, où chaque position se présente comme simultanée : on peut décrire la position à un moment donné sur l'échiquier en termes de coexistence. Mais chaque position prend aussi place dans une série entre la position qui la précède et celle qui la suit. De ce point de vue, la peinture, pour parler comme Lessing, serait réduite à peindre un moment unique de l'action. Elle devrait donc choisir le moment le plus significatif, le plus représentatif, celui qui évoque le mieux l'ensemble de la chaîne. La différence entre la sculpture et la peinture à cet égard, prenons le thème du *Discobole* comme exemple, c'est que la peinture peut représenter le lancer du disque au moment où le disque échappe à la main du lanceur. Pour la sculpture, c'est impossible. Il faudra au sculpteur choisir un autre moment. Lessing a très bien noté le paradoxe qui consiste à *fixer* un moment fugace ; par exemple le cri, le moment où l'on crie, va durer dans la peinture, il sera en quelque sorte éternisé. Tout ce raisonnement, comme vous le voyez, est programmé par un système : celui de l'imitation. C'est en se demandant ce qu'il en est de l'imitation dans chacun des deux ordres, celui de la peinture et celui de la poésie, ce qu'il en est des référents respectifs de la peinture et de la poésie, que l'on échappe à l'alternative : la peinture imite la poésie, la poésie imite la peinture. Mais l'on reste toujours pris ici dans le système de l'imitation.

> Mais cette opposition entre art du temps et art de l'espace, est-elle vraiment tenable ? Quand je regarde une peinture indiquant un mouvement, peinture ou sculpture d'ailleurs, il me semble bien que je peux essayer d'imaginer, de reconstruire ce qu'il y a en amont de ce mouvement fixé, de même que je peux construire ce qu'il y a en aval. De sorte que cette œuvre, cette peinture ou sculpture fixe-fixée peut très bien introduire au mouvement, donc au temps ?

Oui, vous posez très bien le problème. Pour ce qui est du mouvement, on y reviendra tout à l'heure si vous le voulez bien. Je ne crois pas, en effet, que la distinction entre les arts du temps et ceux de l'espace, dans les termes stricts qui sont ceux de Lessing, aille de soi. D'abord pour ce qu'il déclare être les arts du temps : vouloir que la poésie soit faite de sons qui se succèdent, selon la seule dimension du temps, c'est ignorer tout ce qui dans la poésie relève d'une distribution proprement spatiale. Tout ce que Saussure a étudié sous le titre des anagrammes, des récurrences de lettres, de syllabes, de figures aussi, qui dessinent, en quelque sorte en filigrane du texte, une manière d'architecture simultanée, une manière d'architecture qui ressortit au régime de l'écriture, et qui éventuellement se donnera à *voir* sur la page. Si vous marquez sur la page la récurrence des lettres qui dessinent une figure, cela apparaît dans l'ordre simultané. C'est là le travail de Saussure à propos des anagrammes. Il en va de même pour la musique dès lors que celle-ci se réfléchit nécessairement dans son architecture. Je pense ici au très beau mythe qu'a élaboré Valéry, le mythe d'Amphion. Amphion reçoit d'Apollon la lyre. Sous ses doigts naît la musique, et, au son de cette musique, on voit les pierres se mettre en mouvement, s'assembler, et c'est la naissance de l'architecture. Ce que Valéry voulait montrer par là, c'est que l'esprit est redevable à l'architecture de l'idée même de *construction.* L'opération de construction a des effets qui se laissent indifféremment repérer dans la synchronie comme dans la diachronie. Il y a une construction musicale aussi bien qu'une construction plastique. Les effets s'en laissent repérer aussi bien sous l'espèce d'un ordre simultané des parties, et c'est l'architecture, que dans un arrangement successif, et c'est la musique, ou le discours. L'architecture dont le mythe veut qu'elle procède de la musique, mais où la musique à son tour se réfléchit, prend conscience de ses moyens. Sur ce point, je vous renverrai aux écrits de Schönberg qui a énoncé un certain nombre de propositions tout à fait fortes à cet égard sur l'architecture de la musique. Si les arts du temps peuvent se réfléchir dans l'espace, se réfléchissent dans l'espace, en retour, il faut bien voir que ceux de l'espace se réfléchissent eux-mêmes dans le temps.

Sous quelle espèce les arts de l'espace se réfléchissent-ils dans le temps ?

Eh bien, d'abord — je dis bien d'abord, parce qu'ensuite il faudra répondre à votre question sur la conception du mouvement —, d'abord sous l'espèce du discours, du discours qui prend ces arts de l'espace en charge. Prétendre décrire un tableau, c'est tenter de le faire passer dans le discours, le mettre en discours, selon des procédures variées qui, nécessairement, puisqu'il s'agit de discours, relèvent de l'ordre des successivités. On décrit un tableau dans un certain ordre, selon un certain parcours. Et ce problème de la mise en discours c'est là, semble-t-il, l'un des grands problèmes qui se posent à tous ceux qui s'occupent d'art aujourd'hui. Là encore, je le dis sans détour, il s'agit pour moi sinon d'un faux problème au moins d'un problème faussé, comme je le disais tout à l'heure. Faussé par le fait qu'il est entièrement programmé par cette tradition que j'évoquais de l'*ut pictura poesis,* et qui plus est, dans l'oubli total de la critique de Lessing. C'est ainsi qu'on en vient à assimiler le tableau à un texte et, en même temps qu'à un texte, à un système de lecture. Lire un tableau, selon la métaphore reçue, reviendrait à en connaître selon la dimension linéaire et successive, qui est celle du langage. Et bien sûr, si l'on veut qu'un tableau se donne à lire selon l'ordre des figures auquel il prête, il y aura, parmi ces figures, un ordre de figures privilégié : les figures narratives. Décrire, c'est déjà raconter, dans la mesure où toute description renvoie à une action successive. En géométrie, décrire une ligne revient à en suivre le mouvement. Et le fait même de la description revient pour le discours à essayer d'ouvrir sa trace dans le tableau, à vouloir s'y frayer un passage. C'est cela décrire, d'une certaine façon.

Dans la logique même de ce que vous venez de dire, il

> suffit que je regarde le tableau pour, si j'ose dire, le temporaliser. Le déplacement de mon regard dans le tableau se fait, selon la « flèche du temps ». Il y a là, immédiatement, la narration de mon regard.

Oui, c'est bien ainsi que je l'entendais, et j'aime cette idée d'une narration du regard. Le problème c'est que d'un côté il y a narration du regard, et puis d'un autre côté il y a regard sur la narration, sur ce qui est raconté dans le tableau. En général, et beaucoup trop souvent, on s'intéresse en priorité, dans la peinture, à ce qu'elle raconte. Se demander ce que *ça représente.* La question qu'on se pose toujours devant un tableau : « Qu'est-ce que ça représente ? » (en général pour la peinture classique) équivaut à se demander à quelle histoire est-ce que ce tableau renvoie, qu'est-ce qu'il nous raconte. Au point qu'on pourrait penser que la catégorie de la narration se substitue à celle de l'imitation, comme je le disais tout à l'heure. En fait, l'imitation reste au principe de la narration, bien qu'elle lui soit subordonnée. Pour savoir ce qui est raconté, il faut d'abord que *ça ressemble à quelque chose,* que ça imite quelque chose. Pour raconter, la peinture doit imiter. Quant à la narration, elle peut prendre des formes diverses. Soit que dans l'unité d'une même composition, suivant le principe tout théorique de la peinture classique, on nous présente un épisode d'une histoire, à charge pour les spectateurs d'imaginer les autres, de le replacer dans une série. On retrouve un peu ici ce que vous disiez tout à l'heure sur le mouvement, c'est-à-dire qu'on a un épisode de l'histoire et l'on peut se remémorer ce qui s'est passé avant et imaginer ce qui va se passer après. Soit que, dans le cas d'une même composition, on nous présente simultanément des épisodes successifs, ce qui arrive, même dans la peinture classique, en tout cas dans la peinture du XV^e siècle, qui est pourtant en principe soumise à l'existence de l'unité de lieu. On vous représentera simultanément différents épisodes de l'histoire de saint Jean-Baptiste : la danse de Salomé, la décollation de saint Jean-Baptiste... tout cela à l'intérieur de la même composition. Soit enfin, ce qui est le cas le plus fréquent pour la peinture médiévale et la peinture de la fin du Moyen Age, le peintre présente l'histoire sous la forme de scènes distinctes mais qui se succèdent. Par exemple quantité de fresques médiévales, et surtout celles de Giotto qui est le premier grand narrateur, en ce sens, de l'Histoire, nous présentent une narration continuée, articulée autour de quelques-uns des moments forts de l'histoire, quelque chose comme une bande dessinée. Ce qui est intéressant, c'est qu'à l'intérieur même d'une composition donnée la peinture est parfaitement en mesure d'exprimer des relations temporelles. Panofsky, par exemple, le grand historien d'art, a montré de façon très convaincante à mon sens, comment la peinture peut représenter l'opposition entre le passé et le présent. Entre l'ancienne et la nouvelle Loi, entre l'Ancien Testament et le Nouveau. Dans les tableaux flamands qui représentent le mariage de la Vierge, on voit la Vierge entrer par une sorte de pronaos, de vestibule de style roman dans une église qui, elle, est de style gothique. Cela montre que le passage de l'ancienne à la nouvelle Loi se traduit en termes de styles : le style roman, ancien, puis le style gothique, le style nouveau de l'époque. De même sous la Renaissance, on aura l'opposition entre les architectures « modernes », à ce moment-là les architectures gothiques, et les architectures que je dirai postmodernes, d'avant-garde, qui sont les architectures à l'antique. L'opposition des temps du gothique et de l'antique, que ce soit l'antique au sens propre du terme ou l'imitation de l'antique, cette opposition que l'on peut traduire en termes temporels, prendra d'autant plus de relief qu'elle s'inscrira à l'intérieur d'une scène constituée dans son unité. Vous voyez ici que la peinture, comme le rêve selon Freud, est parfaitement à même de figurer des relations conceptuelles par des procédés formels ou allégoriques. A cet égard, nous avons beaucoup appris de Freud, et la mise au jour de ces procédés, par lesquels la peinture est à même de figurer ces relations d'ordre conceptuel, a conduit à étendre considérablement le domaine de la figurabilité. La peinture n'a pas à figurer que des corps, elle peut figurer bien autre chose, encore une fois, jusqu'à des relations de type temporel.

> Alors comment est-ce que la peinture s'y prend pour être à la fois narratrice d'histoire et constructrice d'espace ?

Eh bien, c'est assez difficile à entendre. Pour Alberti, qui a donné la première mise en forme théorique du système Renaissant, la peinture aurait pour fin dernière l'*histoire,* ce qu'il appelle la *storia,* la fable, le mythe, ou l'histoire sacrée. Ce qui revient à dire que lorsqu'on parle d'espace à propos de l'art de la Renaissance, il faut être très prudent, et surtout quand on évoque à ce propos la naissance d'un espace plastique nouveau. Car, pour Alberti en tout cas, à supposer que la notion ait un sens, le problème n'est pas tant de « représenter » l'espace, que de construire un espace de représentation. Ce qui nous trompe ici, c'est que la peinture semble emprunter ses moyens à la géométrie. Mais la géométrie n'a pas nécessairement pour objet l'espace en tant que tel. C'est là une idée très moderne, une idée qui s'est introduite grosso modo avec Descartes. Euclide, quant à lui, n'a jamais parlé de l'espace, on lui a fait parler de l'espace, mais ce n'est pas l'espace qui l'intéressait, c'étaient les figures, les rapports entre les figures, les rapports de similitude, de symétrie, d'égalité. Et surtout les opérations auxquelles prêtaient ces figures, à commencer par les déplacements, les transformations au sens géométrique du terme. C'est dire que l'idée de l'espace de la représentation nous renvoie aux dispositifs de base de cet espace, de cette représentation, à la grille qui sert d'assise à la scène de la représentation. Construire une image en perspective, pour Alberti, c'était d'abord tracer l'échiquier qui lui servirait de sol. Cet échiquier ce n'est pas la Renaissance qui l'a inventé, il avait déjà cours au Moyen Age. Et le Moyen Age en a usé abondamment, chaque fois qu'il avait à raconter une histoire ou à représenter la possibilité d'une opération prenant place dans le temps, par exemple représenter la société dans ses transformations possibles. Ce qu'a fait le Quattrocento, la Renaissance, c'est de mettre l'échiquier en perspective, de l'instituer en tant que scène où l'histoire va prendre place. Il y a là quelque chose d'analogue à ce que Georges Dumézil a étudié sous le titre de la *repetitio rerum,* à savoir le rituel dont certains prêtres romains, les *fetiales,* avaient la charge. Ils avaient pour fonction d'ouvrir, par des opérations rituelles, un espace où ensuite devait prendre place l'Histoire : la guerre, par exemple.

> Bref, comme tout système établi, il facilite un certain nombre de choses, mais il limite aussi par ailleurs. Alors, quelles sont les possibilités et les limites ?

Si le modèle de l'échiquier que j'emprunte a sa pertinence c'est qu'il nous renvoie à l'opposition que nous avons marquée au début entre les deux ordres, celui du simultané et celui du successif. On peut décrire une partie d'échecs de deux façons soit comme une succession de coups linéaires, soit comme une série de positions, d'états, synchroniques, simultanés. On peut alors penser le passage d'un état à l'autre en termes de transformations. On pourra par exemple rapprocher des tableaux qui n'ont apparemment aucune relation entre eux, sinon qu'ils traitent d'un même sujet. On pourra rapprocher les différentes figures du *Narcisse* tel qu'il a été peint par

Caravage ou par Poussin, et l'on verra que dans chacune des attitudes de Narcisse, on a, à la fois, référence à un moment différent de l'histoire ; chez Caravage, ce sera le moment où Narcisse se mire dans l'eau ; chez Poussin, ce sera le moment où Narcisse est mort et couché à côté de l'eau. Mais il y a, en même temps, une transformation. Le passage d'un état à l'autre implique une série de transformations et l'on passe, par exemple, de la figure du cercle chez Caravage à une figure linéaire chez Poussin, ce qui est un report de transformation d'ordre géométrique, puisqu'un cercle, si vous le présentez en perspective, à la limite, se réduit à une ligne. Dans le *Narcisse* de Poussin, vous avez autre chose, vous avez un phénomène de condensation très intéressant : Poussin présente à la fois la mort de Narcisse, et Écho transformée en rocher. Deux moments de l'Histoire. Et ce phénomène de condensation qu'on retrouverait bien ailleurs encore — dans le *Moïse* de Michel-Ange, où comme l'a montré Freud, il y a la condensation de plusieurs moments de l'Histoire — montre bien que la peinture n'a pas simplement à connaître ce qui prend place dans l'instant. Ce serait là le propre de la photographie. La photographie qui, par l'instantané, sait fixer ce qui est si fugace qu'à la limite il échappe aux prises de la vue. Par exemple, les différents moments d'un déplacement — pensez au *Nu descendant un escalier* de Marcel Duchamp, qui reprend l'idée des chronogrammes de Marey où l'on voit simultanément présentés les différents stades d'un mouvement.

> Jusqu'à présent, nous ne sommes pas arrivés à ce qu'on appelle l'art contemporain. Alors l'art contemporain innove-t-il relativement à cette conception ?

En fait, on vient d'en dire un mot quand même avec le *Nu descendant un escalier*. Mais je ne suis pas sûr, et c'est pour cela que je réponds ainsi à votre question, que ce soit là véritablement une innovation. Je crois que dans cette opération, qui était celle des futuristes, et qui revenait à représenter différents moments successifs comme simultanés, entrait une certaine naïveté. Même si le résultat est souvent très beau, très séduisant, assez excitant pour l'esprit, il y a cette idée un peu naïve qu'on peut introduire dans la peinture quelque chose comme la quatrième dimension, qui correspondrait au temps. Ce qui m'intéresse beaucoup plus dans l'art contemporain, c'est un certain nombre d'opérations qui sont de deux ordres différents. Les premières consistent à vouloir que la peinture ne se limite pas à imiter ou à restituer des effets, ce qui était le propre, grosso modo, de l'impressionnisme. L'impressionnisme cherche, entre autres, à rendre des effets de lumière. On voudra au contraire que la peinture produise des effets : l'équivalent des effets lumineux. Des effets qui demanderont donc, pour se produire, un certain temps, si minime soit-il. Le fait que ce temps soit minime peut être d'un très grand intérêt parce que, comme l'ont dit quantité de physiciens, c'est justement au niveau des microtemps, des microévénements, que la science a le plus progressé, en prêtant attention à tout ce qui peut paraître subliminal. On a pu comparer en physique, par exemple, les phénomènes vibratoires liés à la couleur, à des mécanismes d'horlogerie. Chaque couleur correspondant à une unité de temps donnée, elle vibre un certain temps. La peinture, bien sûr, n'a pas à connaître ce genre de choses, mais enfin elle a visé avec le postimpressionnisme, avec le pointillisme plus encore, à des effets qui sont d'ordre temporel, et c'est encore plus manifeste avec les effets cinétiques que recherche une certaine peinture. Dès le moment où la peinture va jouer d'effets de complémentarité qui ne peuvent se produire que dans le temps, dès le moment où elle va jouer de l'illusion d'un mouvement optique, son opération prendra nécessairement place dans le temps. Il est très intéressant de noter que l'on a nommé *simultanéisme* (Delaunay, par exemple) justement ce type de peinture qui prétendait, à partir d'une figure simultanée, produire des effets de mouvement, qui prenaient donc place dans le temps. Je crois que je réponds là un peu à la question que vous posiez tout à l'heure, au commencement. Le second type d'opérations qui m'intéresse peut-être encore davantage, c'est l'accent qui a été mis dans la grande peinture américaine des années cinquante, en particulier avec Pollock, sur le fait que la peinture devait être une action. Ce qui, pour un Américain, allait de soi parce que le mot *painting* en anglais, c'est en fait un participe présent : c'est la forme progressive. La peinture n'existe qu'en *se peignant,* qu'en étant une *action.* Qu'est-ce que c'est que la peinture de Pollock ? C'est l'enregistrement du processus par lequel elle est engendrée, ces entrelacs successifs qui ont donné naissance à la peinture. Je crois que là, dès le moment où la peinture apparaît comme la trace de son propre engendrement, elle ne doit plus rien à l'imitation. Mais mieux encore, dès le moment où elle se présente comme action, elle ruine complètement l'opposition qu'on a tenté de marquer entre les arts qui auraient pour l'objet l'action et les arts qui auraient pour objet les corps. Le corps, ici, devient sujet, sujet de l'action qui fait l'objet de la peinture, qui la définit en tant qu'objet.

# 18. L'espace, le temps et les arts du temps

***Entretien avec Daniel Charles, professeur à l'université de Paris-VIII, directeur du département « musique ».***

ÉMILE NOËL : Comme il a déjà été signalé dans l'entretien précédent, cette séparation en arts de l'espace et arts du temps est, sans doute, arbitraire. On pourrait d'ailleurs, tout aussi bien, pour qualifier ceux dont on va parler aujourd'hui, utiliser l'expression : arts du mouvement. Cela revient à dire qu'ils s'articulent autour de critères temporels. Le temps est pour eux un matériau essentiel. Mais la plupart d'entre eux n'existeraient pas sans espace. Je pense en particulier à la danse. Mais est-il pertinent de les confronter à ce double concept espace-temps ?

DANIEL CHARLES : Oui, je crois que c'est tout à fait pertinent, mais il me semble qu'un auteur a déjà répondu en partie à votre question : Adorno. Il s'est penché sur *les Rapports entre musique et peinture aujourd'hui* — c'est là le titre d'un texte célèbre du maître de Francfort — pour conclure que dialectiquement parlant, plus la musique était elle-même, c'est-à-dire musique, plus donc elle allait jusqu'à l'essence du musical, et plus elle était *conquête de l'espace.* Inversement, plus la peinture va jusqu'au bout de ce qu'elle est, et plus elle se *musicalise,* c'est-à-dire plus elle se *temporise.* On obtient par là un croisement, un chiasme, un rapport en croix de Saint-André. Et il s'agit de comprendre que la musique et la peinture ne sont dissociées de nos jours qu'artificiellement, par une esthétique qui n'oppose les arts du temps aux arts de l'espace que de façon traditionnelle — ce que notre époque remet fort justement en question. Pour Adorno, l'enjeu problématique est de faire se croiser non seulement les arts mais leurs supports, leurs substrats, leurs substances, c'est-à-dire finalement la dimension même que ces arts s'efforcent de faire apparaître. Il me semble qu'il faut aller plus profondément encore : on s'aperçoit alors que ces dimensions sont déjà entrelacées et qu'il y a *en vérité* « un espace de jeu temporel », selon l'expression de Heidegger, un *Zeit-spiel-raum,* littéralement un *jeu de l'espace et du temps.* Et la musique aujourd'hui, je prends donc la musique comme l'art le plus pertinent, la musique, en tout cas chez un certain nombre de compositeurs, essaye de se faire ce jeu même de l'espace et du temps. Ce que l'on peut retenir d'Adorno, c'est que les dimensions sont en quelque sorte à la fois l'essentiel, et en même temps, dans chaque cas, ce qui doit être nié par l'*autre dimension* pour apparaître dans sa vérité. Cette pensée d'Adorno, la vie de tous les jours, si j'ose dire, la vérifie : il suffit de prendre des exemples dans la musique la plus récente. On s'aperçoit que si l'espace a été « favorisé » jadis chez Gabrielli ou chez Stravinsky, aujourd'hui ce n'est plus tant d'une « faveur » qu'il s'agit. La musique d'aujourd'hui, dans sa trajectoire, aboutit réellement à une mise en question de l'espace. Elle se fait *performance,* et performance *multimedia,* elle emprunte à la vidéo aussi bien qu'à la sculpture, à la danse, et au théâtre en général, des éléments qui ne figuraient pas primitivement dans l'œuvre musicale classique.

A vous entendre, notamment par la comparaison peinture-musique, je dois comprendre que c'est la musique qui vous paraît le meilleur exemple, l'art exemplaire pour parler de ce qui nous concerne ici. La musique, bien ! Mais laquelle ?

C'est vrai qu'il n'y a pas une musique, il y en a beaucoup. Si l'on se place dans le temps historique, je dirai que la musique contemporaine, la plus proche de nous, peut paraître la plus significative à priori ; mais tout ce qui se fonde aujourd'hui, tout ce qui se travaille au niveau des fondements mêmes de la musique, toute la question de fond de la musique, se trouve effectivement déjà traité chez Debussy. Autrement dit, la notion d'espace sonore, c'est-à-dire la notion de mouvement dans un espace sonore qui se trouve ainsi frayée et inventée, ne se développe qu'à une certaine période de l'histoire de la musique, et en gros dans le sillage de la rupture du système tonal. Comment cela se passe-t-il historiquement ? Le XX^e^ siècle n'embraye certes pas directement et uniquement sur Debussy. Il y a, hors de France, Schönberg et l'école de Vienne, et les sériels occupent, si j'ose dire, la place la plus voyante dans l'histoire de la musique au XX^e^ siècle. Or les sériels ont développé une pensée *paramétrique.* Ils ont dissocié les différentes composantes de chaque son, de façon à les traiter séparément, et ensuite à les synthétiser. Ils préparent et analysent, et ne passent qu'ensuite à la synthèse. Cette pensée paramétrique n'est pas le meilleur exemple que je souhaiterais donner d'une spatialisation du temps musical, parce que le problème consiste à faire correspondre ensuite les différents paramètres. Quand vous faites une analyse sonore, et quand vous vous penchez sur ce monde qu'est chaque son, vous pouvez considérer effectivement que la dimension de la hauteur, par exemple, est déjà une dimension spatiale, qu'elle s'oppose de ce fait à la dimension de la durée, laquelle n'est spatiale que par la notation ; que les attaques et les intensités sont des gestes spatiaux mais qui dépendent du phrasé mélodique et par conséquent de la première dimension du premier des paramètres. L'idée des sériels est une idée abstraite, qui consiste à mettre à égalité tous les paramètres : ils ont pensé, à tort ou à raison — et je crois plutôt à tort et malencontreusement —, que l'on pouvait égaliser selon une même loi de proportion et avec la même formule de développement, les quatre paramètres principaux qu'ils avaient distingués — en l'occurrence, la hauteur, la durée, l'attaque et l'intensité. Mais à ce moment, ils se trouvaient face à des non-sens auditifs : dans un contexte autre, la même différence de hauteur n'est pas du tout perçue de la même manière par l'oreille. Ce qui, spatialement, correspond à un demi-ton sur un piano, sur un clavier tempéré, ne trouve pas non plus d'équivalent « stable » dans le domaine des durées. D'un domaine paramétrique à l'autre, rien n'est perçu de la même manière : entre une triple croche et une double croche, il y a une certaine différence mais l'oreille ne la perçoit nullement comme susceptible d'équivaloir à un intervalle « minimal » de hauteur comme le demi-ton. L'oreille n'accommode pas, si l'on peut dire, de la même façon toutes les dimensions du son. Pour qu'apparaisse l'espace musical comme tel, nous disposons aujourd'hui d'un exemple plus *sérieux* que l'exemple sériel : celui d'une certaine musique « post-sérielle » qui se défie des paramètres et abandonne l'idée paramétrique. C'est-à-dire aussi l'idéal d'un espace défini par le seul calcul. A ce niveau, on entre dans un débat qui n'est pas propre à la musique mais qui touche aussi d'autres arts ; en ce qui concerne la musique, l'enjeu dépend de la façon dont on conçoit la *notation.* Il est toujours possible de noter jusqu'à l'absurde, avec un *quadruple piano* ou un *quintuple piano,* comme dans les pièces d'*Iberia* d'Albeniz ou dans *Scarbo* de Ravel, les intensités, par exemple. Une intensité, nous pouvons la fixer sur le papier ; mais l'interprète pourra-t-il jamais la rendre tout à fait et la restituer ? La logique sérielle aurait voulu justement une restitution précise et ponctuelle. Or avec les musiques « ouvertes » et les musiques « indéterminées », qui font suite historiquement à la grande période de la musique sérielle, c'est-à-dire à partir des années soixante environ, on peut dire qu'une nouvelle définition du temps et de l'espace, et surtout de l'*espace non paramétré,* s'introduit en musique. Les musiciens se préoccupent de ce qu'ils appellent le *temps zéro* ; de même, il faudrait parler de l'*espace zéro,* c'est-à-dire des dimensions qui ne se laissent plus mesurer au sens où l'on croyait que l'on pouvait tout mesurer et fixer par le seul calcul. Dans ces nouvelles musiques, se fait jour une pratique complètement différente à l'égard du temps et de l'espace. Il s'agit, non pas de concevoir le temps comme une suite ou comme une succession de *maintenant* isolés les uns par rapport aux autres et atomisés mais d'ouvrir les *maintenant* les uns « dans » les autres. Ce qui est une *conception spatiale.* Car si les *maintenant* communiquent les uns avec les autres, c'est que la flèche du temps peut se parcourir dans toutes les directions, un *maintenant* pouvant communiquer avec le *maintenant* qui suit comme avec celui qui précède. Et du coup, *l'espace englobe en quelque sorte le temps.*

> Ce qui veut dire qu'il y a différentes catégories d'espaces inventoriés à mettre en relation avec la musique. Peut-être la première qui vient à l'esprit, qui tombe sous le sens, c'est la position des musiciens et des instruments dans l'espace ?

Oui, c'est une dimension qui est exploitée ou explorée depuis l'Antiquité, et aussi dans des civilisations musicales étrangères à la nôtre. Les ethnomusicologues sont les premiers à nous décrire des rassemblements sur de grands espaces ; on en trouve des témoignages fréquents au cours de l'histoire de la musique. Je pense à Berlioz, puisque c'est le musicien le plus en vue du XIX^e^ siècle français : dans son *Traité d'orchestration,* il établit que les musiques militaires sont construites pour résonner dans une avenue ou un boulevard susceptibles de canaliser en quelque sorte le son. Ce sont des musiques composées en fonction d'une certaine *spatialisation* des interprètes. De nos jours, cette spatialisation atteint des raffinements et des sommets — non militaires.... — tout à fait remarquables. On dissémine les musiciens dans le public, etc., cela répond à une exigence de clarté sonore. On pourrait presque croire que le relief sonore intervient comme un *nième* paramètre au sens où nous parlions tout à l'heure de paramètres. Bien sûr cette notion de relief sonore a toujours, d'une certaine manière, existé. Il suffit d'examiner comment l'orchestre s'est, au fil des époques, constitué. La structure de l'orchestre a été le laboratoire témoin sur lequel on a travaillé pendant au moins trois siècles, et qui permet d'arriver aujourd'hui justement à ces bouleversements et à ces raffinements qui satisfont, en particulier dans les musiques « indéterminées », à des fins d'évidence sonore.

> Il y a, malgré tout, un autre aspect, situé peut-être à l'autre bout de l'inventaire des catégories spatiales : c'est la texture même de la musique ?

Il est inséparable cependant. Vous opposiez ce qui tombe « sous l'esprit » et ce qui tombe « sous le sens », mais de l'esprit au sens, la trajectoire n'est pas si longue, même s'il s'agit d'*opposer*... Or, en ce qui concerne le rapport des *sens* à l'*esprit,* l'attitude même du musicien à l'égard de la musique tend à changer : si par attitude, on entend la distance prise par le compositeur vis-à-vis de ce qu'il est en train de composer, une telle distance ou accommodation tend à se modifier au tournant du XIX^e^ et du XX^e^ siècle. Si je déchiffre une œuvre classique, je peux la suivre, à la limite, de façon linéaire. Mon présupposé est qu'elle comporte effectivement une mélodie ; or pour écrire une mélodie, comme pour la lire, j'ai besoin de me trouver situé à une certaine distance de mon papier à musique ; par conséquent, je ne prends pas à son égard le recul qu'un peintre devra prendre en clignant de l'œil pour déterminer si tel effet correspond à ce qu'il a dans l'idée, en vue de telle perspective, par exemple. En musique, quelque chose change avec le début du XX^e^ siècle, et ce quelque chose concerne la variation de la distance prise par rapport au son. On prend du son une autre vue, on se situe par rapport à lui à une autre distance ; cette vue, cette distance sont dictées par le *timbre*. En effet, Schönberg, écrivant en 1911 un *Traité d'harmonie* qui n'était pas tellement révolutionnaire pour l'époque, mais qui apportait tout de même des éléments assez neufs, ose écrire que la hauteur n'est plus la dimension fondamentale de la musique d'Occident, mais qu'elle n'est qu'une région de la dimension du timbre, lequel constitue donc un domaine, une contrée plus vaste. Et il s'agira dans la musique de l'avenir, telle que l'envisage Schönberg, de composer des *Klangfarbenmelodien,* c'est-à-dire des mélodies de couleur sonore ou de timbre, la hauteur n'étant que l'une des couleurs possibles du son. Composer de cette façon, c'est nécessairement prendre une distance par rapport à la hauteur ; cette distance est d'emblée spatiale, mais c'est d'un espace conceptuel qu'il s'agit. Pourtant, vous êtes forcé de vous tenir aussi « physiquement » à distance de votre musique. L'exemple le plus frappant, c'est celui du *Ricercar a 6,* c'est-à-dire de la fugue à six voix de l'*Offrande musicale* de Jean-Sébastien Bach, orchestrée par Webern. Webern substitue à une lecture horizontalisante et mélodique une lecture verticalisante et de timbres. Pour n'en citer que le début, les treize premiers sons de l'œuvre, les sons du « thème royal » qui correspondent à l'exposition du sujet de la fugue de Bach, sont regroupés par Webern comme s'ils participaient d'une seule et même entité ; mais cette entité exige d'être perçue avec un relief qui n'est pas seulement le fait de la hauteur, un relief « de timbres » qu'il va falloir construire de façon à la fois *symétrique* et *colorée de façon symétrique.* C'est-à-dire qu'aux deux premiers sons correspondent les deux derniers du sujet, qu'aux suivants, devront correspondre des sons antépénultièmes, et ainsi de suite jusqu'à ce qu'on soit arrivé au centre. Et qu'est-ce qui se passe au centre ? Eh bien, c'est du centre que tout jaillit. Dans l'idée de Webern, il faut *doubler le timbre de la note centrale* parce que c'est d'elle, à droite et à gauche d'elle sur le papier, que jaillit la musique. Cette spatialisation, cette centration est dictée à Webern par la conscience qu'il prend de l'épaisseur du son, c'est-à-dire de son timbre. En lisant Bach orchestré par Webern, nous n'avons plus à suivre avec le doigt une mélodie sur le papier. Il n'y a plus de trajectoire linéaire, il y a une prise de champ, une prise de distance, une distanciation par rapport au texte musical lui-même. Alors ce texte, évidemment, peut devenir un prétexte à orchestration, il peut devenir un prétexte à raffinements au niveau de la structure individuelle de chaque son. La conséquence sera que l'on va pousser au maximum la différenciation des instruments, pour obtenir une plus grande clarté d'élocution des timbres, pour que chaque timbre résonne en quelque sorte pour lui-même. Selon cette perspective, la musique de Webern en réalité n'est nullement en rupture avec la tonalité, mais en approfondissement. Tout se passe comme si chaque son devenait une tonique — mais une tonique en relief. On ne peut pas mieux définir Webern qu'en s'abstenant de voir en lui un révolutionnaire avec le couteau entre les dents : la rupture avec le système tonal est accomplie par quelqu'un qui approfondit, c'est-à-dire qui verticalise, ce que d'habitude nous *lisions,* ce que la notation musicale classique nous obligeait à lire, horizontalement. A propos de cette verticalisation chez Webern, il faudrait évoquer Bachelard et son idée de l'instant poétique, qu'il oppose à l'instant prosodique. La prosodie, c'est la succession, c'est finalement ce à quoi nous étions habitués, c'est donc une dimension uniquement temporelle ; mais avec la verticalisation, l'espace fait en quelque sorte craquer le temps. Webern « bachelardise » : ce qu'il propose est de l'ordre d'une mainmise de l'*espace* sur la conception *temporelle* qui était la nôtre, de la mélodie.

> Ce que vous venez de dire à propos du timbre concerne l'instrumentation, mais est-ce que la voix humaine, considérée comme un instrument, bien entendu, pose le même type de problème ?

Non seulement c'est le même type de problème, mais on peut se demander si tout ne vient pas de la voix. On peut se demander si cette intuition du timbre, qui se trouve matérialisée par Schönberg en 1911, et qui a donné à penser à tous les compositeurs d'aujourd'hui, on peut se demander si cette intuition n'était pas déjà présente au cœur, à l'esprit et à l'oreille d'un certain nombre de musiciens du XVIII^e^ siècle, qui ne composaient pas du tout, comme on l'a fait au XIX^e^, des opéras pour des voix désormais soumises au règne de la division du travail. Dans l'opéra tel que nous le lègue le XIX^e^ siècle, il ne s'agit pas de confier à une soprano la partie d'une contralto. Au contraire, au XVIII^e^ siècle, les voix étaient tenues pour ambivalentes, elles pouvaient impunément se travestir. Dans le commerce des voix, chacun pouvait à tout instant se livrer à des épanchements tous azimuts et tous registres. La spécialisation qui va de pair avec la division instrumentale intensive, se fixe au XIX^e^ siècle. Autrement dit, la voix a, peut-être avant les instruments, servi à tester la spatialisation de la musique. On s'est aperçu seulement récemment que « la » clarinette n'existait pas en tant que clarinette mais que ce mot recouvrait, en désignant l'instrument qui en est la source, trois spectres différents, trois timbres différents. De même, chacun d'entre nous est libre de changer de voix, sauf évidemment s'il s'est spécialisé ou placé sous contrat depuis la fin du XIXe siècle ! La vie quotidienne témoigne de cette possibilité de modifier notre voix, comme aujourd'hui où je suis très enrhumé, cette possibilité qui nous est offerte constitue une surprise pour la plupart d'entre nous qui chantent de façon académique ; cette possibilité peut réveiller une spatialité de la voix qui traduit son ampleur, soit le fait fondamental que *la voix est déjà une amplification du corps*. Autrement dit, un professeur doit parler, et sait parler en principe, de façon à intéresser les élèves du dernier rang ; de même qu'un ténor ne répondrait pas à notre attente s'il n'arrivait pas à triompher non seulement de l'orchestre, mais de la forme ovale de la salle de l'Opéra : il lui faut savoir se faire entendre du fond de la salle. On peut définir alors la voix comme un parcours, comme une véritable *prise de possession territoriale*. La voix, c'est d'abord le chant de l'oiseau qui avertit : voilà mon territoire, il ne faut pas s'en approcher. Aujourd'hui, des compositeurs comme Olivier Messiaen et, plus près de nous, François-Bernard Mâche, se sont voués à l'étude et à la transcription des chants d'oiseaux ; la musique qu'ils composent insiste très souvent sur la composante « en épaisseur », spatiale des combinaisons de timbres. Mais j'aimerais ici rendre un hommage à un jeune musicien d'origine grecque, Demetrio Stratos, qui est mort, hélas, voici trois ans, à l'âge de 34 ans, qui était l'un des espoirs de la nouvelle musique. A la fois poète, compositeur et interprète mondialement reconnu, Demetrio Stratos avait réactivé des techniques de chant qui consistaient à élargir la palette sonore de la voix, jusqu'à permettre qu'on chante à la fois une basse et une, deux ou trois harmoniques *dans le même filet de voix ;* ou bien alors le contraire, c'est-à-dire une harmonique et à partir de l'harmonique une basse ou deux basses. Il s'agissait dans ces « diplophonies » et « triplophonies » de faire des accords, de chanter en accords. Alors que nous chantons en principe de manière linéaire. Quand on écoute Demetrio Stratos, et quand on recherche dans des cultures différentes des tentatives analogues, on s'aperçoit que les procédés de Stratos, comme ceux des Mongols ou bien des moines lamaïstes tibétains, sont parfaitement récupérables par notre civilisation et notre culture. Aujourd'hui on forme, dans certains départements de musique américains, comme à San Diego, les étudiants à ces pratiques vocales en quelques mois. Il s'agit donc, comme le professait Demetrio Stratos lui-même, de possibilités que la culture ou la civilisation ont occultées. Avant d'être des techniques, ces *modes de déploiement de la voix* sont disponibles à l'origine dans le gosier de chaque enfant ; tout se passe comme si le langage articulé nous les faisait perdre. Sans aller jusqu'à accuser la linéarisation alphabétique, songeons à ce que nous fait perdre la lecture horizontale par rapport à une lecture « à la chinoise », c'est-à-dire idéogrammatique, verticalisante. Peut-être du côté de l'Orient y a-t-il effectivement à découvrir une voix plus profonde : une voix avec « X », au sein de la grande voie qui est le Tao ! Voix qui serait en quelque sorte polyphonique avant même que l'Occident découvre la polyphonie. Quand on aborde les musiques d'Extrême-Orient, on est tout à fait frappé par ces chants de méditation — je pense à certaines musiques tibétaines — qui ouvrent sur des espaces insoupçonnés. Il existe donc des musiques qui donnent des leçons aujourd'hui à nos compositeurs ; ce sont toutes celles où la dimension de la verticalité se voit reconnaître autant d'importance que la dimension de l'horizontalité. C'est pourquoi la mélodie n'est finalement plus du tout un critère et la monodie, dont on nous avait assuré qu'elle constitue à la fois la racine et le *nec plus ultra* de la musique orientale, cette monodie est depuis toujours déjà une polyphonie.

Tout à l'heure, vous avez fait allusion à des musiciens qui se trouvaient dispersés, l'orchestre éclaté dans la foule pour certaines performances, maintenant vous parlez d'une voix, certes plus épaisse parce que susceptible d'émettre plusieurs sons en même temps, mais qui s'éclate aussi, qui s'éclate pour définir un territoire. Est-ce qu'il n'y a pas à rapprocher le fait que notre époque se préoccupe de ces deux choses en même temps ? Est-ce que ce ne sont pas deux façons de regarder le même phénomène ?

C'est-à-dire qu'il y a analyse dans la mesure où il y a éclatement de la voix ; à ce moment, il devient possible de se donner une conception analytique de la musique, dans le sens où je parlais tout à l'heure de clarté, d'évidence sonore. Cela répond à un souci bien compréhensible de cohérence ou de cohésion. Cette clarté du timbre, cette évidence sonore de chaque son pris ponctuellement reposent effectivement sur une grande sensibilité à tel ou tel paramètre, c'est-à-dire à tel ou tel point d'une analyse. La difficulté est de faire que tout ce qui est éclaté puisse revenir, qu'on puisse effectivement synthétiser, comme par un effet boomerang, recevoir ce qu'on a ainsi émis. Il s'agit d'un circuit naturel, nécessaire. Qu'on pense aux recherches de Murray Schäfer, qui a établi que nous ne pouvons pas parler plus fort, plus haut que notre tympan ne nous le permet. Nous veillons « spontanément » à ne pas endommager notre tympan, et personne d'entre nous en vérité ne peut, par sa seule voix, se faire sauter le tympan. La « synthèse », ou le retour à l'envoyeur, répond à l'analyse en vertu de l'équilibre biologique qui définit l'énergie avec laquelle nous prenons possession de notre espace et qui nous permet de modeler en retour cette énergie sur notre corps. C'est pourquoi je pense que la spatialisation de la musique d'aujourd'hui exalte le corps : non seulement elle passe par le corps, mais elle aboutit à une redéfinition du corps. Si nous laissions se déchaîner la seule technologie, à ce moment-là, tous les tympans se mettraient à sauter joyeusement ! Car les seuils de la douleur seraient très vite, et couramment, atteints, et par là généralisée l'infirmité qui affecte l'audition chez certains musiciens rock, une insensibilité sélective à telle ou telle plage de fréquences, celle qui est activée *le plus souvent* par le musicien lui-même. Pour que nous gardions un minimum, sinon de sens musical, du moins d'équilibre musical, il faut que la technologie, qui nous permet d'analyser exhaustivement les sons, ne nous interdise pas de les restructurer et de les resynthétiser en fonction d'une normativité physiologique, en tenant compte de ce qui est admissible par l'oreille. C'est à ce niveau que les pensées paramétriques et les pensées que je qualifierai de scientistes me paraissent dangereuses : elles sont au service de la rentabilité et de la performativité, critères ultimes de la légitimation. Au nom de tels critères, il est très facile de se laisser aller à agir au-delà des seuils. Prenez *l'Artikulation* de Ligeti : c'est une partition électronique très rigoureuse et qui est composée de manière sérielle stricte, mais de façon que l'agencement des séries régisse *aussi* l'en deçà des seuils d'audibilité. A quoi cela rime-t-il ? *Même le silence,* dans cette partition, est sérialisé, à quoi bon ? Bien sûr, les seuils ne sont franchis ici que dans la douceur. Chez un Stockhausen en revanche, l'hypothèse a été froidement envisagée de musiques qui bouleverseraient complètement les auditeurs en les terrorisant. Alors, à partir de l'instant où la musique devient « Danger Music », au sens de Dick Higgins, on est en droit de s'effrayer : la spatialisation tient du cirque et l'interprète devient le dompteur. Bien différente est la spatialisation qui tient compte des virtualités du corps — celle, par exemple, du « théâtre instrumental » tel que le décrivait naguère un Mauricio Kagel. Certes, la notion de « théâtre instrumental » n'est pas nouvelle : les gestes de l'instrumentiste ont toujours compté. Mais aujourd'hui, ils comptent davantage parce que nous avons appris — les musiques méditatives de l'Orient nous y aidant — à sentir davantage le son avec notre thorax et notre abdomen, et pas seulement avec nos oreilles.

Cette musique réclame aussi les yeux puisqu'il y a une spatialisation matérialisée des producteurs de sons.

Absolument, vous connaissez la phrase de John Cage selon laquelle « une oreille seule n'est pas un être ». Effectivement, nous avons aussi des yeux, nous avons aussi un nez, et il est possible, comme le fait Francis Schwartz, l'inventeur du « polyart », de construire des musiques odoriférantes. Il est possible de construire des musiques tactiles. Aux États-Unis, des compositeurs vous proposent des « musiques de fourrure ». C'est assez extraordinaire, d'allier ainsi le son à la tactilité ! Mais le premier allié du son, c'est la couleur tout court. Les expériences qu'avaient suggérées un Scriabine ou un Messiaen, de correspondances entre les sons et les couleurs, notre technologie d'aujourd'hui nous les rend beaucoup plus accessibles ; l'ordinateur peut en faire, je ne dis pas des faits avérés, mais des faits vraisemblables. Il est possible aujourd'hui de programmer beaucoup de « paramètres » à la fois, jusqu'à ce que cette notion se brouille — et je pense que les ordinateurs vont nous permettre à une grande échelle de programmer effectivement des musiques à la fois « brouillées », « confuses », et multidimensionnelles ; impossible de ne pas évoquer l'architecte Xenakis, qui travaillait déjà ainsi pour le pavillon Philips de l'Exposition de Bruxelles. Les courbes de ce pavillon étant des paraboloïdes hyperboliques, elles ont servi en même temps au compositeur Xenakis à écrire des glissandos de cordes. Le « brouillage » des paramètres, c'est l'onirisme : rien ne s'oppose à ce qu'une polysensorialité de rêve, comportant une perception de l'espace tous azimuts, ne s'instaure. Du coup, puisque la voix est constitutive d'espace, puisqu'elle *crée* l'espace d'une certaine manière, au sens où je crée mon territoire, on peut se demander si la musique elle-même n'est pas créatrice d'espace : n'en appelle-t-elle pas immédiatement à la danse ? Si elle se fait ouverture d'espace, elle débouche sur la performance *multimedia* ; je pense aux œuvres de John Cage, ou à celles de Nam June Paik et à toutes les tentatives d'aujourd'hui de faire se rassembler les différents arts dans une synthèse ou dans une unité qui ne doit plus rien à Wagner, heureusement, et qui nous conduit à une perception indéfiniment renouvelée et pluralisée. Je crois que c'est cette multiplication des sens et des sensations qui est la grande découverte du XXe siècle. Nous sommes en partance aujourd'hui pour ce qu'un auteur américain appelle le *yoga électronique*.

# 19. L'espace, le temps et le social

***Entretien avec Serge Moscovici, directeur d'études à l'École des hautes études en sciences sociales (EHESS).***

ÉMILE NOËL : En nous interrogeant sur les rapports que la pédagogie, le langage, les arts entretiennent avec l'espace et le temps, nous avons déjà introduit le « social ». Mais nous allons maintenant l'aborder explicitement avec vous. Qui dit « social », dit « l'autre », le réseau complexe de rapports et d'échanges composé avec les *autres* d'une même *société.* La question est de savoir si certains concepts, comme ceux d'espace et de temps, si importants pour tisser ce réseau, sont identiquement perçus d'un champ social à l'autre.

SERGE MOSCOVICI : Il y a une évidence. Si on lit les historiens, les anthropologues, les sociologues, on constate qu'il y a une diversité des conceptions, des notions d'espace et de temps, liée pratiquement à chaque peuple, à chaque civilisation. Je pense que ce qui est particulier à la civilisation occidentale, c'est d'avoir voulu voir dans l'espace et le temps des universaux. C'est la fameuse révolution kantienne. Mais si l'on regarde ce qui s'est passé depuis un siècle, on observe que la civilisation occidentale est vraiment la première civilisation du temps, c'est-à-dire la première civilisation où le temps joue un rôle déterminant, notamment comme mesure des choses. Nous mesurons tout en termes de temps : le travail, les distances, l'Histoire. Quand il s'agit de décrire des événements, des pensées, nous avons toujours comme notions dominantes des notions d'ordre temporel. Par exemple : l'évolution, l'Histoire, le développement, la croissance. C'est toujours du temps qu'il s'agit, et pas n'importe lequel, un temps fléché. Les choses prennent un certain temps et elles ont une direction. Il y a d'autres exemples. Lorsqu'on parle d'un objet, on parle de son espérance de vie : il va durer tant de temps. Quand on définit une particule élémentaire, c'est toujours relativement à sa durée. Quelle est son espérance de vie ! Même quand il s'agit de l'individu humain, un individu aujourd'hui se définit en espérance de vie, qu'il s'agisse de sa retraite, de ses assurances, etc. Dans notre société, chaque chose, chaque être est conçu dans son existence éphémère, parce que ce que le temps introduit dans notre façon d'agir et de penser les choses, c'est justement leur « éphémérisation ». Non pas tant en prenant en compte le fait qu'elles sont mortelles, mais bien plutôt qu'avant même d'être conçue, une chose doit être envisagée comme « disparaissante ». Quand je parle d'éphémérisation, je veux dire que nous temporalisons tout. Nous temporalisons aussi bien les choses qui étaient censées échapper dans l'espace : la notion de vitesse, par exemple, qui est l'obsession numéro un de notre civilisation. C'est une manière de temporaliser l'espace. Autre exemple : toute la matière, nous la traduisons actuellement en termes d'énergie, c'est-à-dire en termes de quelque chose en devenir, d'orienté. Le meilleur exemple de temporalisation de l'espace, c'est le calcul des distances en années-lumière. Mais ce qui me paraît le plus frappant dans ce qui s'est passé au cours de ce dernier siècle, en Occident, le plus extraordinaire, plus que son développement, c'est la disparition de la géographie. Elle a disparu non seulement parce qu'elle ne constitue plus un obstacle, puisque nous avons la possibilité de voyager vite, de traverser les mers, de franchir les montagnes, d'aller n'importe où en très peu de temps, mais aussi et surtout en tant que forme de pensée, en tant que science. La science de la géographie n'occupe plus qu'une place secondaire dans notre façon de penser les choses et de les enseigner.

> La géographie est, en effet, en référence directe avec l'organisation de l'espace. Vous nous parlez donc d'une dévalorisation de l'espace dans notre société. Les entassements dans les villes pourraient le faire penser. Mais l'organisation du social lui-même relève du politique. Voit-on des phénomènes de substitution semblables dans ce domaine. Y aurait-il, par exemple, un espace politique qui tendrait à disparaître au profit d'un temps politique ?

Mais oui. Ce qui me frappe actuellement, c'est le renversement qui s'opère, dans ce domaine, sur le plan des grands ensembles politiques. Jadis, on était déterminé par sa géographie, toute l'action politique des grands acteurs sociaux tendait vers ce qu'on appelait l'espace vital. Et il est né à un certain moment une théorie, une science qu'on appelait la géopolitique. Or, ce qui me frappe actuellement, c'est l'apparition d'une « chronopolitique », c'est-à-dire que les grandes puissances se définissent sur des périodes plus longues, en fonction d'une perspective ou d'un projet. Par exemple, l'Union soviétique ne se considère pas comme essayant d'occuper un espace, mais elle se situe dans le temps de la révolution ou dans le temps du socialisme. D'autres, par exemple les Américains, se situent dans des temps postindustriels. Lorsque la société deviendra vraiment postindustrielle, alors ils prendront la première place. Même les acteurs importants du jeu politique ne sont plus les acteurs territorialisés. Les multinationales, en sont un bon exemple. Sans entrer dans une discussion de fond, on voit bien que ce sont des acteurs non territorialisés : ils se définissent en tant que projet d'investissement. La notion d'investissement est elle-même une notion temporelle : suivre des cycles longs de production, d'échanges, etc. Donc à l'impérialisme de l'espace (et de ce point de vue, je pense que les occupations auxquelles les Soviétiques procèdent sont un peu archaïques), nous voyons succéder une sorte d'impérialisme du temps, qui consiste à investir, à pronostiquer et à imposer des modèles qui font le temps de chaque société. Je crois qu'à ce propos, on pourrait faire encore deux remarques. D'abord, c'est que nous voyons apparaître des techniques du temps qui jouent un très grand rôle : les avions, les voitures, etc., qui produisent énormément de temps. Ensuite, on voit apparaître parallèlement les techniques de conservation du temps : la photo, le cinéma, la télévision, etc. On introduit du réversible dans le temps irréversible. Finalement, on constate que ces techniques nous poussent à une sorte d'économie du temps. Elles nous apprennent à utiliser le temps d'une façon économique. Ce qui fait qu'au niveau des grands ensembles comme des individus, nous vivons sous une sorte de pression temporelle constante. Nous n'avons pas le temps d'avoir le temps et c'est ce qui me paraît le plus important dans notre civilisation.

> En fait, en poussant un peu votre raisonnement, le temps ne se contente pas de se substituer à l'espace, il se substitue à lui-même et se trouve ainsi remplacé par une obsession du devenir.

En quelque sorte, oui. Car le temps c'est aussi la perception d'un commencement et d'une fin. Autrefois, la plupart des gens vivaient dans un milieu lent. Il fallait cent ans pour bâtir une cathédrale. Ce n'étaient pas les mêmes qui la commençaient et qui la finissaient. Vrai aussi, proportionnellement, pour une maison ou une ville. Donc, cette durée échappait à la saisie de chacun. Alors qu'aujourd'hui, tout naît, vieillit, meurt — une ville, une théorie, etc. — en moins d'une génération. La durée de chaque être, de chaque chose, de chaque idée, devient tangible. Nous vivons le *manque* de devenir, très rapidement, comme un ennui, de l'ennui *presque* douloureux. On est *presque* en état de manque. Le devenir est-il devenu notre drogue ?

> J'entends bien cette espèce d'obsession de la prospective, cette projection vers l'avant comme drogue à anesthésier le présent, le sens et la place du présent. Mais il y a la même possibilité de projection dans l'autre sens, vers le passé. Et les techniques actuelles permettent de regarder de plus en plus loin en arrière.

C'est vrai dans la mesure où le temps est devenu ressource rare. Alors, on essaye de l'inventer par tous les moyens et de tous les côtés. Nous l'inventons en doublant quasiment la durée de vie de chaque individu, relativement aux siècles passés. C'est, plus que toute autre chose, une conquête de l'ordre temporel. Mais pour répondre plus directement à votre question, prenons l'appréciation de l'âge de l'humanité. Jadis, on croyait que l'humanité existait depuis quatre ou cinq mille ans. Il y a encore deux ou trois siècles, on croyait cela. Eh bien, on découvre maintenant des millions, de dizaines de millions d'années. L'homme serait né il y a quinze millions d'années, la Terre aurait plusieurs milliards d'années. Tout d'un coup, on découvre des dimensions temporelles extraordinaires dans le passé. Mais cela signifie aussi autre chose : cela laisse entendre que, dans l'avenir, on aura aussi beaucoup de temps devant soi. On peut maintenant dire que nous vivons dans un monde où ce qui a été et est encore en expansion, plus que toute autre chose, c'est le temps. Si l'humanité a pu substituer, par exemple à la notion de certitude, la notion d'incertitude, à celle de déterminisme, celle des probabilités, toutes catégories de pensée du temps, c'est parce qu'après avoir cherché le temps — on pourrait dire inventé — elle s'est rendu compte que le temps existait et qu'on pouvait en disposer.

Est-ce que ce n'est pas une illusion en même temps qu'un alibi ?

Sans doute. On regarde de plus en plus loin en arrière dans le passé de l'homme et de la planète, mais on a aussi de plus en plus conscience des risques de catastrophe nucléaire ou cosmique. Si bien que le temps vers l'avant s'épand plutôt vers l'incertitude. La durée de vie de l'espèce, si elle s'allonge derrière nous, par certains aspects se raccourcit devant nous. On enregistre l'extinction de certaines espèces animales. On constate l'accumulation des moyens qui rendent la destruction totale possible. Le compte à rebours des millénaires a toujours mis les hommes en un état d'émoi particulier. Mais il y a des différences. Lorsque les gens du Moyen Age attendaient la fin du monde pour l'An Mil, ils la craignaient comme une fatalité, une punition résultant de la colère de Dieu. Alors que nous, nous ne pouvons pas invoquer une telle fatalité pour « l'An Deux Mil ». Nous nous sentons responsables de notre éventuelle destruction, comme de notre survie. L'expression vernaculaire de « fin des temps » était lue de gauche à droite au Moyen Age. Nous la lisons de droite à gauche. Et c'est ça qui est bouleversant.

Mais nous ne sommes peut-être pas en mesure d'assumer cette responsabilité. Il faut alors créer comme une diversion. Ainsi notre époque va maîtriser des techniques à produire du temps, des techniques à conserver le temps. Plus que jamais, le temps ce sera de l'argent, aucun doute. Mais, lorsque tout à l'heure vous avez tenté de nous faire comprendre comment le temps s'étend, vous avez utilisé, d'ailleurs je viens de le faire moi-même, des termes qui sont habituellement employés pour décrire l'espace.

Mais tout notre langage, toutes nos catégories de pensée sont encore des catégories de pensée à dominante spatialisante. Nous substantialisons tout et nous spatialisons tout. C'est ce qu'on appelle la réification. Ce n'est pas seulement une donnée idéologique. C'est le fait que l'espace lui-même est changé par cette préoccupation du temps. Les signes sont : *la vitesse,* le fait qu'on veuille rendre tout communicable et communicable plus vite, *l'éphémérisation,* tout s'use vite, et surtout aujourd'hui dans la civilisation à prédominance urbaine, la *massification* c'est-à-dire la concentration. On vide tous les espaces dispersés, territorialisés, localisés pour les remplir, les transformer en espaces anonymes, concentrés, qui n'ont pas de territorialité particulière. Cette massification a des conséquences sociales, psychologiques. Je l'ai décrit dans mon livre *l'Age des foules.* Nous créons des espaces pour des masses : des places, des lieux de réunion, d'une certaine manière tous les espaces de tourisme actuellement sont des espaces de masse. Et c'est un mot qu'on aime bien entendre : on parle de production de masse, civilisation de masse, tourisme de masse...

communication de masse...

Mais personne ne se demande : « Quelle est *la chose* de ce mot ? » Il faudrait pourtant comprendre que ces arrangements spatiaux, qui ont pour but et effet la massification, créent en fait des groupes transitoires. Par ces arrangements de l'espace, nous rendons le social lui-même transitoire. L'un des traits les plus caractéristiques de ce type de groupes, c'est qu'ils sont transitoires.

> Est-ce que vous voulez dire que cela correspond à une temporalisation du social ?

C'est une temporalisation du social. On ne laisse pas au social le temps de se spatialiser. Du reste, je vous fais remarquer que lorsqu'on reproche aux gens de résister aux changements, de résister à la mobilité, ce qu'on leur reproche en définitive, c'est leur résistance à devenir membres de groupes transitoires. Je crois que la massification est un des grands canaux par lesquels cette temporalisation du social s'opère dans notre civilisation.

> Mais, dans ce social temporalisé, est-ce qu'il existe encore de la place — j'utilise un concept d'espace — pour un temps individuel ?

Là, je vais vous répondre plus en psychologue. Je crois que nous sommes en face d'un certain nombre de tensions, d'oppositions je ne dis pas qui vont créer des maladies du temps (encore que le problème de temps du chômage, de temps de la retraite, etc. font partie de l'organisation du temps de la vie), mais dont il faut parler parce qu'elles ont des conséquences concrètes. D'abord, il y a cette scission entre, d'une part le temps social qui est surtout un temps de la production, et d'autre part le temps individuel qui est un temps de la consommation. Je crois que le conflit, ou le difficile passage entre temps social et temps individuel, vie sociale et vie individuelle, pose ce qui me paraît un des problèmes les plus importants, celui de la « solitarisation ». Chaque individu se retrouve dans cette opposition entre ce qu'il fait quand il travaille et ce qu'il fait lorsqu'il se retrouve en dehors de ces zones/temps, bien rangées, du travail.

> Il y a là un paradoxe, tout au moins apparent : au temps de la masse, on est de plus en plus solitaire ?

Et cette « solitarisation », si on prenait le temps de l'étudier, à la fois du point de vue sociologique et du point de vue psychologique, on verrait qu'elle est la cause de toute une série d'angoisses, de phénomènes psychosomatiques, et, peut-être, d'une partie de la violence qui s'exerce dans la vie urbaine.

> Vous parliez de la société occidentale moderne comme produisant un temps fléché, c'est-à-dire un temps qui se projette de façon linéaire. Est-ce que les individus n'ont pas du mal à se situer dans ce temps-là ?

Il n'y a pas que les individus, il y a aussi les cultures qui ont des difficultés à se situer dans ce temps-là. Le temps de notre société, de notre civilisation occidentale est un temps linéaire, vu sur un plan physique. Il va toujours quelque part. Il croît, il se développe, il est en expansion, etc. Tandis que le temps biologique et probablement le temps culturel sont toujours rythmiques, toujours cycliques : c'est le jour et la nuit, ce sont les saisons. C'est le fait même que l'individu ne peut pas être tout le temps en euphorie. C'est le temps de la dépression et de l'enthousiasme. Et ce qui est frappant c'est que lorsque ce temps rythmique, ce temps cyclique crève, si j'ose dire, la surface du temps linéaire, nous le vivons comme une crise. Nous le vivons comme une chute et comme une catastrophe qui se produit dans notre temps linéaire. Prenons une métaphore économique. Jadis, quand j'habitais moi-même à la campagne, les gens vivaient avec l'idée des vaches maigres et des vaches grasses. Nous, nous vivons avec l'idée que les vaches sont grasses et qu'elles doivent l'être tout le temps et même devenir de plus en plus grasses. Et lorsque nous nous trouvons devant une récession, confrontés à un certain nombre de problèmes économiques, nous vivons cela comme une catastrophe, et non pas comme une manifestation du fait qu'après tout même nos sociétés modernes vivent de manière cyclique. Peut-être que la vérité est que le niveau de vie d'une société ne peut pas être constamment linéairement croisant et qu'il y a de nécessaires réajustements, des moments de changement. Je ne dis pas qu'il faut accepter l'inflation ou le chômage, mais je remarque qu'on vit ce genre de phénomènes avec le sentiment que quelque chose ne marche pas au lieu d'y voir aussi un conflit entre notre façon de vivre le temps et l'évolution de la société.

> Mais alors, est-ce que ces temps de crise ne sont pas là pour indiquer une manifestation de la puissance du temps cyclique ? C'est peut-être ainsi que cette notion de cycle réinvestit le social ?

Je crois que l'on vit, depuis plusieurs années, un phénomène qui me paraît assez important, et que j'ai étiqueté comme « l'archaïsation » du moderne. Le moderne s'est toujours conçu comme un destructeur de l'ancien. Mais en se concevant tel, il a voulu détruire tout ce qui est souvenir, mémoire, etc. Ce qui est intéressant, c'est que le moderne, maintenant, se constitue lui-même sur le modèle de l'ancien, en construisant sa propre tradition, en se constituant ses propres souvenirs, sa propre mémoire. Je pense que cette vogue extraordinaire de l'archéologie, de la muséographie traduit quelque chose de cet ordre. Autre aspect de ce changement : nous ne croyons plus à la réalisation automatique, je dirai à cette prédestination, soit de la société postindustrielle, soit de la société libérale, soit de la société socialiste. Le temps lui-même s'inscrit dans une vision plus archaïque, comme quelque chose de rythmé, comme traduisant ce dont chacun a la perception, le sentiment. C'est-à-dire qu'il y a une répétition dans le temps, qu'il y a naissance, mort et succession. Remarquez comme depuis au moins quinze ou vingt ans, quand on parle de projet, des différents mouvements, quand on parle d'analyses sociologiques, quand on décrit ce qui est passé, on utilise la décennie. On parle des années cinquante, des années soixante, des années soixante-dix et de ce qu'on fera dans les années quatre-vingt-dix. Avant, il n'y avait que les écologistes pour parler de l'année, de l'an 2000. Maintenant tout le monde parle de l'an 2000. On commence à regarder le déroulement du temps comme une succession, succession de générations, avec certains repères, disons certaines années symboliques. C'est dans ce sens, je pense, qu'on assiste à cette « archaïsation » du temps. Elle est aussi une « archaïsation » de tensions qui se traduit par cette notion de catastrophe. C'est intéressant de voir comme la notion de catastrophe, sorte d'écroulement du temps rythmique, du temps cyclique, a une vogue extraordinaire dans le langage courant, comme dans les théories scientifiques.

> Est-ce que cette « archaïsation » du temps ne risque pas d'entraîner un retour de l'espace dans le concept social ?

Nous essayons de faire une sorte de retour à cet espace, si vous voulez, par la territorialisation, par la réémergence des entités ethniques. Nous essayons de faire retour à cette forme de penser et de vivre, vivre au pays par exemple. Mais je crois surtout à l'importance de cette tension constante entre l'espace et le temps — même si le temps domine dans notre civilisation

— tension constante entre l'espace linéaire, le temps linéaire et le temps cyclique. Et je crois qu'on peut expliquer beaucoup de phénomènes individuels ou globaux par ces tensions que nous vivons, et qui ont de grandes conséquences à la fois sociales et politiques.

# 20. L'espace et le temps des autres

***Entretien avec André Itéanu, ethnologue (équipe ÉRASME du CNRS).***

ÉMILE NOËL : On ne peut pas terminer cette série d'entretiens sans revenir à une remarque faite en introduction du premier ; en effet, ce dont il a été question ici jusqu'à présent, c'est essentiellement de la conception, disons, occidentale de l'espace et du temps. Mais il y a d'autres cultures. Il est donc probable qu'il y a d'autres façons de vivre et de conceptualiser ces deux notions. Mais comment s'y prendre pour en traiter ? Passer en revue toutes ces différences ? Le risque est grand de rester à la surface des choses. Alors ? Rechercher à repérer des universaux ? Peut-être. Par exemple, quand on questionne un Occidental sur l'espace et le temps, on s'aperçoit assez généralement qu'il considère ces deux notions comme reliées et homogènes. Est-ce que cette conception est universelle ou non ?

ANDRÉ ITÉANU : Il y a beaucoup d'autres conceptions. Chaque société a une conception particulière du temps qui est cohérente avec sa propre manière d'être, ses propres institutions. Et chacune de ces conceptions forme en elle-même une totalité qu'il est bien difficile d'aborder rapidement, car on risque alors de se méprendre sur les éléments qui la composent et de galvauder l'idée de totalité qui induit véritablement sa cohérence.

> Chaque société a, par conséquent, sa conception propre. Comment peut-on procéder pour essayer de percevoir la différence sans s'y méprendre ?

Chaque société a une manière de faire avec ce que nous appelons le temps et l'espace. Elle est bien obligée, en quelque sorte. Ce qui ne veut pas dire qu'elle doive nécessairement concevoir ces domaines comme homogènes et/ou reliés entre eux. L'originalité de chacune de ces conceptions vient de la relation spécifique qu'elles entretiennent avec la structure globale de la société. Pour y voir quelque chose, il nous faut donc replacer le temps et l'espace dans l'ensemble des idées, des institutions et des actions qui composent l'idéologie particulière dans laquelle ils s'inscrivent.

> Il n'est donc pas vraiment possible de faire une approche générale. Il serait peut-être plus astucieux, plus intéressant de prendre un exemple particulier, en sachant que cet exemple ne représente que lui-même ?

Un survol général des idées sur le temps et l'espace ne nous mènerait probablement pas très loin, car il nous contraindrait à rester dans les termes de notre propre culture. Il est préférable de s'occuper d'un cas particulier, pour essayer de faire sentir dans le concret, aux auditeurs plongés dans l'idéologie occidentale, les différences qui opposent ce cas à notre société.

> Alors je vais vous laisser choisir une culture, une société

dont vous allez nous parler. Nous allons admettre qu'elle va, un moment, devenir exemplaire, sans toutefois oublier qu'elle ne représente qu'elle-même. Je vous réitère quand même à son propos ma première question : en quoi y a-t-il différence ou opposition avec notre conception occidentale d'un temps et d'un espace liés et homogénéisés ?

Je parlerai de la société orokaiva, une petite société de 40 000 habitants du district nord de la Papouasie Nouvelle-Guinée dans laquelle j'ai travaillé. Pour répondre immédiatement à votre question, j'aimerais dire qu'en tant qu'ethnologues nous participons à la société occidentale et nous voyons nécessairement les sociétés dans lesquelles nous travaillons à travers le filtre de notre occidentalité. Au fur et à mesure de notre fréquentation d'une société différente, le filtre s'éclaircit et nous laisse progressivement saisir certains aspects de la société en question. Mais lorsqu'en fin de compte on réussit à avoir une vue assez directe et assez fidèle de cette société, il faut continuer, pour éviter le relativisme absolu, à questionner les différences opposant notre société occidentale à la société traditionnelle que l'on étudie. Ainsi une première opposition : très schématiquement, on peut dire que notre société a deux conceptions du temps, deux conceptions qui se combinent et qui sont hiérarchiquement ordonnées. La première est ouverte, c'est le temps du devenir, le temps du futur, de l'histoire, de la non-répétitivité. La seconde est fermée et cyclique, c'est le temps de la répétition, des rituels religieux et politiques, le temps des saisons, des semailles… Pour nous, le temps du devenir est plus important, plus valorisé que le temps fermé de la répétition qui est d'ailleurs de nos jours de plus en plus méprisé dans tous les domaines. Au contraire, pour l'Orokaiva de Papouasie, ce rapport de subordination est inverse. Je donnerai un exemple qui découvre, à mon sens, l'un des fondements de la manière d'être orokaiva. Lorsque l'on arrive chez les Orokaiva, et que l'on commence à travailler, on débute par une question très naïve — « Pourquoi faites-vous cela ? » — pour comprendre, par exemple, quelque rituel. La réponse que l'on obtient immédiatement est : « Nous faisons cela parce que nos ancêtres le faisaient avant nous. » On pressent déjà ici toute la force de la répétition comme valeur première. Et puis on pose une deuxième question parce que l'on veut insister, que l'on est consciencieux : « Mais est-ce que vous faites cela exactement de la même manière que le faisaient vos ancêtres ? » Et là, bien sûr, les gens répondent : « Mais non, pas du tout, moi je fais cela à ma manière, j'ai renouvelé telle chose, j'ai changé telle autre... » Ces deux affirmations, qui nous semblent contradictoires, posent en fait une configuration des valeurs inverse de celle de nos valeurs occidentales. Pour les Orokaiva, ce qui est répété est valorisé au premier plan, et ce qui est renouvelé est subordonné et englobé dans la répétition.

> En vous entendant, j'imagine que dans cette population, l'espace et le temps sont considérés séparément, il n'y a pas de véritable rapprochement, et le temps lui-même n'est pas vécu de façon homogène. Alors essayons de procéder d'une autre façon, toujours en référence à notre modèle occidental, en sachant bien sûr qu'il y en a d'autres, qu'ils ont tout à fait le droit d'exister. Nous avons tendance à approcher ces notions d'une façon concrète, en les mesurant, mais aussi d'une façon plus abstraite, plus symbolique en les conceptualisant. Est-ce que, dans cette société, le problème se présente aussi de cette façon ?

Le problème se présente différemment puisque les multiples aspects du temps et de l'espace sont considérés comme séparés, du moins en temps normal. On verra par la suite qu'à l'occasion des fêtes qui plus généralement intègrent l'ensemble de la société, tous les aspects du temps et de l'espace sont momentanément réunis. Commençons par le temps. Les Orokaiva n'ont pas de concept représentant un temps abstrait. Il n'y a pas de mot pour dire le temps en tant que tel. Il y a un mot pour dire « jour », un mot pour dire « nuit », d'autres pour dire « avant », « maintenant » et « après ». La profondeur dans le passé est marquée par des formes verbales. Il y a ainsi dans la langue orokaiva de très nombreuses conjugaisons caractérisant le passé alors qu'une seule désigne l'avenir. On peut de cette manière parler le temps sans en avoir une conception homogène. En quelque sorte, il n'y a pas de temps abstrait considéré en lui-même comme un objet extérieur aux personnes et à leurs actions. Quant à la mesure du temps, puisqu'il n'y a pas de temps abstrait, on ne le mesure pas. Par ailleurs, les Orokaiva n'utilisent que deux unités de mesure : un et deux. Leur langue ne distingue pas entre le nombre des objets et leur taille. Ainsi quand on dit grand porc, on dit aussi beaucoup de porcs ; c'est la même chose dans la langue. Il n'y a aucune subdivision du temps, pas de nom de jour, pas de semaine, pas de mois, pas de début d'année. Il existe cependant une certaine forme de mesure du temps : lorsque deux Orokaiva veulent se donner rendez-vous à un moment donné, ils prennent deux ficelles et font exactement le même nombre de nœuds sur chacune d'elles (on s'assure qu'il y a le même nombre de nœuds en les mettant côte à côte et non en les comptant). Chaque homme emporte l'une des ficelles et, à la disparition de chaque lune, il défait l'un des nœuds. Au moment où il n'y a plus aucun nœud sur les ficelles, ils se rendent à l'endroit convenu pour le rendez-vous. Pour les Orokaiva ceci est la seule manière de compter le temps et il est clair qu'elle ne compte pas une durée absolue et abstraite, mais un temps relatif à des personnes particulières et à une action spécifique, celle de se rencontrer.

> Cette cordelette avec des nœuds est leur façon de mesurer le temps linéaire. Mais dans les activités quotidiennes, où il y a également du répétitif, comment font-ils ?

L'une des activités principales de la vie d'un Orokaiva est la culture du taro, un très gros tubercule, qui implique, comme toutes les cultures, une certaine répétition du cycle des travaux à accomplir, de la plantation au ramassage. Et ce qui est justement étonnant chez les Orokaiva, c'est qu'ils n'ont pas une conception cyclique de ces activités. Pour eux, le mûrissement du taro, puis sa consommation et l'établissement de nouveaux jardins sont liés à l'éclosion des fleurs rouges des arbres *garepa* et *sera*. Lorsque l'on pose la question de la relation entre ces arbres et le taro, la réponse donnée est la suivante : ces deux arbres poursuivent les hommes. Lorsque l'arbre *garepa* « arrive », les taros sont mûrs et leurs pousses prêtes à être replantées. Il faut alors précipitamment ouvrir un nouveau jardin dans la forêt, le nettoyer et y planter les pousses avant que l'arbre *sera* n'« arrive », ce qui a pour conséquence de rendre toutes les pousses stériles. En somme : « Quand l'arbre *garepa* arrive, les hommes se mettent à courir avec leurs pousses pour les replanter plus loin, avant que l'arbre *sera* ne les rattrape. » Si les fleurs de cet arbre rougissaient avant qu'ils n'aient fini leurs jardins, la culture du taro serait interrompue par l'absence de pousses capables de la reproduire. Ce serait une véritable catastrophe ! Cette course est d'autant plus imprévisible que l'éclosion des fleurs de cet arbre est aléatoire. En effet, ce sont les moustiques qui, en piquant les hommes, puis en déposant leur sang sur les fleurs, produisent leur éclosion.

Pour rendre plus familière cette manière de concevoir la culture du taro, on peut la mettre en regard de nos courses sportives. Dans les deux cas, ce qui compte avant tout, c'est de parcourir convenablement une certaine distance ; le fait que la piste soit circulaire est tout à fait secondaire. Pour les Orokaiva, la culture du taro est principalement une activité linéaire.

> Je crois qu'il faut entendre la métaphore : « Ils sont poursuivis par les arbres », cela veut dire qu'ils courent « contre les arbres », comme on court « contre la montre ». Les arbres doivent fleurir à un certain moment et, bien entendu, il faut avoir planté avant leur floraison. D'ailleurs la métaphore vaut également pour la fleur rougie par le sang, qui n'est sans doute pas vécue comme métaphore par cette population. Mais comment, dans ce cas, les âges de la vie sont-ils considérés ? Sont-ils de l'ordre du temps linéaire ou du temps cyclique ?

Pour les Orokaiva, la mort n'est pas inéluctable. Bien au contraire, en principe elle ne doit pas arriver, à moins qu'on ne soit victime de la sorcellerie ou de la rancune des esprits des morts. La vieillesse elle-même n'arrive que si l'on transgresse certains interdits, en particulier au moment de l'initiation, ou lorsqu'on est victime de sorcellerie. Alors les cheveux blanchissent, les dents tombent, on a du mal à se déplacer, etc. Les marques du corps sont en elles-mêmes la vieillesse ; elles sont le fait d'autres hommes ou le fait des esprits des morts, mais elles ne sont en aucune manière naturelles. D'autre part, quand deux individus naissent dans un espace rapproché de temps, et à condition qu'ils ne soient pas des germains, l'un d'eux sera rapidement reconnu comme l'aîné du second en fonction des marques de vieillesse qu'il aura plus rapidement acquises et ce, indépendamment de l'ordre véritable des naissances. Pour les Orokaiva, ni la vieillesse ni la mort ne sont perçues en fonction du temps.

> Dans la façon de vivre quotidiennement, nous avons généralement le vécu de durées qui ne sont pas en rapport exact avec la mesure, objective ou mathématique. En Occident, nous avons l'impression d'un temps qui peut être plus ou moins élastique selon la quantité d'événements qu'il va inclure. Est-ce que dans cette culture le temps est rigoureux ou bien, là aussi, plus ou moins élastique ?

Chez les Orokaiva, comme chez nous, le temps subjectif est élastique, mais il y a cependant une différence qu'il est commode de comprendre à partir de l'exemple du deuil. Quand une personne meurt, on la pleure toute la nuit pour éloigner le chagrin, « pour estomper le chagrin ». Or si, au petit matin, l'un des deuilleurs estime qu'il n'a pas suffisamment pleuré et que son chagrin est encore trop présent, il met un petit paquet de feuilles magiques sous son pied. Tant qu'il garde le pied sur les feuilles, le jour ne se lève pas et l'on continue de pleurer. Les gens diront alors : « Nous sommes déjà très fatigués et le jour ne se lève pas, quelqu'un est en train de retarder le jour. » Ici, l'élasticité n'est pas subjective mais elle est due à une personne. Elle a valeur d'intervention objective sur le lever du jour. Ce n'est pas une perception, c'est une provocation.

> Je présume que lorsqu'on envisage de mettre le pied sur le tas de feuilles pour que le jour ne se lève pas, on a intérêt à le mettre longtemps avant le lever du Soleil sous peine d'être démenti. Il faut faire preuve d'une certaine prudence. Cette société réclame des citoyens avisés.

Tout sorcier est par définition très prudent s'il désire demeurer en vie.

### Deuxième volet : comment les Orokaiva appréhendent-ils l'espace ?

La plus large division de l'espace est celle entre village et forêt. Le village est habité par les hommes qui sont ainsi liés à un lieu particulier. Hommes et villages portent des noms. Au contraire, la forêt entourant le village est habitée par des esprits, les esprits des morts, éminemment mouvants, ayant perdu leurs noms et à qui il ne reste que l'image *ahihi*. Leur corps, si l'on peut dire, est à l'extérieur d'eux-mêmes ; ce sont les porcs sauvages. Le contraste entre d'un côté, les hommes localisés, nommés et munis d'un corps et, de l'autre, les esprits vagabonds sans noms et flanqués de porcs sauvages, caractérise l'opposition spatiale entre village et forêt. Entre ces deux mondes, une certaine communication s'établit car les hommes vont souvent dans la forêt. En revanche, sauf à l'occasion de l'initiation, les esprits ne rentrent jamais dans le village. Quand ils se rassemblent pour faire la guerre au village, ils n'y pénètrent jamais, ils s'arrêtent à la lisière de la forêt d'où ils jettent leurs lances et divers autres instruments d'attaque. Entre ces deux mondes existent également des lieux de médiation. Tout d'abord, le jardin, sorte de rectangle ouvert au milieu de la forêt, parfois entouré d'une palissade qui est le lieu privilégié de la guerre permanente entre les taros, émanation des hommes et les porcs, émanation des esprits. Les porcs viennent pour manger les taros et les hommes les attendent pour les tuer. Autre lieu de médiation, la plate-forme cérémonielle que les hommes dressent pour l'initiation, et qui est, comme le jardin, un rectangle, mais se situant au cœur du village. La plate-forme initiatique est le lieu d'un type particulier d'affrontement entre les esprits et les hommes pour l'appropriation de biens cérémoniels. Cet affrontement constitue l'échange fondamental entre hommes et esprits.

> Oui, cette organisation de l'espace est déterminée par les rapports village-forêt et les lieux de médiation indispensables. Si j'ai bien compris, il y a, d'une part, l'appréhension horizontale de l'espace qui permet cette répartition village-forêt, d'autre part, avec l'estrade cérémonielle, une approche verticale plus symbolique.

En effet. Ces deux lieux de médiation s'opposent également dans la dimension verticale. Dans les jardins, les taros sont plantés sous la terre, alors que sur la plate-forme de l'initiation, les nourritures cérémonielles, et en particulier les grandes quantités de taros, sont exposées en hauteur, au-dessus du sol. Cette opposition est redoublée par le parcours de la vie. Pour les Orokaiva, la vie commence sur le sol où la mère donne naissance à l'enfant. Elle est à son apogée au moment où, paré de plumes, le jeune initié monte sur la plate-forme cérémonielle. De là, il ne peut que redescendre graduellement vers le sol sur lequel vivent les vieillards. La vie s'achève sous la terre où l'on ensevelit les morts.

> Bien, là, nous sommes dans la structure verticale-horizontale de l'espace à l'intérieur du village. Mais il doit bien y avoir d'autres villages et ces villages sont amenés à communiquer entre eux. C'est une autre façon de comprendre l'espace : la distance.

Chaque village se situe à l'intérieur d'un groupe de villages qui constitue une zone de paix relative définie très largement par les intermariages et la participation commune aux rituels d'initiation. A l'extérieur de cette région, il n'y a plus d'homogénéité de l'espace, il n'y a que des chemins particuliers. Ces chemins ont été ouverts par des ancêtres, des parents, en tout cas des gens des générations supérieures : des guerriers partis à la recherche de parures cérémonielles, par exemple des coquillages au bord de la mer ou des plumes de casoar dans les montagnes. Pour cela, il leur fallait arriver dans un village inconnu, s'y faire des amis, et en recevoir, au cours d'une fête donnée en leur honneur, non seulement les parures qu'ils venaient chercher, mais aussi, bien entendu, du porc et des taros. Toutes ces prestations devaient être rendues au cours d'un voyage de retour que les hommes, dont on avait conquis l'amitié, convenaient de faire. Revenant chez lui victorieux, l'aventurier expliquait alors à ses cadets son itinéraire et leur donnait éventuellement certaines des parures qu'il avait reçues. Elles serviraient à se faire connaître dans le village de destination s'ils décidaient à leur tour d'entreprendre un jour le voyage : les parures échangées fonctionnant entre les cadets des villages comme jadis le symbole chez les Grecs. Mais une telle aventure était très dangereuse et avait, somme toute, peu de chance d'aboutir. En traversant la forêt, notre homme risquait d'être confronté à la fois aux esprits potentiellement dangereux et à des guerriers de villages inconnus. Ces guerriers étaient hostiles par principe, et toujours prêts à faire d'un inconnu leur « porc », le tuant pour le ramener chez eux à des fins culinaires et de prestige. En admettant que notre guerrier échappe aux dangers du voyage, rien n'était gagné, car il fallait encore trouver le village où l'on désirait se rendre, chose fort difficile du reste, car les villages ici sont constamment déplacés. Puis il fallait s'y faire reconnaître grâce à la parure que l'on vous avait donnée. Pour finir, n'oublions pas le voyage de retour qui, à quelque chose près, était aussi dangereux que celui de l'aller. On comprend aisément que dans ces conditions, les chemins ouverts dans la forêt se referment graduellement autour du village, à moins de les renouveler constamment par de nouveaux actes de bravoure.

> Il y a une autre notion qui est importante lorsqu'on essaie d'appréhender l'espace : c'est l'orientation ?

L'orientation, chez les Orokaiva, est très particulière, du moins elle est très différente de ce qu'elle est dans notre société, car son point de repère n'est pas le corps du sujet. Pour donner une direction on ne peut pas dire « à droite ou à gauche », car il n'y a en fait pour une personne ni droite ni gauche absolue. On dit « du côté de la montagne », ou « du côté de la plaine » pour signifier la direction inverse. Dans cette province, la montagne c'est le mont Lamington, un haut volcan qui culmine au centre de la région. L'orientation est absolue par rapport à ce volcan et n'est jamais fonction du sujet individuel.

> Y a-t-il des variations comme « plus ou moins près de la montagne », « plus ou moins d'un côté », « plus ou moins de l'autre » ?

Non, cela n'existe pas. Si vous voulez, par exemple, distinguer deux objets semblables posés devant vous, vous direz « celui qui est du côté de la montagne », pour l'un et « celui qui est du côté de la plaine » pour l'autre.

> Vous disiez tout à l'heure qu'il y avait un moment où les notions d'espace et de temps se trouvaient tout de même réunies : à propos des fêtes et des rituels ?

Oui, le cycle des fêtes rituelles est la partie la plus importante de la vie de cette société : tous les efforts des Orokaiva sont en permanence dirigés vers son accomplissement. Dans le cycle des fêtes, le rituel le plus important est celui de l'initiation. Il est, comme disent les Orokaiva, « à la fois terrifiant et terriblement beau ». Il a lieu à chaque génération et, en ce sens, il marque le temps du renouvellement des hommes. Très schématiquement, l'initiation consiste dans l'acte dramatique de faire venir les esprits à l'intérieur du village pour leur offrir les enfants des hommes en échange des porcs. L'acte même de faire pénétrer les esprits dans le village et de remettre en cause la division entre forêt et village met en danger tout ce qui est proprement humain, et non pas seulement les enfants. Mais grâce au rituel que les hommes tiennent de leurs ancêtres, ils vont parvenir à obtenir des esprits les porcs, sans pour autant donner, dans l'immédiat, leurs enfants. Ces porcs, ils les utiliseront pour reconstruire progressivement par l'échange toutes les relations entre les hommes, que l'irruption des esprits dans le village a détruites. Les hommes obtiennent ainsi des esprits un crédit de vie sous forme de porcs. En effet, ces cochons ne seront rendus que plus tard, quand les enfants, devenus vieux, mourront et que leurs cadavres se transformeront en porcs qui iront rejoindre la forêt. Pour l'instant, au moment de l'initiation, ils obtiennent un crédit de porcs le temps d'une vie. En somme, les hommes, en transformant l'échange qui devait être immédiat en échange différé, acquièrent à la fois le temps de leur vie et les porcs qui seront les moyens de la mise en œuvre de la société dans laquelle ils vont vivre. L'échange, comme nous venons de le voir, reconstruit la société des hommes. Or pour faire un échange, il faut avoir une quantité très importante de taros, de nombreux porcs, beaucoup d'invités, des danseurs, des plumes, des parures et encore beaucoup d'autres choses. Or personne, dans une telle société, ne possède à la fois toutes ces choses, il faut donc toujours faire appel à d'autres pour vous aider. Eh bien, pour un Grand, un homme important, qui désire donner une fête, la chose la plus difficile, étant donné que l'on ne peut comptabiliser le temps, est de réunir toutes ces choses au bon moment et au même endroit. On dira qu'un homme a donné une belle fête s'il a réussi à amener toutes ces personnes, toutes ces nourritures, tous ces objets en même temps sur le lieu de sa fête. En somme, réussir une fête, c'est être capable de synchroniser le temps et l'espace des hommes, des nourritures et des parures. Avec les esprits, ce qui importe, c'est de désynchroniser le temps ; entre les hommes, il faut, au contraire, tout recréer, en unifiant les dimensions de temps et d'espace dans lesquelles la vie va se dérouler.

> Tout de même, à vous écouter, on pourrait penser que cette culture a une approche strictement individuelle de la notion d'espace et de temps, en tout cas de la notion de temps ?

A première vue, on est tenté de dire que les Orokaiva ont une approche individuelle du temps dans la mesure où celui-ci n'a d'autre expression que dans ce qui nous apparaît, à nous, comme la subjectivité des personnes. Cependant, lorsque l'on passe au niveau du rituel, on se rend compte que le temps subjectif ne se matérialise que dans l'activité la plus éminemment sociale et objective qui soit pour les Orokaiva : l'échange cérémoniel. L'ordre de subordination s'inverse ici, ce qui correspond à ce que nous disions tout au début de cet entretien sur l'opposition entre la configuration des valeurs occidentales et celle de cette société. En somme, pour les Orokaiva, le temps et l'espace n'apparaissent, je dirais n'ex-istent, que dans et par le rituel qui donne plus largement le sens global à cette société. Le rituel synchronise le temps et l'espace, et en ce sens, les objectivise, parce qu'il a été donné par les ancêtres. Nous nous trouvons là dans une conception religieuse du temps et de l'espace. On comprend peut-être mieux maintenant pourquoi la répétition de l'acte rituel donné par les ancêtres est, dans cette société, d'une valeur supérieure à l'apport individuel de chaque sujet.

> Donc cette façon de gérer le temps et l'espace devient, en quelque sorte, constitutive du social.

Elle est le centre même de l'activité sociale et religieuse. Par l'échange rituel, on obtient des ancêtres l'espace du village que l'on découpe sur la forêt, et le temps sous la forme d'un crédit de porcs.

> Je voudrais revenir à ce que vous disiez de la mesure. Cette civilisation compte un et puis deux, c'est tout. C'est une instrumentation limitée ! Est-ce une façon différente de mesurer ou une conséquence de cette faiblesse de l'instrumentation ? Ou est-ce simplement une attitude archaïque ?

Je ne pense pas qu'on soit en droit d'affirmer qu'il s'agit d'une attitude archaïque. Il me paraît plus plausible de dire que certaines sociétés ont développé des instruments quantitatifs qui leur ont permis de mettre au point une technique extrêmement puissante ; c'est le cas de l'Occident. D'autres sociétés ont réussi à se passer du quantitatif, et c'est déjà quelque chose d'extrêmement important. Elles se sont passées du quantitatif tout en créant une société harmonieuse dans laquelle la plupart des problèmes sociaux que l'on trouve chez nous et dont on parle beaucoup n'existent pas, et où, en même temps, le sujet conserve une très grande liberté. Ces sociétés ont en quelque sorte inventé des systèmes sociaux où la résolution des problèmes posés par la vie en société ne passe pas par l'écrasement du sujet. Il me semble donc plus juste de dire que certaines sociétés ont passé leur temps à créer le quantitatif et le technologique, sans trop se soucier des problèmes sociaux, alors que d'autres ont, au contraire, laissé de côté les problèmes techniques et quantitatifs pour résoudre les problèmes sociaux ; et ils ont ma foi, jusqu'à nos jours, fort bien réussi.

Vous auriez donc tendance à nous proposer une égalité dans la sophistication mais en des lieux différents. Nous avons affaire à deux systèmes de valeurs.

En effet. Du point de vue de l'organisation sociale, la société orokaiva est d'une sophistication extrême, beaucoup plus complexe que la nôtre qui, apparemment, n'obéit qu'à des valeurs assez simples. En revanche, sur le plan technique, il est certain qu'elle n'a pas la puissance que nous nous sommes forgée, mais au prix de quelle simplification sociale !

Notre société, elle, en matière de gestion de l'individu, ne sait pas compter plus que un, et puis deux.

Après avoir regardé de près certaines sociétés mélanésiennes, c'est du moins le sentiment que j'ai.

# Bibliographie

***Chapitre 1. Les théories anciennes***


Barreau H., « L'espace et le temps dans la physique d'Aristote », *Cahiers Fondamenta Scientae*, nº 61, Strasbourg, université Louis-Pasteur, 1976.

Brague R., *Du temps chez Platon et Aristote*, Paris, PUF, 1982.

Conen P.F., *Die Zeittheorie des Aristoteles*, Munich, Zetemata, vol. 38, 1964.

Duhem P., *Le Système du monde*, Paris, Hermann, 1959, tome I-X, 2ᵉ éd.

Festugière A.-J., *Études de philosophie grecque*, Paris, Vrin, 1971.

Jammer M., *Concepts of space, the history of theories of space in physics*, Harvard University Press, 1969, 2ᵉ éd.

Lloyd G.E.R., « Le temps dans la pensée grecque », *Les Cultures et le Temps*, Paris, Payot/Unesco, 1975.

Moreau J., *L'Espace et le Temps selon Aristote*, Padoue, Ed. Antenore, 1965.

Robin L., *La Pensée grecque et les Origines de l'esprit scientifique*, Paris, Albin Michel, 1963, 2ᵉ éd.

Sambursky S., *The physical world of the Greeks*, Londres, Routledge and Kegan Paul, 1960, 2ᵉ éd.


***Chapitre 2. La révolution scientifique***


Braudel F., *Civilisation matérielle, Économie et Capitalisme, XVᵉ-XVIIIᵉ siècle*, Paris, A. Colin, 1979.

Clavelin M., *La Philosophie naturelle de Galilée*, Paris, A. Colin, 1968.

Defossez L., *Les Savants du XVII^e siècle et la Mesure du temps*, Lausanne, Éd. du Journal suisse d'horlogerie et de bijouterie, 1946.
Einstein A. et Infeld L., *L'Évolution des idées en physique*, Paris, Payot, 1963.
Galilée G., *Dialogues et Lettres choisies*, Paris, Hermann, 1966.
Gimpel J., *La Révolution industrielle au Moyen Age*, Paris, Éd. du Seuil, 1975.
Koutnetsov B., *Galilée*, Paris/Moscou, Éd. Mir, 1973.
Koyré A., *Études galiléennes*, Paris, Hermann, 1966.
— *Études newtoniennes*, Paris, Gallimard, 1968.
Kuhn T., *La Révolution copernicienne*, Paris, Fayard, 1973.
Lévy-Leblond J.-M., *L'Esprit de sel*, Paris, Fayard, 1981.
Namer E., *L'Affaire Galilée*, Paris, Gallimard/Julliard, 1975.
Pacault A. et Vidal C., *A chacun son temps*, Paris, Flammarion, 1975.
Paty M., « Matière, espace et temps selon Newton », *Scientia*, Milan, nov.-déc. 1972, p. 1-32.
Rosmorduc J., *De Thalès à Einstein. Histoire de la physique et de la chimie*, Paris, Éd. Études vivantes, 1979.
Thuillier P., « Galilée et l'expérimentation », *La Recherche*, n° 143, avril 1983.
Zouckermann R., *Galilée, penseur libre*, Paris, Éd. rationalistes, 1968.

### *Chapitre 3. Le problème philosophique*

Čapek M., (Ed.), *The Concepts of space and time, their structure and their development*, Bordrecht et Boston, D. Reidel, 1976.
Cohen B., « Newton et la découverte de la gravitation universelle », *Pour la science*, n° 43, mai 1981.
Jammer M., *Concepts of space, the history of theories of space in physics*, Cambridge Mass. Harvard University 1969, 2^e éd.

### *Chapitre 4. Les relativités : la structure de l'espace-temps*

Borel E., *L'Espace et le Temps*, Paris, Alcan, 1939.

Drake S., « La pomme de Newton et le dialogue de Galilée », *Pour la Science*, n° 36, octobre 1980.
Einstein A., *La Théorie de la relativité restreinte et générale*, Paris, Gauthier-Villars, 1971.
Hoffmann B., *Einstein, créateur et rebelle*, Paris, Éd. du Seuil, coll. « Points-Sciences », 1977.
Lévy-Leblond J.-M., « La Relativité aujourd'hui », *La Recherche*, n° 96, janvier 1979.
— *Les Relativités,* Cahiers de Fontenay (ENS de Fontenay-aux-Roses, 1979).
E. Taylor et J.A. Wheeler, *À la découverte de l'espace-temps*, Paris, Dunod, 1970.

***Chapitre 5. La relativité générale***

Borel E., *L'Espace et le Temps*, Paris, PUF, 1949.
Einstein A., *La Relativité*, Paris, Payot, 1964.
— *Quatre Conférences sur la théorie de la relativité*, Paris, Gauthier-Villars, 1971.
— *La Théorie de la relativité restreinte et générale*, Paris, Gauthier-Villars, 1976.
Gamow G., *M. Tompkins au pays des merveilles*, Paris, Dunod, 1957.
Gougenheim L., *Méthodes de l'astrophysique*, Paris, CNRS/Hachette, 1981.
Omnès R., *L'Univers et ses métamorphoses*, Paris, Hermann, 1973.
Sachs M., « Le Concept de temps en physique et en cosmologie », *La Recherche*, n° 86, février 1978.
Weinberg S., *Les Trois Premières Minutes de l'Univers*, Paris, Éd. du Seuil, coll. « Science ouverte », 1978.

*La Recherche en astrophysique*, Paris, Éd. du Seuil, coll. « Points-Sciences », 1977.
*Encyclopaedia universalis*, articles : « Astrophysique, Relativité générale, Cosmologie ».

***Chapitre 6. L'espace, le temps et les quantons***

Diner S., Fargue D. et Lochak G. (Éd.), *La Pensée physique contemporaine*, Rouffignac de Moulidars, Éd. A. Fresnel, 1982.
Greenberger D. et Overhauser A., « Le rôle de la gravitation en mécanique quantique », *Pour la science*, n° 33, juillet 1980.
Hoffmann B. et Paty M., *L'Étrange Histoire des quanta*, Paris, Éd. du Seuil, coll. « Points-Sciences », 1981.
Lévy-Leblond J.-M., « Quantique (Mécanique) », *Encyclopeadia universalis*.
Lévy-Leblond J.-M. et Balibar F., *Quantique (Rudiments)*, Paris, Interéditions, à paraître 1983.

***Chapitre 7. L'irréversibilité***

Bergé P. et Pomeau Y., « La turbulence », *La Recherche*, n° 110, avril 1980.
Boltzmann L., *Lectures on gas theory*, Berkeley, Univ. of California Press, 1964.
Brush S.G., *The kind of motion we call heat*, Amsterdam, North-Holland, 1976 (particulièrement : chap. X, XIV, XV). — *Graduate Journal, 7*, 1967, p. 477 (pour les réactions au XIVe siècle au problème de la dissipation).
Cardwell D.S.L., « Les débuts de la thermodynamique », *La Recherche*, n° 48, septembre 1974.
Costa de Beauregard O., « Discussion on temporal asymmetry in thermodynamics and cosmology », *P.T. Landsberg, Proc. of the intern. conf. on thermodynamics*, Cardiff et Londres, 1970, in : *Pure and applied chemistry, 22*, 1970, p. 539.
Ehrenfest P. et T., *The conceptual foundations of statistical mechanics*, Ithaca, New York, Cornell University Press, 1959.
Fer F., *L'Irréversibilité, Fondement de la stabilité du monde physique*, Paris, Gauthier-Villars, 1977.
Glandsdorf P. et Prigogine I., *Structure, Stabilité et Fluctuations*, Paris, Masson, 1971.
Gold T., « The Arrow of time », *Am. J. of phys., 30,* 1962, p. 403.

Lebowitz J.-L., *Hamiltonian flows and rigourous results in non-equilibrium statistical mechanics*, Proc. of IUPAP conf. on stat. mech., University of Chicago Press, 1972.

Lebowitz J.-L. et Penrose O., « Modern ergodic theory », *Phys. today*, février 1973, p. 23.

Poincaré H., *La Valeur de la science*, Paris, Flammarion, (chapitres 7 et 9), s.d.

— « Le Mécanisme et l'expérience », *Revue de métaphysique et de morale, 1,* 1893, p. 543.

Prigogine I., *Physique, Temps et Devenir*, Paris, Masson, 1982, 2e éd.

Prigogine I. et Stengers I., *La Nouvelle Alliance*, Paris, Gallimard, 1979.

Ruelle D., « Les attracteurs étranges », *La Recherche*, n° 108, janvier 1980.

Wightman A.S., « Statistical mechanics and ergodic theory : an expository lecture », *in Stat. Mech. at the turn of the decade* (1960-1970), New York, Éd. E.G.D. Cohen, M. Dekker, 1971.

*Encyclopaedia britannica*, articles : « Time, Time in 20 th century, Philosophy of physics, Time in molar physics », par W. Markowitz.

*Encyclopaedia universalis* :

Costa de Beauregard O., « Temps, le temps physique ».

Janvoci B. et Alder B.J., « Statistique (Mécanique) ».

Glandsdorf P. et Prigogine I., « Thermodynamique » (Phénomènes irréversibles) ; « Thermodynamique et Dynamique ».

### *Chapitre 8. Histoire des instruments et des unités de mesure*

Cook A.H., « Quantum metrology » *Rev. prog. phys.*, 1972, vol. 35, p. 463-528.

Decaux B. et Guinot B., *La Mesure du temps*, Paris, PUF, coll. « Que sais-je ? », 1969, n° 97.

Moreau H., *Le Système métrique*, Paris, Éd. Chiron 1975.

Terrien J., « Standards of lenghts and time », *Rev. prog. phys.*, 1976, vol. 39, p. 1067-1108.

Volet Ch., « Le mètre et la seconde », *Revue de l'âge nucléaire*, n° 11, juillet-août 1958, p. 207 s.

Bureau international des Poids et Mesures 1875-1975 (Le), Paris, 1975, dépositaire Offilib.
« Métrologie, année 100 », *Revue du palais de la Découverte*, n° 5 (numéro spécial), juin 1975.
« La Physique », *Encyclopédie scientifique de l'Univers du Bureau des Longitudes*, Paris, Gauthier-Villars, 1981.

***Chapitre 9. La métrologie actuelle : la mesure du temps***

Balvay L.C., *Évolution de l'horlogerie : du cadran solaire à l'horloge atomique*, Paris, Gauthier-Villars, 1968.
Besson J. et Parcellier P., « Paris et Cadix à la même heure », *La Recherche*, n° 87, mars 1978.
Bouchareine P., « Le mètre, la seconde et la vitesse de la lumière », *La Recherche*, n° 91, juillet-août 1978.
Decaux B. et Guinot B., *La Mesure du Temps*, Paris, PUF, coll. « Que sais-je ? », 1969, n° 97.
Delcourt J.-J., *Astronomie et Mesure du temps*, Paris, Masson, 1982.
Mignard F., « La rotation de la Terre », *La Recherche*, n° 119, février 1981.
Terrien J. « Standards of length and time », *Rev. prog. phys.*, 1976, vol. 39, p. 1067-1108.

*La Mesure du temps au CNES*, brochure éditée par le Centre national d'études spatiales.
« Métrologie, année 100 », *Revue du palais de la Découverte*, n° 5 (numéro spécial), juin 1975.
« La Physique », *Encyclopédie scientifique de l'Univers du Bureau des Longitudes*, Paris, Gauthier-Villars, 1981, vol. IV (particulièrement chap. 3 : « Étalons de mesure »).
« La Terre, les eaux, l'atmosphère », *Encyclopédie scientifique de l'Univers du Bureau des Longitudes*, Paris, Gauthier-Villars, 1981, vol. I (particulièrement chap. 2 : « La rotation de la Terre).

### *Chapitre 10. La métrologie actuelle : la mesure de l'espace*

Bouchareine P., « Le mètre, la seconde et la vitesse de la lumière », *La Recherche*, n° 91, juillet-août 1978.
Readhead A., « La radio interférométrie à très longue base », *Pour la science*, n° 58, août 1982.
Terrien J., « Standards of lenght and time », *Rev. prog. phys.*, 1976, vol. 39.

*Bulletin d'information du Bureau national de métrologie*, Paris, Éd. Chiron, n° 20, 23, 24, 43.
*Colloque international sur les étalons de fréquence et la métrologie*, Aussois, 1981, Éditions françaises de physique, *Journal de physique*.
*Encyclopédie Quid*, Paris, Éd. R. Laffont, 1981.
*Nouvelle Définition du mètre pour le Système international d'unités* (Une), Journal of Optics.

### *Chapitre 11. La perception de l'espace et du temps*

Alegria J. et Noirot E., « Neonate orientation behavior towards human voice », *International journal of behavioral development*, *1*, 1978, p. 291-312.
Bower T.G.R., « Blind babies see with their ears », *New Scientist, 73*, 1977, p. 255-257.
— *Le Développement psychologique de la première enfance*, Bruxelles, Éd. P. Mardaga, 1978, chap. 5 et 7.
Bronckart J.-P., *Genèse et Organisation de formes verbales chez l'enfant*, Bruxelles, Dessart et Mardaga Éd., 1976.
Clark E., « Non linguistic strategies and the acquisition of word meaning », *Cognition, 12*, 1973, p. 161-182.
Ferreiro E., *Les Relations temporelles dans le langage de l'enfant*, Paris, Droz, 1971.
Fraiberg S., *Insights from the blind*, New York, Basic Books, 1977.
Gibson E.J. et Walk R.D, « The visual cliff », *Scientific American*, avril 1960.
Gregory R.L., *L'Œil et le Cerveau*, Paris, Hachette, 1966.
Hailman J.P., « L'ontogenèse du comportement », *La Recherche*, n° 68, juillet 1976, p. 520-528.

Held R., « Plasticity in sensory motor systems », Scientific American, novembre 1965.

Jeannerod M., « Les deux mécanismes de la vision », *La Recherche*, n° 41, janvier 1974.

— Déficit visuel persistant chez les aveugles nés opérés, données cliniques et expérimentales », *Années psychologiques, 75*, 1975, p. 169-196.

O'Connor N. et Hermelin B., « Seeing and hearing and space and time », *Perception and Psychophysis, 11*, 1972, p. 46-48.

Sinclair de Zwart H., *Acquisition du langage et développement de la pensée*, Paris, Dunod, 1967.

Trevarthen C., Hubley R. et Sheevan L., « Les activités innées du nourrisson », *La Recherche*, n° 56, juin 1975.

Vurpillot E., « Le monde visuel des enfants », *La Recherche*, n° 43, mars 1974.

Wertheimer M., « Psychomotor coordination of auditory and visual space at birth », *Science,* p. 134, 1961, p. 19-22.

Wurtz R., Goldberg M. et Robinson D., « Les mécanismes cérébraux de l'attention visuelle », *Pour la Science*, n° 58, août 1982.

### *Chapitre 12. Le développement de la notion d'espace et de temps*

Bregman A.S. et Campbell J., « Primary auditory stream segregation and perception of order in rapid sequences of tones », *Journal of experimental psychology, 89*, 1971, p. 244-249.

Cooper L.A., « Mental transformation of random two-dimensional shapes », *Cognitive psychology, 7*, 1975, p. 20-43.

— et Podgorny P., « Mental transformations and visual comparison processes : effects of complexity and similarity », *Journal of experimental psychology : human perception and performance, 2,* 1976, p. 503-514.

— et Shepard R.N., *Transformations representations of objects in space*, in E.C. Carterette et M.P. Friedman (Eds), Handbook of Perception, New York, Academic Press, tome VIII, Perceptual Coding, 1978.

Fraisse P., *Les Structures rythmiques*, Louvain, Publications universitaires de Louvain, Erasme Éd., 1956.

— (dir) *Du Temps biologique au temps psychologique*, Paris, PUF, 1979.

— *Psychologie du temps*, Paris, PUF, 1967, 2e éd.

— *Time and rythm perception*, in E.C. Carterette et M.P. Friedmann (Eds), Handbook of Perception, New York, Academic Press, tome VIII, Perceptual Coding, 1978.

Garner W.R., *The Processing of information and structures*, Potomac, Lawrence Erlbaum Associates, 1974.

Gibson J.J., *The Senses considered as perceptual systems*, Boston, Houghton-Mifflin, 1966.

Gogel W.C., « Le principe de proximité dans la perception visuelle », *Pour la science*, n° 9, juillet 1978.

Kosslyn S.M., « Information représentation in visual images » *Cognitive Psychology, 7*, 1975, p. 341-370.

—*Image and mind*, Cambridge, Massachusetts, Harvard University Press, 1980.

— « Les images mentales », *La Recherche*, n° 108, janvier 1980.

Macar F., *Le Temps, perspectives psychophysiologiques*, Bruxelles, Éd. P. Mardaga, 1980.

Michon J.A., « The making of the present : a tutorial review », in J. Requin (Ed), *Attention and performance VII*, Hillsdate, New Jersey, Lawrence Erlbaum. Associates, 1978.

Rock I., *Orientation and form*, New York, Academic Press, 1973.

Shepard R.N. et Metzler J., « Mental rotation of threedimensional objects », *Science, 171,* 1971, p. 701-703.

Sommer R., « L'espace personnel », *La Recherche* n° 31, février 1973.

### *Chapitre 13. L'espace, le temps et la neurobiologie*

Cornsweet T.N., *Visual perception*, New York, Academic Press, 1970.

Fain G.L., « Le fonctionnement de la rétine », *La Recherche*, n° 99, avril 1979.

Gregory R.L., *L'Œil et le Cerveau*, Paris, Hachette, 1966.

Haber R.N. et Herschenson M., *The psychology of visual perception*, Holt, Rinehart and Winston Inc., 1973.

Hubel D. et Wiesel T., « Les mécanismes cérébraux de la Vision », *Pour la science*, n° 25 (numéro spécial : « Le cerveau »), novembre 1979.

Imbert M., « La vision », *Traité de physiologie*, Ch. Kayser (Ed.), tome II, p. 1083-1191, Paris, Flammarion - Médecine Sciences, 1976.

— « Le développement du cortex visuel », *La Recherche*, n° 67, mai 1976.

— « Le développement du système visuel : rôle de l'expérience précoce », *J. physiol.*, *75*, Paris, 1979, p. 207-217.

Imbert M. et Buser P., *Neurophysiologie fonctionnelle*, Paris, Hermann, 1975.

Kaufman L., *Sight and mind*, New York, Oxford Univ. Press, 1974.

Pirenne M.H. et Crouzy R., *L'Œil et la Vision*, Paris, Gauthier-Villars, 1973.

— *La Recherche en neurobiologie*, Paris, Éd. du Seuil, coll. « Points-Sciences », 1977.

***Chapitre 14. La géométrie de l'œil et du cerveau***

Dumortier B., « Le cerveau photorécepteur », *La Recherche*, n° 123, juin 1981.

Frisby J., *De L'œil à la vision*, Paris, Fernand Nathan, 1981.

Gillam B., « Les illusions géométriques », *Pour la Science*, n° 29, mars 1980.

Gregory R., *The intelligent eye*, Londres, Weindenfeld et Nicolson, 1970.

Held R., Leibowitz H.W. et Teuber H.L. (Éds), *Handbook of sensory physiology*, Berlin, Springer-Verlag, 1975, volume VIII, Perception.

Humphrey N.K., « Les illusions visuelles », *La Recherche*, n° 25, juillet-août 1972.

Imbert M., « Le développement du cortex visuel », *La Recherche*, n° 67, mai 1976.

Lanners E. *Illusions*, Paris, Éd. Hier et Demain, 1975.

Ninio J., « La géométrie de la perception visuelle », *Art Press*, n° 31, août 1979.

— « An algorithm that generates a large number of geometric visual illusions », *Journal of theoretical biology*, 1979, vol. 79, p. 167-201.

— « Excursions dans les illusions visuelles », *Arts-Sciences,* Processus de création et de recherche, Inspection générale de l'enseignement artistique, 1980, p. 67-78 (séminaire de mars 1979, dir. J. Gatard).

Piaget J. et Inhelder B., *La Représentation de l'espace chez l'enfant*, Paris, PUF, 1947.

### *Chapitre 15. L'espace, le temps et la pédagogie*

Baruk S., *Échec et Maths*, Paris, Éd. du Seuil, coll. « Science ouverte », 1973 (coll. « Points-Sciences », 1977).

— *Fabrice ou l'École des mathématiques*, Paris, Éd. du Seuil, coll. « Science ouverte », 1977.

### *Chapitre 16. L'espace, le temps et la langue*

Bastuji J., *Structures des relations spatiales dans quelques langues naturelles*, thèse d'État, 1979.

Benveniste E., « Les relations de temps dans le verbe français », et « Le système sublogique des prépositions en latin », *Problèmes de linguistique générale*, Paris, Gallimard, 1966, tome 1.

Culioli A., « A propos d'opérations intervenant dans le traitement formel des langues naturelles », *Mathématiques et Sciences humaines*, paris, Gauthier-Villars, 1971, n° 34.

— « Sur quelques contradictions en linguistique », *Communications*, n° 20, Paris, Éd. du Seuil, 1973.

Culioli A., Fuchs C. et Pêcheux M., *Contributions théoriques à propos du traitement formel du langage*, Paris, Dunod, 1970.

Guillaume G., *Temps et Verbe suivi de l'Architectonique du temps dans les langues classiques*, Paris, Champion, 1965.

Hjelmslev L., *La Catégorie des cas*, Acta Jutlandica VII, 1935, et IX, 1937.

Jakobson R., « Beitrag zur allgemeinen Kasuslehre », *Selected Writings*, II, La Haye, Mouton, 1971.
— « Les embrayeurs, les catégories verbales et le verbe russe », *Essais de linguistique générale*, Paris, Éd. de Minuit, 1963.
Martin R. et Nef F. (Éds), « Le Temps grammatical », *Langages*, nº 64, Paris, Larousse, décembre 1981.
Milner J.-C., *De la syntaxe à l'interprétation*, Paris, Éd. du Seuil, 1978.
— *L'Amour de la langue*, Paris, Éd. du Seuil, 1978.
— *Ordres et Raisons de langue*, Paris, Éd. du Seuil, 1982.
— *Arguments linguistiques*, Paris, Éd. Mame, 1973.
Simonin-Grumbach J., « Pour une typologie des discours », *Langue, Discours, Société*, Paris, Éd. du Seuil, 1975.
Thom R., *Modèles mathématiques de la morphogenèse*, Paris, UGE, 10/18, 1974.
Weinrich H., *Le Temps*, Paris, Éd. du Seuil, 1973.

***Chapitre 17. L'espace, le temps et les arts de l'espace***

Alberti L.B., *Opere volgari*, Florence, Éd. A. Bonucci, 1843-1849, 5 vol.
— *Opera inedita*, Florence, Éd. G. Maucini, 1890.
Barthes R., *L'Obvie et l'Obtus*, *Essais critiques III*, Paris, Éd. du Seuil, coll. « Tel Quel », 1982.
Damisch H., *Théorie du nuage, de Giotto à Cézanne. Pour une histoire de la peinture*, Paris, Éd. du Seuil, 1972.
— *Ruptures-Cultures*, Paris, Éd. de Minuit, 1976.
Damisch H., Filippo Brunelleschi, *La Naissance de l'architecture moderne*, Paris, Éd. de l'Équerre, s. d.
Delaunay R., *Du cubisme à l'art abstrait*, documents inédits et catalogue, Paris, P. Francastel Éd., 1957.
Devambez P., Babelon J. et Dorival B. (dir.), *Histoire de l'art*, Paris, Gallimard, « Encyclopédie de la Pléiade », 1961, 4 vol.
Faure E., *Histoire de l'art*, Paris, Le Livre de Poche, 1964-1966, 7 vol.
Hours M., *Les Secrets des chefs-d'œuvre*, Paris, Denoël-Gauthier, coll. « Médiations », 1964.

Lessing G.E., *Gesammelte Werke*, Berlin, 1954, 10 vol.
— *Laocoon*, Paris, Hermann, coll. « Miroirs de l'art », 1964.
Panofsky E., *L'Œuvre d'art et ses significations. Essais sur les arts visuels*, Paris, Gallimard, coll. « Bibliothèque des sciences humaines », 1969.
— Architecture gothique et Pensée scholastique, Paris, Éd. de Minuit, coll. « Le Sens commun », 1967.
Schönberg A., *Harmonielerhe*, Vienne, 1922, 3e éd.

***Chapitre 18. L'espace, le temps et les arts du temps***

Adorno T., « Uber einige Relationen zwischen Musik und Malerei », *Festschrift für Daniel-Henry Kahnweiler*, Stuttgart, Verlag Gerd Hatje, 1966.
Cage J., *Silence*, Middletown, Connecticut, Wesleyan-University Press, 1961 (trad. fr. partielle, Paris, Denoël, 1970).
– « For the birds », in *Conversation with Daniel Charles*, Boston/Londres, Marion Boyars, 1981, (version définitive « Pour les oiseaux », Paris, Belfond, 1976).
Charles D., *Gloses sur John Cage*, Paris, UGE, 1978.
— *Le Temps de la voix*, Paris, J.-P. Delarge, 1978.
Court R., *Adorno et la Nouvelle Musique*, Paris, Klincksieck, 1981.
Erickson R., *Sound structure in music*, Berkeley, University of California Press, 1975.
Hamel P.M., *Trough music to the self*, Boulder, Colorado, Shambala Éd., 1979 (original allemand, 1976, Scherz).
Kagel M., « Le Théâtre instrumental », *La Musique et ses problèmes contemporains*, Cahiers Renaud-Barrault, Paris, Julliard, 1963, p. 285-299.
Kostelanetz R., *Metamorphosis in the arts*, Brooklyn, New York, Assembling Press, 1980.
Marie J.E., *L'Homme musical*, Paris, Arthaud, 1976.
Metzger H.K. et Riehn R., *Musik-Konzepte, Sonderband : John Cage*, München, Text + Kritik, 1978.
Reynolds R., *Mind Models*, New York, Praeger, 1975.
Tomkins C., *The Bride and the Bachelors*, New York, Viking Press., 1965.

### *Chapitre 19. L'espace, le temps et le social*

Attali J., *Histoires du temps*, Paris, Fayard, 1982.
Canetti E., *Masse et Puissance*, Paris, Gallimard, 1966.
Cauquelin A., *Essai de philosophie urbaine*, Paris, PUF, 1982.
Goffman E., *La Mise en scène de la vie quotidienne*, Paris, Éd. de Minuit, 1973, 2 vol.
— *Les Rites d'interaction*, Paris, Éd. de Minuit, 1974.
Habermas J. *L'Espace public*, Paris, Payot, 1978.
Hall E.T., *La Dimension cachée*, Paris, Éd. du Seuil, 1971.
Leroi-Gourhan A., *Les Racines du monde*, Paris, Belfond, 1982.
Lévi-Strauss C., *La Pensée sauvage*, Paris, Plon, 1962.
Moscovici S., *Essais sur l'histoire humaine de la nature*, Paris, Flammarion, 1968.
— *Hommes domestiques, Hommes sauvages*, Paris, Ch. Bourgois, 1979.
Prigogine I. et Stengers I., *La Nouvelle Alliance*, Paris, Gallimard, 1979.
Ruffié J., *Traité du vivant*, Paris, Fayard, 1981.
*Habiter - Produire l'espace*, Cahiers internationaux de sociologie, Paris, PUF, janvier-juin 1982, vol. LXXII.
*Temps de la vie et Temps vécu*, Paris, Éd. du CNRS, coll. « Fondements des sciences », 1982.

### *Chapitre 20. L'espace et le temps des autres*

Barnes J.A., « Time flies like an arrow », *Man*, numéro spécial, juin 1971.
Bohannan P., « Concepts of the time among the Tiv of Nigeria », *Myth and cosmo*, New Yok, Natural History Press, 1967.
Cappet de D., « 1, 4, 8, 9, 7, la monnaie : présence des morts et mesure du temps », *L'Homme*, X(1), 1970, p. 17 à 39.
— « Jardins de vie, jardins de mort en Mélanésie », *Traverses*, n° 5-6, 1976, p. 166-177.
Eliade M., *Le Mythe de l'éternel retour*, Paris, Gallimard, coll. « Idées », 1969.
Evans-Prichard E.E., *Les Nuer*, Paris, Gallimard, 1968.
Hallowell A.I., « Temporal Orientation in Western civilisation and preliterate society » *American anthropologist*, n° 39, 1977.

Lévi-Strauss C., *La Pensée sauvage*, Paris, Plon, 1962.
Needham J., *Time and eastern Man*, Royal Anthropological Institute, 1964.
Poirier J. (dir.) *Ethnologie générale*, Paris, Gallimard, « Encyclopédie de la Pléiade », 1968.
— *Ethnologie régionale*, Paris, Gallimard, « Encyclopédie de la Pléïade », 2 vol. 1972-1978.
Whorf B.L., *Linguistique et Anthropologie*, Paris, Denoël-Gonthier, 1969.

# *Table*

## Théorie et mesure

## Perception et pratique

# Illustrations

Page 12, 26 : A. Cellarius, *Harmonia Macrocosmica*, 1661, Bibliothèque nationale, Paris.
Page 102 : Bureau international des Poids et Mesures.
Page 232 : Archives Seuil.

IMP. HÉRISSEY À ÉVREUX (1-88)
D.L. AVRIL 1983. N° 6463-2 (44356)

# Collection Points

## SÉRIE SCIENCES

*dirigée par Jean-Marc Lévy-Leblond*

S1. La Recherche en biologie moléculaire, *ouvrage collectif*
S2. Des astres, de la vie et des hommes, *par Robert Jastrow*
S3. (Auto)critique de la science
*par Alain Jaubert et Jean-Marc Lévy-Leblond*
S4. Le Dossier électronucléaire
*par le syndicat CFDT de l'Énergie atomique*
S5. Une révolution dans les sciences de la Terre
*par Antony Hallam*
S6. Jeux avec l'infini, *par Rózsa Péter*
S7. La Recherche en astrophysique, *ouvrage collectif*
S8. La Recherche en neurobiologie, *ouvrage collectif*
S9. La Science chinoise et l'Occident, *par Joseph Needham*
S10. Les Origines de la vie, *par Joël de Rosnay*
S11. Échec et Maths, *par Stella Baruk*
S12. L'Oreille et le Langage, *par Alexandre Tomatis*
S13. Les Énergies du soleil, *par Pierre Audibert*
*en collaboration avec Danielle Rouard*
S14. Cosmic Connection ou l'Appel des étoiles, *par Carl Sagan*
S15. Les Ingénieurs de la Renaissance, *par Bertrand Gille*
S16. La Vie de la cellule à l'homme, *par Max de Ceccatty*
S17. La Recherche en éthologie, *ouvrage collectif*
S18. Le Darwinisme aujourd'hui, *ouvrage collectif*
S19. Albert Einstein, créateur et rebelle, *par Banesh Hoffmann*
S20. Les Trois Premières Minutes de l'univers
*par Steven Weinberg*
S21. Les Nombres et leurs mystères, *par André Warusfel*
S22. La Recherche sur les énergies nouvelles, *ouvrage collectif*
S23. La Nature de la physique, *par Richard Feynman*
S24. La Matière aujourd'hui, *ouvrage collectif*
S25. La Recherche sur les grandes maladies, *ouvrage collectif*
S26. L'Étrange Histoire des Quanta
*par Banesh Hoffmann, Michel Paty*
S27. Éloge de la différence, *par Albert Jacquard*
S28. La Lumière, *par Bernard Maitte*
S29. Penser les mathématiques, *ouvrage collectif*
S30. La Recherche sur le cancer, *ouvrage collectif*
S31. L'Énergie verte, *par Laurent Piermont*
S32. Naissance de l'Homme, *par Robert Clarke*
S33. Recherche et Technologie, *Actes du Colloque national*

S34. La Recherche en physique nucléaire, *ouvrage collectif*
S35. Marie Curie, *par Robert Reid*
S36. L'Espace et le Temps aujourd'hui, *ouvrage collectif*
S37. La Recherche en histoire des sciences, *ouvrage collectif*
S38. Petite Logique des forces, *par Paul Sandori*
S39. L'Esprit de sel, *par Jean-Marc Lévy-Leblond*
S40. Le Dossier de l'énergie
*par le Groupe confédéral énergie de la CFDT*
S41. Comprendre notre cerveau, *par Jacques-Michel Robert*
S42. La Radioactivité artificielle
*par Monique Bordry et Pierre Radvanyi*
S43. Darwin et les Grandes Énigmes de la vie
*par Stephen Jay Gould*
S44. Au péril de la science ?, *par Albert Jacquard*
S45. La Recherche sur la génétique et l'hérédité
*ouvrage collectif*
S46. Le Monde quantique, *ouvrage collectif*
S47. Une histoire de la physique et de la chimie
*par Jean Rosmorduc*
S48. Le Fil du temps, *par André Leroi-Gourhan*
S49. Une histoire des mathématiques, *par Amy Dahan-Dalmedico et Jeanne Peiffer*
S50. Les Structures du hasard, *par Jean-Louis Boursin*
S51. Entre le cristal et la fumée, *par Henri Atlan*
S52. La Recherche en intelligence artificielle, *ouvrage collectif*
S53. Le Calcul, l'Imprévu, *par Ivar Ekeland*
S54. Le Sexe et l'Innovation, *par André Langaney*
S55. Patience dans l'azur, *par Hubert Reeves*

# Collection Points

## SÉRIE ROMAN

R1. Le Tambour, *par Günter Grass*
R2. Le Dernier des Justes, *par André Schwarz-Bart*
R3. Le Guépard, *par Giuseppe Tomasi di Lampedusa*
R4. La Côte sauvage, *par Jean-René Huguenin*
R5. Acid Test, *par Tom Wolfe*
R6. Je vivrai l'amour des autres, *par Jean Cayrol*
R7. Les Cahiers de Malte Laurids Brigge, *par Rainer Maria Rilke*
R8. Moha le fou, Moha le sage, *par Tahar Ben Jelloun*
R9. L'Horloger du Cherche-Midi, *par Luc Estang*
R10. Le Baron perché, *par Italo Calvino*
R11. Les Bienheureux de La Désolation, *par Hervé Bazin*
R12. Salut Galarneau !, *par Jacques Godbout*
R13. Cela s'appelle l'aurore, *par Emmanuel Roblès*
R14. Les Désarrois de l'élève Törless, *par Robert Musil*
R15. Pluie et Vent sur Télumée Miracle
*par Simone Schwarz-Bart*
R16. La Traque, *par Herbert Lieberman*
R17. L'Imprécateur, *par René-Victor Pilhes*
R18. Cent Ans de solitude, *par Gabriel Garcia Marquez*
R19. Moi d'abord, *par Katherine Pancol*
R20. Un jour, *par Maurice Genevoix*
R21. Un pas d'homme, *par Marie Susini*
R22. La Grimace, *par Heinrich Böll*
R23. L'Age du tendre, *par Marie Chaix*
R24. Une tempête, *par Aimé Césaire*
R25. Moustiques, *par William Faulkner*
R26. La Fantaisie du voyageur
*par François-Régis Bastide*
R27. Le Turbot, *par Günter Grass*
R28. Le Parc, *par Philippe Sollers*
R29. Ti Jean L'horizon, *par Simone Schwarz-Bart*
R30. Affaires étrangères, *par Jean-Marc Roberts*
R31. Nedjma, *par Kateb Yacine*
R32. Le Vertige, *par Evguénia Guinzbourg*
R33. La Motte rouge, *par Maurice Genevoix*
R34. Les Buddenbrook, *par Thomas Mann*
R35. Grand Reportage, *par Michèle Manceaux*
R36. Isaac le mystérieux (Le ver et le solitaire)
*par Jerome Charyn*
R37. Le Passage, *par Jean Reverzy*
R38. Chesapeake, *par James A. Michener*

R39. Le Testament d'un poète juif assassiné
*par Elie Wiesel*
R40. Candido, *par Leonardo Sciascia*
R41. Le Voyage à Paimpol, *par Dorothée Letessier*
R42. L'Honneur perdu de Katharina Blum
*par Heinrich Böll*
R43. Le Pays sous l'écorce, *par Jacques Lacarrière*
R44. Le Monde selon Garp, *par John Irving*
R45. Les Trois Jours du cavalier, *par Nicole Ciravégna*
R46. Nécropolis, *par Herbert Lieberman*
R47. Fort Saganne, *par Louis Gardel*
R48. La Ligne 12, *par Raymond Jean*
R49. Les Années de chien, *par Günter Grass*
R50. La Réclusion solitaire, *par Tahar Ben Jelloun*
R51. Senilità, *par Italo Svevo*
R52. Trente Mille Jours, *par Maurice Genevoix*
R53. Cabinet Portrait, *par Jean-Luc Benoziglio*
R54. Saison violente, *par Emmanuel Roblès*
R55. Une comédie française, *par Erik Orsenna*
R56. Le Pain nu, *par Mohamed Choukri*
R57. Sarah et le Lieutenant français, *par John Fowles*
R58. Le Dernier Viking, *par Patrick Grainville*
R59. La Mort de la phalène, *par Virginia Woolf*
R60. L'Homme sans qualités, tome 1, *par Robert Musil*
R61. L'Homme sans qualités, tome 2, *par Robert Musil*
R62. L'Enfant de la mer de Chine, *par Didier Decoin*
R63. Le Professeur et la Sirène
*par Giuseppe Tomasi di Lampedusa*
R64. Le Grand Hiver, *par Ismaïl Kadaré*
R65. Le Cœur du voyage, *par Pierre Moustiers*
R66. Le Tunnel, *par Ernesto Sabato*
R67. Kamouraska, *par Anne Hébert*
R68. Machenka, *par Vladimir Nabokov*
R69. Le Fils du pauvre, *par Mouloud Feraoun*
R70. Cités à la dérive, *par Stratis Tsirkas*
R71. Place des Angoisses, *par Jean Reverzy*
R72. Le Dernier Chasseur, *par Charles Fox*
R73. Pourquoi pas Venise, *par Michèle Manceaux*
R74. Portrait de groupe avec dame, *par Heinrich Böll*
R75. Lunes de fiel, *par Pascal Bruckner*
R76. Le Canard de bois (Les Fils de la Liberté, I)
*par Louis Caron*
R77. Jubilee, *par Margaret Walker*
R78. Le Médecin de Cordoue, *par Herbert Le Porrier*
R79. Givre et Sang, *par John Cowper Powys*
R80. La Barbare, *par Katherine Pancol*

R81. Si par une nuit d'hiver un voyageur, *par Italo Calvino*
R82. Gerardo Laïn, *par Michel del Castillo*
R83. Un amour infini, *par Scott Spencer*
R84. Une enquête au pays, *par Driss Chraïbi*
R85. Le Diable sans porte (*tome 1 :* Ah, mes aïeux !)
*par Claude Duneton*
R86. La Prière de l'absent, *par Tahar Ben Jelloun*
R87. Venise en hiver, *par Emmanuel Roblès*
R88. La Nuit du Décret, *par Michel del Castillo*
R89. Alejandra, *par Ernesto Sabato*
R90. Plein Soleil, *par Marie Susini*
R91. Les Enfants de fortune, *par Jean-Marc Roberts*
R92. Protection encombrante, *par Heinrich Böll*
R93. Lettre d'excuse, *par Raphaële Billetdoux*
R94. Le Voyage indiscret, *par Katherine Mansfield*
R95. La Noire, *par Jean Cayrol*
R96. L'Obsédé (L'Amateur), *par John Fowles*
R97. Siloé, *par Paul Gadenne*
R98. Portrait de l'artiste en jeune chien
*par Dylan Thomas*
R99. L'Autre, *par Julien Green*
R100. Histoires pragoises, *par Rainer Maria Rilke*
R101. Bélibaste, *par Henri Gougaud*
R102. Le Ciel de la Kolyma (Le Vertige, II)
*par Evguénia Guinzbourg*
R103. La Mulâtresse Solitude, *par Simone Schwarz-Bart*
R104. L'Homme du Nil, *par Stratis Tsirkas*
R105. La Rhubarbe, *par René-Victor Pilhes*
R106. Gibier de potence, *par Kurt Vonnegut*
R107. Memory Lane, *par Patrick Modiano*
*dessins de Pierre Le-Tan*
R108. L'Affreux Pastis de la rue des Merles
*par Carlo Emilio Gadda*
R109. La Fontaine obscure, *par Raymond Jean*
R110. L'Hôtel New Hampshire, *par John Irving*
R111. Les Immémoriaux, *par Victor Segalen*
R112. Cœur de lièvre, *par John Updike*
R113. Le Temps d'un royaume, *par Rose Vincent*
R114. Poisson-chat, *par Jerome Charyn*
R115. Abraham de Brooklyn, *par Didier Decoin*
R116. Trois Femmes, *suivi de* Noces, *par Robert Musil*
R117. Les Enfants du sabbat, *par Anne Hébert*
R118. La Palmeraie, *par François-Régis Bastide*
R119. Maria Republica, *par Agustin Gomez-Arcos*
R120. La Joie, *par Georges Bernanos*
R121. Incognito, *par Petru Dumitriu*

R122. Les Forteresses noires, *par Patrick Grainville*
R123. L'Ange des ténèbres, *par Ernesto Sabato*
R124. La Fiera, *par Marie Susini*
R125. La Marche de Radetzky, *par Joseph Roth*
R126. Le vent souffle où il veut
*par Paul-André Lesort*
R127. Si j'étais vous..., *par Julien Green*
R128. Le Mendiant de Jérusalem, *par Elie Wiesel*
R129. Mortelle, *par Christopher Frank*
R130. La France m'épuise, *par Jean-Louis Curtis*
R131. Le Chevalier inexistant, *par Italo Calvino*
R132. Dialogues des Carmélites, *par Georges Bernanos*
R133. L'Étrusque, *par Mika Waltari*
R134. La Rencontre des hommes, *par Benigno Cacérès*
R135. Le Petit Monde de Don Camillo
*par Giovanni Guareschi*
R136. Le Masque de Dimitrios, *par Eric Ambler*
R137. L'Ami de Vincent, *par Jean-Marc Roberts*
R138. Un homme au singulier, *par Christopher Isherwood*
R139. La Maison du désir, *par France Huser*
R140. Moi et ma cheminée, *par Herman Melville*
R141. Les Fous de Bassan, *par Anne Hébert*
R142. Les Stigmates, *par Luc Estang*
R143. Le Chat et la Souris, *par Günter Grass*
R144. Loïca, *par Dorothée Letessier*
R145. Paradiso, *par José Lezama Lima*
R146. Passage de Milan, *par Michel Butor*
R147. Anonymus, *par Michèle Manceaux*
R148. La Femme du dimanche
*par Carlo Fruttero et Franco Lucentini*
R149. L'Amour monstre, *par Louis Pauwels*
R150. L'Arbre à soleils, *par Henri Gougaud*
R151. Traité du zen et de l'entretien des motocyclettes
*par Robert M. Pirsig*
R152. L'Enfant du cinquième Nord, *par Pierre Billon*
R153. N'envoyez plus de roses, *par Eric Ambler*
R154. Les Trois Vies de Babe Ozouf, *par Didier Decoin*
R155. Le Vert Paradis, *par André Brincourt*
R156. Varouna, *par Julien Green*
R157. L'Incendie de Los Angeles, *par Nathanaël West*
R158. Les Belles de Tunis, *par Nine Moati*
R159. Vertes Demeures, *par William Henry Hudson*
R160. Les Grandes Vacances, *par Francis Ambrière*
R161. Ceux de 14, *par Maurice Genevoix*
R162. Les Villes invisibles, *par Italo Calvino*
R163. L'Agent secret, *par Graham Greene*

R164. La Lézarde, *par Édouard Glissant*
R165. Le Grand Escroc, *par Herman Melville*
R166. Lettre à un ami perdu, *par Patrick Besson*
R167. Evaristo Carriego, *par Jorge Luis Borges*
R168. La Guitare, *par Michel del Castillo*
R169. Épitaphe pour un espion, *par Eric Ambler*
R170. Fin de saison au Palazzo Pedrotti
*par Frédéric Vitoux*
R171. Jeunes Années. Autobiographie 1, *par Julien Green*
R172. Jeunes Années. Autobiographie 2, *par Julien Green*
R173. Les Égarés, *par Frédérick Tristan*
R174. Une affaire de famille, *par Christian Giudicelli*
R175. Le Testament amoureux, *par Rezvani*
R176. C'était cela notre amour, *par Marie Susini*
R177. Souvenirs du triangle d'or, *par Alain Robbe-Grillet*
R178. Les Lauriers du lac de Constance, *par Marie Chaix*
R179. Plan B, *par Chester Himes*
R180. Le Sommeil agité, *par Jean-Marc Roberts*
R181. Roman Roi, *par Renaud Camus*
R182. Vingt Ans et des poussières
*par Didier van Cauwelaert*
R183. Le Château des destins croisés
*par Italo Calvino*
R184. Le Vent de la nuit, *par Michel del Castillo*
R185. Une curieuse solitude, *par Philippe Sollers*
R186. Les Trafiquants d'armes, *par Eric Ambler*
R187. Un printemps froid, *par Danièle Sallenave*
R188. Mickey l'Ange, *par Geneviève Dormann*
R189. Histoire de la mer, *par Jean Cayrol*
R190. Senso, *par Camillo Boito*
R191. Sous le soleil de Satan, *par Georges Bernanos*
R192. Niembsch ou l'immobilité, *par Peter Härtling*
R193. Prends garde à la douceur des choses
*par Raphaële Billetdoux*
R194. L'Agneau carnivore, *par Agustin Gomez-Arcos*
R195. L'Imposture, *par Georges Bernanos*
R196. Ararat, *par D. M. Thomas*
R197. La Croisière de l'angoisse, *par Eric Ambler*
R198. Léviathan, *par Julien Green*
R199. Sarnia, *par Gerald Basil Edwards*
R200. Le Colleur d'affiches, *par Michel del Castillo*
R201. Un mariage poids moyen, *par John Irving*
R202. John l'Enfer, *par Didier Decoin*
R203. Les Chambres de bois, *par Anne Hébert*
R204. Mémoires d'un jeune homme rangé
*par Tristan Bernard*

R205. Le Sourire du Chat, *par François Maspero*
R206. L'Inquisiteur, *par Henri Gougaud*
R207. La Nuit américaine, *par Christopher Frank*
R208. Jeunesse dans une ville normande
*par Jacques-Pierre Amette*
R209. Fantôme d'une puce, *par Michel Braudeau*
R210. L'Avenir radieux, *par Alexandre Zinoviev*
R211. Constance D., *par Christian Combaz*
R212. Épaves, *par Julien Green*
R213. La Leçon du maître, *par Henry James*
R214. Récit des temps perdus, *par Aris Fakinos*
R215. La Fosse aux chiens, *par John Cowper Powys*
R216. Les Portes de la forêt, *par Elie Wiesel*
R217. L'Affaire Deltchev, *par Eric Ambler*
R218. Les amandiers sont morts de leurs blessures
*par Tahar Ben Jelloun*
R219. L'Admiroir, *par Anny Duperey*
R220. Les Grands Cimetières sous la lune
*par Georges Bernanos*
R221. La Créature, *par Étienne Barilier*
R222. Un Anglais sous les tropiques, *par William Boyd*
R223. La Gloire de Dina, *par Michel del Castillo*
R224. Poisson d'amour, *par Didier van Cauwelaert*
R225. Les Yeux fermés, *par Marie Susini*
R226. Cobra, *par Severo Sarduy*
R227. Cavalerie rouge, *par Isaac Babel*
R228. Tous les soleils, *par Bertrand Visage*
R229. Pétersbourg, *par Andréi Biély*
R230. Récits d'un jeune médecin, *par Mikhaïl Boulgakov*
R231. La Maison des prophètes, *par Nicolas Saudray*
R232. Trois Heures du matin à New York
*par Herbert Lieberman*
R233. La Mère du printemps, *par Driss Chraïbi*
R234. Adrienne Mesurat, *par Julien Green*
R235. Jusqu'à la mort, *par Amos Oz*
R236. Les Envoûtés, *par Witold Gombrowicz*
R237. Frontière des ténèbres, *par Eric Ambler*
R238. Les Deux Sacrements, *par Heinrich Böll*
R239. Cherchant qui dévorer, *par Luc Estang*
R240. Le Tournant, *par Klaus Mann*
R241. Aurélia, *par France Huser*
R242. Le Sixième Hiver, *par Douglas Orgill et John Gribbin*
R243. Naissance d'un spectre, *par Frédérick Tristan*
R244. Lorelei, *par Maurice Genevoix*
R245. Le Bois de la nuit, *par Djuna Barnes*
R246. La Caverne céleste, *par Patrick Grainville*

R247. L'Alliance, tome 1, *par James A. Michener*
R248. L'Alliance, tome 2, *par James A. Michener*
R249. Juliette, chemin des Cerisiers, *par Marie Chaix*
R250. Le Baiser de la femme-araignée, *par Manuel Puig*
R251. Le Vésuve, *par Emmanuel Roblès*
R252. Comme neige au soleil, *par William Boyd*
R253. Palomar, *par Italo Calvino*
R254. Le Visionnaire, *par Julien Green*
R255. La Revanche, *par Henry James*
R256. Les Années-lumière, *par Rezvani*
R257. La Crypte des capucins, *par Joseph Roth*
R258. La Femme publique, *par Dominique Garnier*
R259. Maggie Cassidy, *par Jack Kerouac*
R260. Mélancolie Nord, *par Michel Rio*
R261. Énergie du désespoir, *par Eric Ambler*
R262. L'Aube, *par Elie Wiesel*
R263. Le Paradis des orages, *par Patrick Grainville*
R264. L'Ouverture des bras de l'homme *par Raphaële Billetdoux*
R265. Méchant, *par Jean-Marc Roberts*
R266. Un policeman, *par Didier Decoin*
R267. Les Corps étrangers, *par Jean Cayrol*
R268. Naissance d'une passion, *par Michel Braudeau*
R269. Dara, *par Patrick Besson*
R270. Parias, *par Pascal Bruckner*
R271. Le Soleil et la Roue, *par Rose Vincent*
R272. Le Malfaiteur, *par Julien Green*
R273. Scarlett, si possible, *par Katherine Pancol*
R274. Journal d'une fille de Harlem, *par Julius Horwitz*
R275. Le Nez de Mazarin, *par Anny Duperey*
R276. La Chasse à la licorne, *par Emmanuel Roblès*
R277. Red Fox, *par Anthony Hyde*
R278. Minuit, *par Julien Green*
R279. L'Enfer, *par René Belletto*
R280. Et si on parlait d'amour, *par Claire Gallois*
R281. Pologne, *par James A. Michener*
R282. Notre homme, *par Louis Gardel*
R283. La Nuit du solstice, *par Herbert Lieberman*
R284. Place de Sienne, côté ombre *par Carlo Fruttero et Franco Lucentini*
R285. Meurtre au comité central *par Manuel Vázquez Montalbán*
R286. L'Isolé soleil, *par Daniel Maximin*
R287. Samedi soir, dimanche matin, *par Alan Sillitoe*
R288. Petit Louis, dit XIV, *par Claude Duneton*
R289. Le Perchoir du perroquet, *par Michel Rio*